미분방정식 입문 5판

Introduction to
DIFFERENTIAL EQUATIONS

김병수 지음

북스힐

머리말

대부분의 자연 현상은 시간이 지남에 따라 변한다. 변화하는 양을 나타내는 수학 개념이 미분이므로, 이러한 현상을 수학적으로 표현하면 미분방정식의 형태로 나타나게 된다. 그러므로 자연현상을수학적으로이해하고분석하여그결과를자연현상의관점에서해석할줄알아야하는 이공계 대학생들에게 미분방정식에 대한 공부는 필수적인 것이다.

미분방정식에는 일변수 함수의 도함수만 포함되어 있는 상미분방정식과 다변수 함수의 편도함수가 포함되어 있는 편미분방정식이 있다. 이 책은 상미분방정식에 대한 기본적인 이해가 필요한 이공계 대학생들을 위한 것이다.

이 책에서 다룬 주제는 다음과 같다. 우선 1학년 과정에서 배운 미분적분학의 내용 중에서 미분방정식을 공부할 때 반드시 알아야 할 내용들을 제1장에서 요약하였다. 또 미분방정식 공부에 필요한 행렬과 행렬식에 관한 내용을 제2장에서 간단히 소개하였다.

제3장과 제4장에서는 일계미분방정식과 고계미분방정식의 여러 가지 풀이법에 대하여 다루었으며, 제5장에서는 라플라스 변환을 소개하고 이를 이용하여 미분방정식의 해를 구하는 방법을 알아보았다. 제6장에서는 연립미분방정식을 다루었으며, 마지막으로 제7장은 미분방정식의 제곱급수 해법에 대한 내용이다.

이 책의 특징은 다음과 같다.

첫째, 미분방정식 이론에는 해의 존재성 정리, 유일성 정리 등 여러 가지 정리가 필요하다.

이공계 학생들은 미분방정식을 이론적으로 공부하는것이 목적이 아니기 때문에 이들 정리들을 수학적으로 엄밀히 증명하기 보다는 일부는 간단히 설명하고, 또 일부는 단순히 소개만 하였다. 그대신 필요한 경우에는 이들 정리를 활용하는 예제를 풀어보면서 내용을 이해할 수 있도록 하였다.

둘째, 모든 예제 뒤에는 예제와 똑같은 유형의 문제를 추가하여 학생들이 스스로 풀어보면서 내용을 익힐 수 있도록 하였다. 이러한 과정을 성실히 수행한다면 자연스럽게 문제해결 능력을 배양할 수 있을 것이라 생각한다. 또 각 절의 연습문제를 충실히 풀어본다면 내용을 더 잘 이해할 수 있을 것이다. 특히 연습문제에는 본문에서 공부한 내용을 확장한 심화 프로젝트 문제들이 포함되어 있다. 충분한 시간을 가지고 이 문제들을 해결해 나가다 보면 학생들의 수학적 문제해결 능력은 크게 발전하리라 생각한다.

셋째, 용수철 문제, 전기회로 문제, 혼합문제 등 미분방정식을 이용하여 해결할 수 있는 다양한 응용문제를 소개하여 이공계 학생들이 미분방정식의 유용성을 느끼고, 실제 문제에 적용할 수 있도록 하였다.

넷째, 부록에는 모든 문제와 연습문제의 정답이 수록되어 있다. 수학을 공부 하면서 풀이나 정답을 찾아보는것은 실력 향상에 별 도움이 되지 않는다. 학생들은 처음에는 정답을 참고로 하겠지만, 점차 자신의 풀이가 맞는지 틀린 지를 스스로 깨닫게 되는 실력을 갖추게 되기를 바란다.

다섯째, 이 책의 내용과 예제 및 연습문제 풀이는 유튜브 채널 [미분방정식 입문]에서 자유롭게 볼 수 있다. 책으로만 이해가 어려운 경우에 참고하기 바란다.

아무쪼록 이 책을 통하여 학생들이 미분방정식을 이해하고, 전공 공부를 하는 데 필요한 수학적 기초가 튼튼해지기를 바란다. 마지막으로 이 책이 출판되도록 항상 애써주시는 도서출판 북스힐 관계자들께 감사의 마음을 전한다.

2025년 8월

김 병 수

차 례

제 1 장

미분법과 적분법

1.1 미분법

미분방정식은 어떤 함수의 미분을 포함하는 방정식이다. 따라서 미분방정식을 공부하기 위해서는 여러 가지 함수의 미분법과 미분의 성질을 알아야 한다. 이 절에서는 미적분학 과정에서 공부한 여러 가지 함수의 미분법에 대하여 요약하기로 하자.

■ 미분계수와 미분가능성

함수 $y=f(x)$에 대하여 극한

$$f'(a)=\lim_{h\to 0}\frac{f(a+h)-f(a)}{h} \tag{1.1}$$

가 존재하면 이 값을 $x=a$에서 $f(x)$의 **미분계수**(**derivative**) 또는 **순간변화율**이라 하고, $f(x)$는 $x=a$에서 **미분가능**(**differentiable**)하다고 한다. 또 $f(x)$가 정의역 내의 모든 점에서 미분가능할 때 **미분가능함수**(**differentiable function**)라고 한다.

식 (1.1)에서 $x=a+h$라고 하면, h가 0으로 접근하는 것은 x가 a에 접근하는 것과 동치이므로

$$f'(a)=\lim_{x\to a}\frac{f(x)-f(a)}{x-a}$$

라고 나타낼 수 있다.

[예제 **1]** 함수 $f(x)=|x|$는 어디에서 미분가능한지 판정하여라.

풀이. 미분계수의 정의에 의하여

$$f'(a)=\lim_{h\to 0}\frac{|a+h|-|a|}{h}$$

이다. 분자의 절댓값을 없애기 위해 분자와 분모에 $|a+h|+|a|$를 곱하면

$$f'(a)=\lim_{h\to 0}\frac{(a+h)^2-a^2}{h(|a+h|+|a|)}=\lim_{h\to 0}\frac{2a+h}{|a+h|+|a|}$$

이다. 따라서 $a\neq 0$이면

$$f'(a)=\frac{a}{|a|}=\begin{cases}-1, & a<0\\ 1, & a>0\end{cases}$$

이고, $a=0$이면

$$f'(0)=\lim_{h\to 0}\frac{h}{|h|}$$

는 존재하지 않는다. 따라서 $f(x)=|x|$는 $x=0$을 제외한 모든 실수에서 미분가능하고 $x=0$에서는 미분가능하지않다. □

✓문제 **1.** 함수 $f(x)=x|x|$는 어디에서 미분가능한지 판정하여라.

■ 도함수

식 (1.1)에서는 고정된 값 a에서 $f(x)$의 미분계수 $f'(a)$를 구하였다. 만약 a의 값이 달라지면 그 달라진 점에서 미분계수를 다시 구할 수 있다. 이렇게 a를 변수로 생각하여 정의한 것이 도함수이다. 즉, 함수 $y=f(x)$에 대하여 극한

$$f'(x)=\lim_{h\to 0}\frac{f(x+h)-f(x)}{h}$$

를 $f(x)$의 **도함수(derivative)**라고 한다. 또 $f(x)$로 부터 $f'(x)$를 구하는 것을 $f(x)$를 x에 관하여 **미분한다**고 한다. 도함수 $f'(x)$를 나타내는 다른 기호들은 다음과 같다.

$$y',\quad \frac{dy}{dx},\quad \frac{d}{dx}f(x)$$

■ 미분의 선형성

미분은 **선형성(linearity)**을 만족한다. 즉, 함수 $f(x)$와 $g(x)$가 미분가능하고 c가 상수일 때 다음 성질이 성립한다.

$$\{cf(x)\}'=cf'(x)$$
$$\{f(x)+g(x)\}'=f'(x)+g'(x)$$

■ 미분 공식

함수를 정의에 따라서 미분하는 것은 대부분의 경우 계산이 복잡하다. 따라서 함수를 미분할 때는 몇 가지 공식을 개발하여 이를 이용하여 미분하는것이 편리하다. 아래 정리에서 기본적인 미분 공식을 증명없이 소개한다.

정리 1.1. (1) c가 상수일 때

$$\frac{d}{dx}(c) = 0$$

(2) (**거듭제곱 법칙**) n이 실수일 때

$$\frac{d}{dx}(x^n) = nx^{n-1}$$

(3) (**곱의 법칙**) 함수 $f(x)$와 $g(x)$가 미분가능할 때

$$\{f(x)g(x)\}' = f'(x)g(x) + f(x)g'(x)$$

(4) (**몫의 법칙**) 함수 $f(x)$와 $g(x)$가 미분가능하고 $g(x) \neq 0$일 때

$$\left\{\frac{f(x)}{g(x)}\right\}' = \frac{f'(x)g(x) - f(x)g'(x)}{\{g(x)\}^2}$$

[예제 **2]** 함수 $y = (x^2+1)(2x^3-x^2-2)$를 미분하여라.

풀이. 정리 1.1의 곱의 법칙과 거듭제곱 법칙을 적용하여 미분하면

$$y' = 2x(2x^3-x^2-2) + (x^2+1)(6x^2-2x) = 10x^4 - 4x^3 + 6x^2 - 6x$$

이다. □

✓문제 **2.** 함수 $y = (x^{-3}+x)(x^3+x-2)$를 미분하여라.

[예제 **3]** 다음 함수를 미분하여라.

$$y = \frac{3x^2+1}{x^3+2}$$

풀이. 정리 1.1의 몫의 법칙과 거듭제곱 법칙을 적용하여 미분하면

$$y' = \frac{6x(x^3+2) - (3x^2+1)3x^2}{(x^3+2)^2} = \frac{-3x^4 - 3x^2 + 12x}{(x^3+2)^2}$$

이다. □

√문제 3. 다음 함수를 미분하여라.

$$y = \frac{x^2 + 2x - 1}{x^3 - x}$$

■ 고계도함수

함수 $y = f(x)$의 도함수 $f'(x)$도 하나의 함수이다. $f'(x)$가 미분가능한 함수일 때 $f'(x)$의 도함수를 $y = f(x)$의 **이계도함수(second order derivative)**라 하고 기호로는

$$y'', \quad f''(x), \quad \frac{d^2y}{dx^2}, \quad \frac{d^2}{dx^2}f(x)$$

등으로 나타낸다. 일반적으로 $y = f(x)$를 x에 관하여 n번 미분한것을 $y = f(x)$의 **n계도함수(n-th order derivative)**라 하고 기호로는

$$y^{(n)}, \quad f^{(n)}(x), \quad \frac{d^ny}{dx^n}, \quad \frac{d^n}{dx^n}f(x)$$

등으로 나타낸다.

[예제 4] 함수 $f(x) = x^3 - 3x^2 + 5$의 오계도함수를 구하여라.

풀이. $f(x)$를 반복하여 미분하면

$$f'(x) = 3x^2 - 6x, \quad f''(x) = 6x - 6, \quad f'''(x) = 6, \quad f^{(4)}(x) = 0, \quad f^{(5)}(x) = 0$$

이다. □

√문제 4. 함수 $f(x) = \frac{1}{30}x^6 - 2x^4 + x^{-1}$의 사계도함수를 구하여라.

■ 연쇄법칙

함수 $F(x) = (x^2 + 1)^2$을 전개하면

$$F(x) = x^4 + 2x^2 + 1$$

이므로 미분하면

$$F'(x) = 4x^3 + 4x$$

이다. 그러나 $F(x) = (x^2+1)^5$ 또는 $F(x) = \sqrt{x^2+1}$이라면 전개하여 미분하기는 매우 복잡하거나 불가능하다.

함수 $F(x) = (x^2+1)^2$을 다르게 표현하여 미분하는 방법을 생각해 보자.

$$y = f(u) = u^2, \quad u = g(x) = x^2 + 1$$

이라고 하면 $F(x) = f(g(x)) = (f \circ g)(x)$로 나타낼 수 있다. 이때

$$f'(u) = \frac{df}{du} = 2u, \quad g'(x) = \frac{dg}{dx} = 2x$$

이므로

$$f'(g(x))g'(x) = f'(u)g'(x) = 4ux = 4x^3 + 4x = F'(x)$$

이다. 이와 같이 함수 f와 g의 도함수를 이용하여 합성함수 $F = f \circ g$를 미분할 수 있게 해주는것이 연쇄법칙이다.

정리 1.2 (연쇄법칙, chain rule). 함수 f와 g가 미분가능하고 $F(x) = f(g(x))$이면 F도 미분가능하고

$$F'(x) = f'(g(x))g'(x)$$

이다. 즉, $y = f(u)$와 $u = g(x)$가 미분가능하면 다음 식이 성립한다.

$$\frac{dy}{dx} = \frac{dy}{du}\frac{du}{dx}$$

[예제 5] 함수 $f(x) = (\frac{x-2}{2x+1})^9$를 미분하여라.

풀이. 연쇄법칙에 의하여

$$f'(x) = 9\Big(\frac{x-2}{2x+1}\Big)^8 \frac{d}{dx}\Big(\frac{x-2}{2x+1}\Big) = \frac{45(x-2)^8}{(2x+1)^{10}}$$

이다. □

✓문제 **5.** 함수 $f(x) = (\frac{x}{x^2+1})^3$를 미분하여라.

■ 삼각함수의 도함수

자연 현상 중에는 주기적으로 변하는 것들이 많으므로 이런 현상을 수학적으로 분석하려면, 대표적인 주기함수인 삼각함수에 대하여 잘 알고 있어야 한다. 삼각함수의 미분법에 대하여 알아보자.

정리 **1.3 (삼각함수의 도함수).**

$$\frac{d}{dx}\sin x = \cos x \qquad \frac{d}{dx}\cos x = -\sin x$$
$$\frac{d}{dx}\tan x = \sec^2 x \qquad \frac{d}{dx}\sec x = \sec x \tan x$$
$$\frac{d}{dx}\csc x = -\csc x \cot x \qquad \frac{d}{dx}\cot x = -\csc^2 x$$

[예제 **6]** 함수 $y = \sin^2(\cos x)$를 미분하여라.

풀이**.** 정리 1.3과 연쇄법칙을 적용하면

$$\begin{aligned} y' &= 2\sin(\cos x)\frac{d}{dx}\{\sin(\cos x)\} = 2\sin(\cos x)\cos(\cos x)\frac{d}{dx}\cos x \\ &= -2\sin(\cos x)\cos(\cos x)\sin x \end{aligned}$$

이다. □

✓문제 **6.** 함수 $y = \tan^3(2x+1)$를 미분하여라

■ 역삼각함수의 도함수

삼각함수는 일대일 대응함수가 아니므로 역함수가 존재하지 않는다. 그러나 일대일 대응함수가 되도록 정의역을 적당히 제한하면 역함수를 생각할 수 있다. 이렇게 제한된 정의역에서의

삼각함수의 역함수를 **역삼각함수**라고 한다. 이에 대한 자세한 내용은 미적분학 책을 참고하기 바라고, 여기에서는 역삼각함수의 미분 공식만 소개하기로 하자.

정리 1.4 (역삼각함수의 도함수).

$$\frac{d}{dx}\sin^{-1}x = \frac{1}{\sqrt{1-x^2}} \qquad \frac{d}{dx}\cos^{-1}x = -\frac{1}{\sqrt{1-x^2}}$$

$$\frac{d}{dx}\tan^{-1}x = \frac{1}{1+x^2}$$

[예제 7] 함수 $y=\tan^{-1}3x^2$를 미분하여라.

풀이. 정리 1.4와 연쇄법칙을 적용하면

$$y' = \frac{1}{1+(3x^2)^2}\frac{d}{dx}(3x^2) = \frac{6x}{1+9x^4}$$

이다. □

✓문제 7. 함수 $y=\sin^{-1}(2x-1)$를 미분하여라.

■ 음함수의 미분법

함수는

$$y=-x+1 \quad \text{또는} \quad y=\sqrt{x^2-1}$$

과 같이 $y=f(x)$의 형태로 표현된다. 따라서 방정식

$$x+y=1$$

은 함수가 아니다. 하지만 이 방정식을 x에 대하여 풀면 함수 $y=-x+1$을 얻을 수 있다. 이때 방정식 $x+y=1$을 음함수라고 한다.

일반적으로, 방정식 $f(x,y)=0$이 함수 $y=f(x)$를 나타낼 때 $f(x,y)=0$을 **음함수(implicit function)**라고 한다. 음함수를 미분하려면 y를 x에 대하여 풀고 미분하기 보다는 y를 x의 함수로 생각하고 음함수의 양변을 x로 미분하는 것이 편리하다.

[예제 8] 음함수 $x^2+y^2=9$에서 $\frac{dy}{dx}$를 구하여라.

풀이. 음함수 $x^2+y^2=9$의 양변을 x로 미분하면

$$\frac{d}{dx}(x^2+y^2)=\frac{d}{dx}(9)$$

이다. y가 x의 함수라 생각하고 연쇄법칙을 적용하여 계산하면

$$2x+2y\frac{dy}{dx}=0$$

이므로 $\frac{dy}{dx}=-\frac{x}{y}$이다. □

✓문제 **8.** 음함수 $x^2+y^2+xy=9$에서 $\frac{dy}{dx}$를 구하여라.

■ 지수함수와 로그함수의 도함수

지수함수와 로그함수는 서로 역함수 관계이므로 이 중 하나의 미분공식을 알면 음함수의 미분법을 이용하여 다른 함수의 미분공식을 쉽게 유도할 수 있다. 여기에서는 지수함수의 미분을 먼저 소개하기로 하자.

정리 **1.5 (지수함수의 도함수).**

$$\frac{d}{dx}e^x=e^x \qquad \frac{d}{dx}a^x=a^x\ln a$$

[예제 9] 함수 $y=e^{\sin x}$를 미분하여라.

풀이. 정리 1.5와 연쇄법칙을 적용하면

$$y'=e^{\sin x}\frac{d}{dx}(\sin x)=e^{\sin x}\cos x$$

이다. □

✓문제 **9.** 함수 $y=e^{4x}$를 미분하여라.

정리 1.6 (로그함수의 도함수).

$$\frac{d}{dx}\ln x = \frac{1}{x} \qquad\qquad \frac{d}{dx}\log_a x = \frac{1}{x\ln a}$$

[예제 10] 함수 $y=\ln(x^3+1)$을 미분하여라.

풀이. 정리 1.6과 연쇄법칙을 적용하면

$$y' = \frac{1}{x^3+1}\frac{d}{dx}(x^3+1) = \frac{3x^2}{x^3+1}$$

이다. □

✓문제 **10.** 함수 $y=\ln(\sin x)$을 미분하여라.

■ 전미분

일변수함수 $y=f(x)$가 미분가능할 때

$$dy = f'(x)dx$$

를 y의 **미분(differential)**이라고 한다. 마찬가지로 이변수함수 $u(x,y)$가 연속인 편도함수를 가질 때

$$du = \frac{\partial u}{\partial x}dx + \frac{\partial u}{\partial y}dy$$

를 u의 **미분(differential)** 또는 **전미분(total differential)**이라고 한다.

[예제 11] 함수 $u(x,y)=2x^3y+e^x\cos y$의 전미분을 구하여라.

풀이. x와 y에 관한 u의 편도함수를 구하면

$$\frac{\partial u}{\partial x} = 6x^2y+e^x\cos y, \quad \frac{\partial u}{\partial y} = 2x^3-e^x\sin y$$

이므로 전미분은

$$du = (6x^2 y + e^x \cos y)\,dx + (2x^3 - e^x \sin y)\,dy$$

이다. □

✓**문제 11.** 함수 $u(x, y) = x^3 + y^3 - 3xy$의 전미분을 구하여라.

연습문제 1.1

[1-4] 다음 함수를 미분하여라.

1. $y = x + \frac{1}{x}$
2. $y = \frac{x}{2-3x^2}$
3. $y = (x^5 - 3x)^4$
4. $y = \sqrt{x + \sqrt{x}}$

[5-8] 다음 함수를 미분하여라.

5. $y = \sqrt{\tan^{-1} x}$
6. $y = e^{-5x} \cos 3x$
7. $y = \ln \sqrt{\frac{1+\sin x}{1-\sin x}}$
8. $y = \frac{x^{3/4}\sqrt{x^2+1}}{(3x+2)^5}$

[9-10] 다음 음함수에서 $\frac{dy}{dx}$를 구하여라.

9. $\sin(x + y) = y^2 \cos x$
10. $2xy = (x^2 + y^2)^{3/2}$

[11-12] 곡선 $x^3 + y^3 = 6xy$에서 다음을 구하여라.

11. $\frac{dy}{dx}$

12. 곡선 위의 점 $(3,3)$에서의 접선의 방정식

13. 직선 $3x-y+6=0$에 평행하고 곡선 $y=x\sqrt{x}$에 접하는 접선의 방정식을 구하여라.

14. $f(0)=1,\ f'(0)=2,\ g'(1)=3$일 때 $(g\circ f)'(0)$을 구하여라.

15. $f(x)=\frac{x}{\ln x}$일 때 $f'(e)$를 구하여라.

16. $x^y=y^x$일 때 y'을 구하여라.

[심화 프로젝트]

17. n이 음아닌 정수이고 $f(x)$가 $n+1$번 미분가능한 함수일 때 수학적 귀납법을 이용하여 다음 관계식이 성립함을 보여라.

$$\frac{d^{n+1}}{dx^{n+1}}\{xf(x)\}=x\frac{d^{n+1}}{dx^{n+1}}f(x)+(n+1)\frac{d^n}{dx^n}f(x)$$

1.2 적분법

미분방정식은 미분이 포함된 방정식이므로 이를 풀기 위해서는 대부분의 경우 적분이 이용된다. 따라서 적분법과 적분의 성질을 잘 알아야 한다. 이 절에서는 여러 가지 적분법에 대하여 요약하기로 하자.

■ 부정적분

함수 $F(x)$의 도함수가 $f(x)$일 때, 즉,

$$F'(x) = f(x)$$

일 때 $F(x)$를 $f(x)$의 **역도함수**(**anti-derivative**) 또는 **원시함수**(**primitive function**)라고 한다.

함수 $F(x)$와 $G(x)$가 모두 $f(x)$의 역도함수이면

$$F'(x) = f(x), \quad G'(x) = f(x)$$

이므로

$$\{G(x) - F(x)\}' = G'(x) - F'(x) = f(x) - f(x) = 0$$

이다. 그런데 도함수가 0인 함수는 상수함수이므로

$$G(x) - F(x) = C$$

즉,

$$G(x) = F(x) + C$$

이다. 따라서 $F(x)$가 $f(x)$의 하나의 역도함수이면 $f(x)$의 임의의 역도함수는

$$F(x) + C, \quad (C\text{는 임의의 상수})$$

라고 나타낼 수 있다. 이때

$$\int f(x)\,dx = F(x) + C$$

라 나타내고 $f(x)$의 **부정적분**(**indefinite integral**)이라고 한다. 여기서 C를 **적분상수**, $f(x)$를 **피적분함수**(**integrand**)라 하고, 함수 $f(x)$의 부정적분을 구하는 것을 $f(x)$를 **적분한다**고

한다.

[예제 1] 부정적분 $\int x^3\,dx$를 구하여라.

풀이. $(\frac{1}{4}x^4)' = x^3$이므로

$$\int x^3\,dx = \frac{1}{4}x^4 + C$$

이다. □

✓문제 **1.** 부정적분 $\int x^4\,dx$를 구하여라.

■ 적분의 선형성

미분이 선형성을 만족하는것과 마찬가지로 적분도 선형성을 만족한다. 즉, 함수 f와 g의 부정적분이 존재하면 다음 성질이 성립한다.

$$\int kf(x)\,dx = k\int f(x)\,dx$$

$$\int (f(x)+g(x))\,dx = \int f(x)\,dx + \int g(x)\,dx$$

■ 적분공식

미분을 간단히 할 수 있게 해주는 여러 가지 공식이 있는 것처럼 적분을 간편하게 해주는 여러 가지 공식이 있다. 적분은 미분의 역과정이므로, 다음 공식들은 우변의 함수를 미분하여 좌변의 피적분함수가 됨을 확인함으로써 쉽게 알 수 있다.

정리 **1.7.**

$$\int x^n\,dx = \frac{1}{n+1}x^{n+1} + C, \quad n \neq -1 \qquad \int \frac{1}{x}\,dx = \ln|x| + C$$

$$\int \sin x\,dx = -\cos x + C \qquad \int \cos x\,dx = \sin x + C$$

$$\int \sec^2 x\,dx = \tan x + C \qquad \int \sec x \tan x\,dx = \sec x + C$$

$$\int \frac{1}{\sqrt{1-x^2}}\,dx = \sin^{-1} x + C \qquad \int \frac{1}{1+x^2}\,dx = \tan^{-1} x + C$$

$$\int e^x\,dx = e^x + C \qquad \int a^x\,dx = \frac{1}{\ln a}a^x + C$$

[예제 2] 부정적분 $\int(\cos x + \frac{1}{1+x^2} - \frac{1}{x})\,dx$을 구하여라.

풀이. 부정적분의 선형성과 정리 1.7에 의하여

$$\int \left(\cos x + \frac{1}{1+x^2} - \frac{1}{x}\right)dx = \sin x + \tan^{-1} x - \ln|x| + C$$

이다. □

✓문제 **2.** 부정적분 $\int\{3e^x + (x+1)^2\}\,dx$을 구하여라.

■ 정적분

함수 $y = f(x)$가 닫힌구간 $[a,b]$에서 정의된 함수라고 하자. 닫힌구간 $[a,b]$를 n개의 소구간으로 나눈 점을

$$a = x_0 < x_1 < \cdots < x_n = b$$

라 하고 $\Delta x_k = x_k - x_{k-1}$, $k = 1,\ldots,n$이라고 하자. 이때 $P = \{x_0, x_1, \ldots, x_n\}$를 닫힌구간 $[a,b]$의 **분할(partition)**이라고 하며, 소구간 $[x_{k-1}, x_k]$들의 최대 길이를 $|P|$라고 나타내자. 또, $k = 1,\ldots,n$에 대하여 x_k^*를 소구간 $[x_{k-1}, x_k]$의 임의의 점이라고 할 때, 극한

$$\lim_{n\to\infty}\sum_{k=1}^{n} f(x_k^*)\Delta x_k$$

가 존재하면 이 값을 닫힌구간 $[a, b]$에서 $f(x)$의 **정적분**(**definite integral**)이라 하고 $\int_a^b f(x)\,dx$ 라고 나타내며, $f(x)$는 닫힌구간 $[a, b]$에서 **적분가능**(**integrable**)하다고 한다. 즉, $f(x)$가 적분가능하면

$$\int_a^b f(x)\,dx = \lim_{n\to\infty}\sum_{k=1}^{n} f(x_k^*)\Delta x_k$$

이다. 함수 $f(x)$가 닫힌구간 $[a, b]$에서 연속이면 이 구간에서 적분가능하다는 사실이 알려져 있다.

■ 미적분학의 기본정리

정적분을 그 정의를 이용하여 계산하는 것은 대개의 경우 매우 복잡하다. 정적분을 쉽게 계산할 수 있는 정리를 증명 없이 소개하기로 하자. 이 정리는 미분적분학에서 매우 중요하다.

정리 **1.8** (**미적분학의 기본정리**, **fundamental theorem of calculus**). 함수 $f(x)$가 닫힌구간 $[a, b]$에서 적분가능하고 $F(x)$가 $f(x)$의 역도함수이면

$$\int_a^b f(x)\,dx = F(b) - F(a)$$

이다. 여기서 우변을 $[F(x)]_a^b$ 또는 $F(x)|_a^b$라고 나타내기도 한다.

[예제 3] 정적분 $\int_0^1 x^2\,dx$를 구하여라.

풀이. 정리 1.8과 정리 1.7에 의하여

$$\int_0^1 x^2\,dx = \left[\frac{1}{3}x^3\right]_0^1 = \frac{1}{3}$$

이다. □

✓문제 **3.** 정적분 $\int_0^{\pi/2} \sin x\,dx$를 구하여라.

미적분학의 기본정리는 다음 정리와 같은 형태로 표현할 수도 있다.

정리 **1.9 (미적분학의 기본정리, fundamental theorem of calculus).** 함수 $f(x)$가 닫힌 구간 $[a,b]$에서 연속이면 함수

$$F(x) = \int_a^x f(t)\,dt, \quad a \le t \le b$$

는 닫힌구간 $[a,b]$에서 연속이고 열린구간 (a,b)에서 미분가능하며 $F'(x) = f(x)$이다.

[예제 4] 함수 $F(x) = \int_0^{x^4} \sin^3 t\,dt$를 미분하여라.

풀이. 정리 1.9와 연쇄법칙을 이용하자. $u = x^4$이라 놓으면

$$F'(x) = \frac{d}{dx}\Big(\int_0^{x^4} \sin^3 t\,dt\Big) = \frac{d}{du}\Big(\int_0^{u} \sin^3 t\,dt\Big)\frac{du}{dx} = \sin^3 u \cdot 4x^3 = 4x^3 \sin^3(x^4)$$

이다. □

✓문제 **4.** 함수 $F(x) = \int_x^{x^2} \sqrt{1+t^2}\,dt$를 미분하여라.

■ 치환적분법

$F'(x) = f(x)$이고 $g(x)$가 미분가능하면 연쇄법칙에 의하여

$$\frac{d}{dx}F(g(x)) = F'(g(x))g'(x) = f(g(x))g'(x)$$

이므로

$$\int f(g(x))g'(x)\,dx = F(g(x)) + C$$

이다. 여기서 $u = g(x)$라고 하면

$$\int f(g(x))g'(x)\,dx = F(u) + c = \int f(u)\,du$$

이다. 따라서 다음 정리를 얻는다.

정리 1.10 (치환적분법). $u=g(x)$가 미분가능하고 f가 연속함수이면

$$\int f(g(x))g'(x)\,dx = \int f(u)\,du$$

이다. 또 정적분에 대해서는 다음 성질이 성립한다.

$$\int_a^b f(g(x))g'(x)\,dx = \int_{g(a)}^{g(b)} f(u)\,du$$

[예제 5] 적분 $\int x^2(1+x^3)^4\,dx$를 구하여라.

풀이. $u=1+x^3$이라 하면 $du=3x^2\,dx$이므로

$$\int x^2(1+x^3)^4\,dx = \frac{1}{3}\int u^4\,du = \frac{1}{15}(1+x^3)^5 + C$$

이다. □

✓문제 **5.** 적분 $\int 4xe^{x^2}\,dx$를 하여라.

■ 부분적분법

함수 f와 g가 미분가능하면

$$\frac{d}{dx}(f(x)g(x)) = f(x)g'(x) + f'(x)g(x)$$

이므로

$$\int f(x)g'(x)\,dx + \int f'(x)g(x)\,dx = f(x)g(x)$$

즉,

$$\int f(x)g'(x)\,dx = f(x)g(x) - \int f'(x)g(x)\,dx$$

이다. 이렇게 적분하는 방법을 부분적분법이라고 한다.

정리 **1.11 (부분적분법, integration by parts).** 함수 f와 g가 미분가능하면

$$\int f(x)g'(x)\,dx = f(x)g(x) - \int f'(x)g(x)\,dx \tag{1.2}$$

이다. $u = f(x)$, $v = g(x)$라고 하면 다음과 같이 나타낼 수도 있다.

$$\int u\,dv = uv - \int v\,du$$

또 정적분에 대한 부분적분법은 다음과 같다.

$$\int_a^b f(x)g'(x)\,dx = [f(x)g(x)]_a^b - \int_a^b f'(x)g(x)\,dx$$

부분적분 공식 (1.2)는 다음 표로 기억하면 편리하다

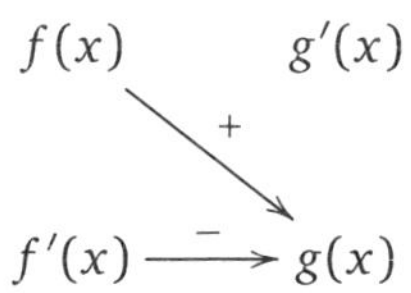

여기서 왼쪽 열의 아래 함수는 위의 $f(x)$를 미분한 것이고, 오른쪽 열의 아래 함수는 위의 $g'(x)$를 적분한 것이다. 이때 부분적분 결과는 사선으로 된 화살표는 양쪽에 있는 두 함수를 곱하고 화살표 위에 있는 부호를 붙여준다. 또 수평으로 된 화살표의 양쪽에 있는 두 함수는 곱하여 적분하고 화살표 위에 있는 부호를 붙여준다. 따라서

$$\int f(x)g'(x)\,dx = f(x)g(x) - \int f'(x)g(x)\,dx$$

이다.

[예제 6] 적분 $\int x^2 e^{3x}\,dx$를 구하여라.

풀이. $f(x) = x^2$, $g'(x) = e^{3x}$라 하고 부분적분을 반복하여 표로 나타내면 다음과 같다. 즉, 왼쪽 열은 $f(x) = x^2$을 반복하여 미분한 것이고, 오른쪽 열은 $g'(x) = e^{3x}$를 반복하여 적분한

것이다.

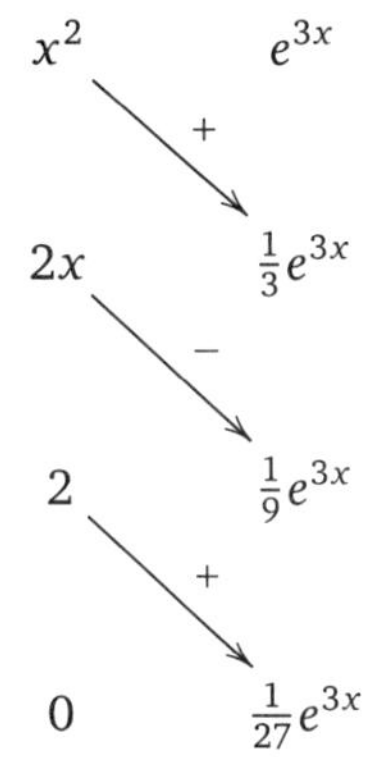

따라서

$$\int x^2 e^{3x}\,dx = \frac{1}{3}x^2e^{3x} - \frac{2}{9}xe^{3x} + \frac{2}{27}e^{3x} + C$$

이다. □

✓문제 **6.** 적분 $\int x^2 \sin x\,dx$를 구하여라.

다음 예제에서와 같이 때로는 피적분 함수가 두 함수의 곱이 아니더라도 부분적분법을 이용해야 하는 경우도 있다.

[예제 7] 적분 $\int \ln x\,dx$를 구하여라.

풀이. $f(x) = \ln x,\ g'(x) = 1$이라 하면

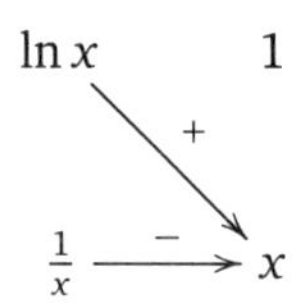

이므로

$$\int \ln x\,dx = x\ln x - \int 1\,dx = x\ln x - x + C$$

이다. □

✓문제 **7.** 적분 $\int \tan^{-1} x\, dx$를 구하여라.

■ 이상적분

일반적으로 정적분 $\int_a^b f(x)\,dx$는 닫힌구간 $[a,b]$에서 연속인 함수 $f(x)$에 대하여 정의한다. 그러나 때로는 적분구간이 무한구간이거나 함수가 연속이 아닐 경우에도 정적분을 정의할 필요가 있을 때도 있다. 이러한 적분을 **이상적분(improper integral)**이라고 한다. 여기에서는 이상적분 중에서 적분구간이 무한구간인 경우만 소개하기로 하자.

함수 $f(x)$가 구간 $[a,\infty)$에서 연속이면

$$\int_a^{\infty} f(x)\,dx = \lim_{t\to\infty}\int_a^t f(x)\,dx$$

이고, 함수 $f(x)$가 구간 $(-\infty,b]$에서 연속이면

$$\int_{-\infty}^{b} f(x)\,dx = \lim_{t\to-\infty}\int_t^b f(x)\,dx$$

라고 정의한다. 이때 우변의 극한이 존재하면 이상적분은 **수렴한다(converge)**고 하고, 극한이 존재하지 않으면 이상적분은 **발산한다(diverge)**고 한다. 또 함수 $f(x)$가 구간 $(-\infty,\infty)$에서 연속이면

$$\int_{-\infty}^{\infty} f(x)\,dx = \int_{-\infty}^{a} f(x)\,dx + \int_a^{\infty} f(x)\,dx$$

이다. 여기서 a는 임의의 실수이다.

[예제 8] 이상적분 $\int_0^{\infty} x^2e^{-2x}\,dx$의 수렴, 발산을 판정하여라.

풀이. 적분구간이 무한구간이므로 이상적분으로 계산하면

$$\int_0^{\infty} x^2e^{-2x}\,dx = \lim_{t\to\infty}\int_0^t x^2e^{-2x}\,dx$$

이다. 우변을 부분적분하면

$$\begin{aligned}\int_0^\infty x^2e^{-2x}\,dx &= \lim_{t\to\infty}\Big[\Big(-\frac{1}{2}x^2-\frac{1}{2}x-\frac{1}{4}\Big)e^{-2x}\Big]_0^t\\ &= \lim_{t\to\infty}\Big\{\Big(-\frac{1}{2}t^2-\frac{1}{2}t-\frac{1}{4}\Big)e^{-2t}+\frac{1}{4}\Big\}\\ &= \frac{1}{4}\end{aligned}$$

이므로 수렴한다. □

✓문제 **8.** 이상적분 $\int_1^\infty \frac{1}{x}\,dx$의 수렴, 발산을 판정하여라.

연습문제 1.2

[1-10] 다음 부정적분을 구하여라.

1. $\int(\sqrt{x}+\frac{1}{\sqrt{x}})\,dx$
2. $\int \frac{e^{2x}+e^x}{e^x}\,dx$
3. $\int(\sin x+2\cos x)\,dx$
4. $\int 2\tan^2 x\,dx$
5. $\int \frac{4+3x^2}{1+x^2}\,dx$
6. $\int \sqrt{5x+2}\,dx$
7. $\int \frac{\ln x}{x}\,dx$
8. $\int \sin^3 x\cos x\,dx$
9. $\int x^2\sin x\,dx$
10. $\int e^x\sin x\,dx$

[11-16] 다음 정적분을 구하여라.

11. $\int_1^e \frac{1+x^2}{x}\,dx$

12. $\int_0^{\pi/3}(9x^2-\sec^2 x)\,dx$

13. $\int_0^1 \frac{3}{1+x^2}\,dx$

14. $\int_0^1 \frac{\tan^{-1} x}{1+x^2}\,dx$

15. $\int_0^1 \tan^{-1} x\,dx$

16. $\int_0^{\pi/2} e^{-ax}\sin 2x\,dx$

17. 함수 $f(x)$의 그래프가 점 $(1,0)$을 지나고 도함수가 $3x^2+2$일 때 $f(x)$를 구하여라.

18. 함수 $F(x)=\int_0^{x^2}(1-t^2)\,dt$의 그래프가 증가하는 구간을 구하여라.

[심화 프로젝트]

19. (1) 함수 f가 닫힌구간 $[0,\pi]$에서 연속일 때, 치환 $u=\pi-x$를 이용하여

$$\int_0^{\pi} xf(\sin x)\,dx=\frac{\pi}{2}\int_0^{\pi} f(\sin x)\,dx$$

임을 보여라.

(2) (1)의 결과를 이용하여 다음 정적분을 구하여라.

$$\int_0^{\pi}\frac{x\sin x}{3+\sin^2 x}\,dx$$

제 2 장

행렬과 행렬식

2.1 행렬

여러 가지 수리 정보를 나타낼 때 직사각형 모양으로 나타내면 이해하거나 계산하기 편리한 경우가 많이 있다. 예를 들어, 두 학생 A, B의 국어, 수학, 영어 점수를 표현할 때

A학생 국어 80, 수학 90, 영어 75점; B학생 국어 70, 수학 85, 영어 90

으로 표현하기 보다는

$$\begin{array}{c c} & \begin{array}{ccc} \text{국어} & \text{수학} & \text{영어} \end{array} \\ \begin{array}{c} A \\ B \end{array} & \begin{pmatrix} 80 & 90 & 75 \\ 70 & 85 & 90 \end{pmatrix} \end{array}$$

으로 표현하는 것이 이해하기 쉽다. 이 장에서는 이렇게 수를 직사각형 모양으로 표현하는것과 관련된 내용을 공부해 보자.

■ 행렬

수 또는 문자를 아래와 같이 직사각형 모양으로 배열한 것을 **행렬(matrix)**이라고 한다.

$$A = (a_{ij}) = \begin{pmatrix} a_{11} & a_{12} & \cdots & a_{1n} \\ a_{21} & a_{22} & \cdots & a_{2n} \\ \vdots & \vdots & \vdots & \vdots \\ a_{m1} & a_{m2} & \cdots & a_{mn} \end{pmatrix} \tag{2.1}$$

이때

$$\begin{pmatrix} a_{i1} & a_{i2} & \cdots & a_{in} \end{pmatrix}$$

를 행렬 A의 i번째 **행벡터(row vector)**라 하고

$$\begin{pmatrix} a_{1j} \\ a_{2j} \\ \vdots \\ a_{mj} \end{pmatrix}$$

를 행렬 A의 j번째 **열벡터**(column vector)라고 하며, a_{ij}를 행렬 A의 i행 j열 **성분**(component)이라고 한다. 식 (2.1)의 행렬은 행이 m개이고 열이 n개인 행렬이므로 $m \times n$ 행렬이라고 한다.

행의 수와 열의 수가 같은 행렬, 즉, $m=n$일 때 A는 **정사각행렬**(square matrix)이라고 하며, $a_{ij}=0$, $i \neq j$인 정사각행렬을 **대각행렬**(diagonal matrix)이라고 한다. 특히

$$a_{ij} = \begin{cases} 1, & i=j \\ 0, & i \neq j \end{cases}$$

인 정사각행렬을 **단위행렬**(identity matrix)이라 하고 I라고 나타낸다. 또, 모든 성분이 0인 행렬을 **영행렬**(zero matrix)이라 하고 O라고 나타낸다.

예를 들어,

$$A=\begin{pmatrix} 1 & 2 \\ 3 & 4 \end{pmatrix}, \quad B=\begin{pmatrix} 1 & 0 \\ 0 & 4 \end{pmatrix}, \quad C=\begin{pmatrix} 1 & 0 \\ 0 & 1 \end{pmatrix}, \quad D=\begin{pmatrix} 0 & 0 \\ 0 & 0 \end{pmatrix}$$

에서 A, B, C, D는 정사각행렬, B, C, D는 대각행렬, C는 단위행렬, D는 영행렬이다.

■ 행렬의 합과 곱

행렬 $A=(a_{ij})$와 $B=(b_{ij})$가 모두 $m \times n$ 행렬이고 k가 상수라고 하자. 이때

(1) 모든 i, j에 대하여 $a_{ij}=b_{ij}$일 때 두 행렬은 같다고 하고 $A=B$라고 나타낸다.

(2) 두 **행렬의 합**(sum)은 $A+B=(c_{ij})$이다. 여기서 $c_{ij}=a_{ij}+b_{ij}$이다.

(3) **행렬의 스칼라곱**(scalar multiplication)은 $kA=(d_{ij})$이다. 여기서 $d_{ij}=ka_{ij}$이다.

또 행렬 $A=(a_{ij})$가 $m \times n$ 행렬이고 $B=(b_{ij})$가 $n \times p$ 행렬이라고 하자. 이때

(4) 두 **행렬의 곱**(multiplication) $AB=(c_{ij})$는 $m \times p$ 행렬로서 ij 성분은 다음과 같다.

$$c_{ij}=\sum_{k=1}^{n} a_{ik}b_{kj}$$

행렬의 합, 스칼라 곱, 곱에 대해서는 다음 성질이 성립함을 알 수 있다.

정리 2.1. 행렬에 대한 다음 각 연산이 정의될 때 다음 성질들이 성립한다.

1. $A+B=B+A$
2. $(A+B)+C=A+(B+C)$
3. $A+O=O+A=A$
4. $k(A+B)=kA+kB$
5. $(k+h)A=kA+hA$
6. $(kh)A=k(hA)$
7. $(kA)B=A(kB)=k(AB)$
8. $IA=AI=A$
9. $(AB)C=A(BC)$
10. $A(B+C)=AB+AC$
11. $(A+B)C=AC+BC$

정리 2.1에서 보듯이 행렬의 곱에 대해서 결합법칙과 분배법칙이 성립한다. 하지만 행렬의 곱에 대해서 교환법칙은 성립하지 않는다. 예를 들면,

$$\begin{pmatrix} 0 & 2 \\ 3 & 5 \end{pmatrix}\begin{pmatrix} 0 & 1 \\ 2 & 5 \end{pmatrix}=\begin{pmatrix} 4 & 10 \\ 10 & 28 \end{pmatrix},\quad \begin{pmatrix} 0 & 1 \\ 2 & 5 \end{pmatrix}\begin{pmatrix} 0 & 2 \\ 3 & 5 \end{pmatrix}=\begin{pmatrix} 3 & 5 \\ 15 & 29 \end{pmatrix}$$

이므로

$$\begin{pmatrix} 0 & 2 \\ 3 & 5 \end{pmatrix}\begin{pmatrix} 0 & 1 \\ 2 & 5 \end{pmatrix}\neq\begin{pmatrix} 0 & 1 \\ 2 & 5 \end{pmatrix}\begin{pmatrix} 0 & 2 \\ 3 & 5 \end{pmatrix}$$

이다.

■ 전치행렬

행렬 $A=(a_{ij})$가 $m\times n$ 행렬일 때 A의 행과 열을 맞바꿔놓은 행렬을 **전치행렬**(**transpose**)이라 하고 A^T라고 나타낸다. 즉, $A^T=(c_{ij})$는 $n\times m$ 행렬로서 $c_{ij}=a_{ji}$이다. 특히 $A=A^T$일 때 A는 **대칭행렬**(**symmetric matrix**)이라 하고, $A=-A^T$일 때 A는 **반대칭행렬**(**skew-symmetric matrix**)이라고 한다.

정리 2.2. 행렬에 대한 다음 각 연산이 정의될 때 다음 성질들이 성립한다.

$$(A^T)^T=A \qquad (A+B)^T=A^T+B^T \qquad (AB)^T=B^TA^T$$

[예제 1] 다음 두 행렬 A, B에 대하여 $(AB)^T = B^T A^T$임을 확인하여라.

$$A = \begin{pmatrix} 2 & 1 \\ -3 & 2 \end{pmatrix}, \quad B = \begin{pmatrix} 3 & 0 & 5 \\ -1 & 2 & 3 \end{pmatrix}$$

풀이. 먼저 두 행렬을 곱하면

$$AB = \begin{pmatrix} 2 & 1 \\ -3 & 2 \end{pmatrix} \begin{pmatrix} 3 & 0 & 5 \\ -1 & 2 & 3 \end{pmatrix} = \begin{pmatrix} 5 & 2 & 13 \\ -11 & 4 & -9 \end{pmatrix}$$

이므로

$$(AB)^T = \begin{pmatrix} 5 & -11 \\ 2 & 4 \\ 13 & -9 \end{pmatrix}$$

이다. 전치행렬을 먼저 구하여 곱하면

$$B^T A^T = \begin{pmatrix} 3 & -1 \\ 0 & 2 \\ 5 & 3 \end{pmatrix} \begin{pmatrix} 2 & -3 \\ 1 & 2 \end{pmatrix} = \begin{pmatrix} 5 & -11 \\ 2 & 4 \\ 13 & -9 \end{pmatrix}$$

이므로 $(AB)^T = B^T A^T$이다. □

✓문제 **1.** 다음 두 행렬 A, B에 대하여 $(AB)^T \neq A^T B^T$임을 확인하여라.

$$A = \begin{pmatrix} 2 & 1 \\ -3 & 2 \end{pmatrix}, \quad B = \begin{pmatrix} 3 & 5 \\ -1 & 3 \end{pmatrix}$$

■ 역행렬

$n \times n$ 행렬 A에 대하여 $AC = CA = I$가 되는 $n \times n$ 행렬 C가 존재하면 A는 역행렬이 존재한다 또는 **가역행렬(invertible matrix)**이라고 한다. 이때 C를 A의 **역행렬(inverse matrix)**이라고 하며 A^{-1}라고 나타낸다. A의 역행렬이 존재하지 않을때 A는 **특이행렬(singular matrix)**이라고 한다.

정리 2.3. 행렬 A의 역행렬이 존재하면 역행렬은 유일하다.

증명. C와 D가 A의 역행렬이라 하고 $C = D$임을 보이자.

$$AC = CA = I, \quad AD = DA = I$$

이므로

$$C = CI = C(AD) = (CA)D = ID = D$$

이다. 따라서 역행렬은 유일하다. □

정리 2.4. A, B가 역행렬이 존재하는 $n \times n$ 행렬이고 $k \neq 0$이면

(1) A^{-1}는 역행렬이 존재하고 $(A^{-1})^{-1} = A$이다.

(2) A^T는 역행렬이 존재하고 $(A^T)^{-1} = (A^{-1})^T$이다.

(3) kA는 역행렬이 존재하고 $(kA)^{-1} = \frac{1}{k}A^{-1}$이다.

(4) AB는 역행렬이 존재하고 $(AB)^{-1} = B^{-1}A^{-1}$이다.

증명. (1) $A^{-1}A = AA^{-1} = I$이므로 $(A^{-1})^{-1} = A$이다.

(2) $AA^{-1} = A^{-1}A = I$이므로

$$(A^{-1})^T A^T = (AA^{-1})^T = I^T = I, \quad A^T(A^{-1})^T = (A^{-1}A)^T = I^T = I$$

이다. 따라서 $(A^T)^{-1} = (A^{-1})^T$이다.

(3) k는 상수이므로

$$(kA)\left(\frac{1}{k}A^{-1}\right) = k\frac{1}{k}AA^{-1} = I, \quad \left(\frac{1}{k}A^{-1}\right)(kA) = \frac{1}{k}kA^{-1}A = I$$

이다. 따라서 $(kA)^{-1} = \frac{1}{k}A^{-1}$이다.

(4) A와 B의 역행렬이 존재하므로

$$AA^{-1} = A^{-1}A = I, \quad BB^{-1} = B^{-1}B = I$$

이다. 따라서

$$(AB)(B^{-1}A^{-1}) = A(BB^{-1})A^{-1} = AIA^{-1} = AA^{-1} = I$$

이고

$$(B^{-1}A^{-1})(AB) = B^{-1}(A^{-1}A)B = B^{-1}IB = B^{-1}B = I$$

이므로 $(AB)^{-1} = B^{-1}A^{-1}$이다.

따라서 정리가 증명된다. □

정리 **2.5.** $A = \begin{pmatrix} a & b \\ c & d \end{pmatrix}$일 때 A의 역행렬이 존재할 필요충분조건은 $ad - bc \neq 0$인 것이고, 이때 역행렬은 다음과 같다.

$$A^{-1} = \frac{1}{ad - bc}\begin{pmatrix} d & -b \\ -c & a \end{pmatrix}$$

증명. AA^{-1}를 계산하면

$$AA^{-1} = \frac{1}{ad - bc}\begin{pmatrix} a & b \\ c & d \end{pmatrix}\begin{pmatrix} d & -b \\ -c & a \end{pmatrix} = \begin{pmatrix} 1 & 0 \\ 0 & 1 \end{pmatrix} = I$$

이다. 같은 방법으로 $A^{-1}A = I$임을 확인할 수 있다. □

[예제 2] 행렬 $A = \begin{pmatrix} \cos\theta & -\sin\theta \\ \sin\theta & \cos\theta \end{pmatrix}$의 역행렬을 구하여라.

풀이. $ad - bc = \cos^2\theta + \sin^2\theta = 1$이므로 역행렬은 존재하고

$$A^{-1} = \begin{pmatrix} \cos\theta & \sin\theta \\ -\sin\theta & \cos\theta \end{pmatrix}$$

이다. □

√문제 **2.** 행렬 $A = \begin{pmatrix} 1 & 4 \\ 2 & -2 \end{pmatrix}$의 역행렬을 구하여라.

■ 벡터의 일차독립과 일차종속

벡터 $\mathbf{x}_1, \ldots, \mathbf{x}_n$과 상수 $c_1, \ldots, c_n$에 대하여

$$c_1\mathbf{x}_1 + \cdots + c_n\mathbf{x}_n = \mathbf{0}$$

인 경우는 $c_1, \ldots, c_n$이 모두 0일때 뿐이라면 $\mathbf{x}_1, \ldots, \mathbf{x}_n$은 **일차독립(linearly independent)**이라 하고, 일차독립이 아닐때 **일차종속(linearly dependent)**이라고 한다.

[예제 3] $\mathbf{x}_1 = (1,0,1), \mathbf{x}_2 = (-1,2,0), \mathbf{x}_3 = (0,1,1)$은 일차독립인지 일차종속인지 판정하여라.

풀이. 상수 c_1, c_2, c_3에 대하여

$$c_1(1,0,1) + c_2(-1,2,0) + c_3(0,1,1) = (0,0,0)$$

이라고 하자. 좌변을 계산하여 우변과 비교하면

$$c_1 - c_2 = 0, \quad 2c_2 + c_3 = 0, \quad c_1 + c_3 = 0$$

이므로 연립하여 풀면 $c_1 = c_2 = c_3 = 0$이다. 따라서 $\mathbf{x}_1, \mathbf{x}_2, \mathbf{x}_3$는 일차독립이다. □

√문제 **3.** $\mathbf{x}_1 = (1,1,0), \mathbf{x}_2 = (1,0,1), \mathbf{x}_3 = (4,3,1)$은 일차독립인지 일차종속인지 판정하여라.

연습문제 2.1

1. 행렬

$$A=\begin{pmatrix}3 & 1\\ 2 & 4\end{pmatrix},\quad B=\begin{pmatrix}-4 & 1\\ 3 & -2\end{pmatrix},\quad C=\begin{pmatrix}1 & -2 & 2\\ 1 & 3 & 0\end{pmatrix}$$

에 대하여 다음을 계산하여라.

(1) $A+2B$

(2) AC

(3) B^TA^T

(4) A^{-1}

2. 다음 등식을 만족하는 상수 a,b,c,d를 구하여라.

$$3\begin{pmatrix}a & b\\ c & d\end{pmatrix}-\begin{pmatrix}a & 6\\ -1 & 2a\end{pmatrix}=\begin{pmatrix}4 & a+b\\ c+d & 5\end{pmatrix}$$

3. A가 정사각행렬일 때 $A+A^T$는 대칭행렬임을 보여라.

4. $\mathbf{x}_1,\mathbf{x}_2$가 일차독립이면 임의의 상수 k에 대하여 $\mathbf{x}_1, k\mathbf{x}_1+\mathbf{x}_2$도 일차독립임을 보여라.

[심화 프로젝트]

5. 다음을 보여라.

(1) A와 B가 대칭행렬이면 $A-B$도 대칭행렬이다.

(2) A와 B가 반대칭행렬이면 $A-B$도 반대칭행렬이다.

(3) A가 대칭행렬이기도하고 반대칭행렬이기도 하면 $A=O$이다.

(4) 모든 정사각행렬 A는 대칭행렬 B와 반대칭행렬 C의 합, 즉, $A=B+C$로 표현할 수 있다.

(5) 임의의 정사각행렬을 대칭행렬과 반대칭행렬의 합으로 나타내는 (4)의 방법은 유일하다.

2.2 행렬식

행렬식은 정사각행렬에 대해서 어떤 실수를 대응시키는 함수이다. 이 절에서는 행렬식을 정의하는 방법중에서 엄밀한 정의보다는 좀 더 직관적으로 이해하기 쉬운 귀납적 정의를 소개하기로 하자.

■ 2×2 행렬의 행렬식

먼저 2×2 행렬

$$A=\begin{pmatrix} a_{11} & a_{12} \\ a_{21} & a_{22} \end{pmatrix}$$

에 대하여 A의 **행렬식(determinant)**은 다음과 같이 정의한다.

$$\det(A)=|A|=\begin{vmatrix} a_{11} & a_{12} \\ a_{21} & a_{22} \end{vmatrix}=a_{11}a_{22}-a_{12}a_{21}$$

이다.

■ $n\times n$ 행렬의 행렬식

$n\times n$ 행렬

$$A=\begin{pmatrix} a_{11} & \cdots & a_{1n} \\ \vdots & \cdots & \vdots \\ a_{n1} & \cdots & a_{nn} \end{pmatrix}$$

에서 i행과 j열을 제거한 $(n-1)\times(n-1)$ 행렬을 **소행렬(minor matrix)**이라 하고 A_{ij}라고 나타낸다. 또 $C_{ij}=(-1)^{i+j}|A_{ij}|$를 a_{ij}의 **여인자(cofactor)**라고 한다. 이때 A의 **행렬식(determinant)**은

$$\det(A)=|A|=\begin{vmatrix} a_{11} & \cdots & a_{1n} \\ \vdots & \cdots & \vdots \\ a_{n1} & \cdots & a_{nn} \end{vmatrix}=a_{11}C_{11}+a_{12}C_{12}+\cdots+a_{1n}C_{1n} \tag{2.2}$$

이다. 이 식을 1행에 대한 여인자 전개라 한다.

행렬식의 i행이나 j열에 대한 여인자 전개도 식 (2.2)와 같은 방법으로 정의되는데, 전개 결과는 다음 예제 1에서 알 수 있듯이 모두 식 (2.2)의 $|A|$와 같음을 알 수 있다.

[예제 1] 다음 행렬식을 1행에 대한 여인자 전개와 2열에 대한 여인자 전개로 계산하여라.

$$\begin{vmatrix} 2 & 1 & 3 \\ 4 & 1 & 2 \\ 1 & 2 & -3 \end{vmatrix}$$

풀이. 1행에 대하여 여인자 전개하면

$$\begin{vmatrix} 2 & 1 & 3 \\ 4 & 1 & 2 \\ 1 & 2 & -3 \end{vmatrix} = 2\begin{vmatrix} 1 & 2 \\ 2 & -3 \end{vmatrix} - 1\begin{vmatrix} 4 & 2 \\ 1 & -3 \end{vmatrix} + 3\begin{vmatrix} 4 & 1 \\ 1 & 2 \end{vmatrix} = 21$$

이고, 2열에 대하여 여인자 전개하면

$$\begin{vmatrix} 2 & 1 & 3 \\ 4 & 1 & 2 \\ 1 & 2 & -3 \end{vmatrix} = -1\begin{vmatrix} 4 & 2 \\ 1 & -3 \end{vmatrix} + 1\begin{vmatrix} 2 & 3 \\ 1 & -3 \end{vmatrix} - 2\begin{vmatrix} 2 & 3 \\ 4 & 2 \end{vmatrix} = 21$$

이다. □

✓문제 **1.** 다음 행렬식을 3행에 대한 여인자 전개와 2열에 대한 여인자 전개로 계산하여라.

$$\begin{vmatrix} 2 & -2 & 1 \\ 1 & 4 & 3 \\ 2 & 0 & 4 \end{vmatrix}$$

■ 행렬식의 성질

행렬식을 계산할 때 그 정의에 따라서 계산하는것은 복잡한 경우가 많다. 이럴때는 정리 2.6과 같은 행렬식의 여러 성질들을 이용하여 좀 더 간단한 행렬식으로 바꾸면 행렬식을 쉽게 계산할 수 있다.

정리 2.6. A가 $n \times n$ 행렬일 때 다음 성질이 성립한다.

(1) $|A| = |A^T|$이다.

(2) 두 행 (또는 두 열)을 서로 맞바꾸면 행렬식의 부호가 바뀐다.

(3) 두 행 (또는 두 열)이 같으면 $|A| = 0$이다.

(4) 한 행 (또는 한 열)을 k배 한 행렬의 행렬식은 $k|A|$가 된다.

(5) 한 행 (또는 한 열)의 k배를 다른 행 (또는 다른 열)에 더하여도 행렬식은 같다.

증명. (1) 수학적 귀납법으로 보이자. 먼저 $n = 2$일 때는

$$|A| = \begin{vmatrix} a & b \\ c & d \end{vmatrix} = ad - bc = \begin{vmatrix} a & c \\ b & d \end{vmatrix} = |A^T|$$

이므로 성립한다. 다음으로 $(n-1) \times (n-1)$ 행렬에 대하여 성립한다고 하고, $n \times n$ 행렬 A에 대하여 성립함을 보이자. $|A|$를 1행으로 전개하면

$$|A| = a_{11}|A_{11}| - a_{12}|A_{12}| + \cdots + (-1)^{n+1} a_{1n}|A_{1n}|$$

이다. $B = A^T$라 하고 B를 1열로 전개하면

$$|A^T| = |B| = b_{11}|B_{11}| - b_{21}|B_{21}| + \cdots + (-1)^{n+1} b_{n1}|B_{n1}|$$

이다. 여기서 $b_{j1} = a_{1j}$이고 $B_{j1} = A_{1j}^T$이다. 또 B_{j1}은 $(n-1) \times (n-1)$ 행렬이므로 귀납가정에 의하여 $|B_{j1}| = |A_{1j}^T| = |A_{1j}|$이다. 따라서

$$|A^T| = a_{11}|A_{11}| - a_{12}|A_{12}| + \cdots + (-1)^{n+1} a_{1n}|A_{1n}| = |A|$$

이다.

(2) 이것도 수학적 귀납법으로 보이자. 먼저 $n=2$일 때는

$$\begin{vmatrix} c & d \\ a & b \end{vmatrix} = bc - ad = -\begin{vmatrix} a & b \\ c & d \end{vmatrix}$$

이므로 성립한다. 다음으로 $(n-1)\times(n-1)$ 행렬에 대하여 성립한다고 하고, $n\times n$ 행렬 A에 대하여 성립함을 보이자. A의 i행과 j행을 서로 바꾼 행렬을 B라고 하자. $k\neq i,j$인 k행으로 두 행렬식을 전개하면

$$|A| = (-1)^{k+1}a_{k1}|A_{k1}| + \cdots + (-1)^{k+n}a_{kn}|A_{kn}|$$

이고

$$|B| = (-1)^{k+1}a_{k1}|B_{k1}| + \cdots + (-1)^{k+n}a_{kn}|B_{kn}|$$

이다. $l=1,\cdots,n$에 대하여 A_{kl}과 B_{kl}는 $(n-1)\times(n-1)$ 행렬이고, A_{kl}의 두 행을 서로 바꾼 행렬이 B_{kl}이므로 귀납가정에 의하여 $|B_{kl}|=-|A_{kl}|$이다. 따라서

$$|B| = -[(-1)^{k+1}a_{k1}|A_{k1}| + \cdots + (-1)^{k+n}a_{kn}|A_{kn}|] = -|A|$$

이다.

(3) 두 행 (또는 두 열)이 같으면 이 두 행 (또는 두 열)을 서로 맞바꾸어도 행렬 A는 변하지 않는다. 따라서 성질 (2)에 의하여 $|A|=-|A|$이므로 $|A|=0$이다.

(4) A의 i행에 k를 곱한 행렬을 B라 하고, $|B|$를 i행으로 전개하면

$$|B| = (-1)^{i+1}ka_{i1}|B_{i1}| + \cdots + (-1)^{i+n}ka_{in}|B_{in}|$$

이다. $j=1,\cdots,n$에 대하여 $B_{ij}=A_{ij}$이므로

$$|B| = k\{(-1)^{i+1}a_{i1}|A_{i1}| + \cdots + (-1)^{i+n}a_{in}|A_{in}|\} = k|A|$$

이다.

(5) A의 i행의 k배를 j행에 더한 행렬을 B라 하고, $|B|$를 j행으로 전개하면

$$|B| = (-1)^{j+1}(ka_{i1} + a_{j1})|B_{j1}| + \cdots + (-1)^{j+n}(ka_{in} + a_{jn})|B_{jn}|$$

이다. $l = 1, \cdots, n$에 대하여 $B_{jl} = A_{jl}$이므로

$$\begin{aligned}|B| &= k\{(-1)^{j+1}a_{i1}|A_{j1}| + \cdots + (-1)^{j+n}a_{in}|A_{jn}|\} \\ &\quad + (-1)^{j+1}a_{j1}|A_{j1}| + \cdots + (-1)^{j+n}a_{jn}|A_{jn}| = k|C| + |A|\end{aligned}$$

이고 여기서 C는 A의 j행을 $(a_{i1}, \cdots, a_{in})$으로 바꾼 행렬이다. 그런데 C의 i행과 j행이 같으므로 $|C| = 0$이고 따라서 $|B| = |A|$이다.

열에 대해서도 위와 같은 방법으로 각 성질을 증명할 수 있다. □

[예제 2] 다음 행렬식을 계산하여라.

$$|A| = \begin{vmatrix} 2 & 2 & 0 & 4 \\ 3 & 3 & 2 & 2 \\ 0 & 1 & 3 & 2 \\ 2 & 0 & 2 & 1 \end{vmatrix}$$

풀이. 정리 2.6의 성질 (5)를 적용하자. 1열을 이용하여 1행 2열과 4열의 성분을 0으로 만들면

$$|A| = \begin{vmatrix} 2 & 0 & 0 & 0 \\ 3 & 0 & 2 & -4 \\ 0 & 1 & 3 & 2 \\ 2 & -2 & 2 & -3 \end{vmatrix} = 2\begin{vmatrix} 0 & 2 & -4 \\ 1 & 3 & 2 \\ -2 & 2 & -3 \end{vmatrix}$$

이다. 또 위 식의 마지막 행렬식의 2행을 이용하여 3행 1열의 성분을 0으로 만들어 계산하면

$$|A| = 2\begin{vmatrix} 0 & 2 & -4 \\ 1 & 3 & 2 \\ 0 & 8 & 1 \end{vmatrix} = -2\begin{vmatrix} 2 & -4 \\ 8 & 1 \end{vmatrix} = -2(2 + 32) = -68$$

이다. □

√문제 **2.** 다음 행렬식을 계산하여라.

$$\begin{vmatrix} 1 & 1 & 1 & 1 \\ 1 & 2 & -1 & 2 \\ 1 & -1 & 2 & 1 \\ 1 & 3 & 3 & 2 \end{vmatrix}$$

행렬식에 대한 다음 정리는 편리하긴 하지만, 그 증명은 조금 복잡하므로 증명없이 소개하기로 하자.

> 정리 **2.7.** A와 B가 $n \times n$ 행렬이면 $|AB| = |A||B|$이다.

[예제 **3]** 행렬 A의 역행렬이 존재하고 $|A| = 2$일 때 $|A^{-1}|$를 구하여라.

풀이. $AA^{-1} = I$이므로 정리 2.7에 의하여

$$|I| = |AA^{-1}| = |A||A^{-1}| = 2|A^{-1}|$$

이다. 그런데 $|I| = 1$이므로 $|A^{-1}| = \frac{1}{2}$이다. □

√문제 **3.** 행렬 A에 대하여 $|A| = 2$일 때 $|A^3|$을 구하여라.

■ 연립일차방정식과 행렬식

이제 행렬식을 이용하여 연립일차방정식의 해를 구하는 방법과 역행렬을 구하는 방법을 알아보자.

먼저 연립방정식

$$\begin{aligned} a_{11}x_1 + \cdots + a_{1n}x_n &= b_1 \\ &\vdots \\ a_{m1}x_1 + \cdots + a_{mn}x_n &= b_m \end{aligned} \tag{2.3}$$

을 행렬을 이용하여 나타내는 방법을 생각해보자.

$$A = \begin{pmatrix} a_{11} & \cdots & a_{1n} \\ \vdots & & \vdots \\ a_{m1} & \cdots & a_{mn} \end{pmatrix}, \quad \mathbf{x} = \begin{pmatrix} x_1 \\ \vdots \\ x_n \end{pmatrix}, \quad \mathbf{b} = \begin{pmatrix} b_1 \\ \vdots \\ b_m \end{pmatrix}$$

이라고 하면 연립방정식 (2.3)은

$$A\mathbf{x} = \mathbf{b}$$

라고 나타낼 수 있다. 이때 A를 연립방정식 (2.3)의 **계수행렬(coefficient matrix)**이라 하고

$$\tilde{A} = \begin{pmatrix} a_{11} & \cdots & a_{1n} & b_1 \\ \vdots & & \vdots & \vdots \\ a_{m1} & \cdots & a_{mn} & b_m \end{pmatrix}$$

을 **첨가행렬(augmented matrix)**이라고 한다.

■ 크래머 법칙

> 정리 **2.8 (크래머 법칙, Cramer's rule).** A가 $n \times n$ 행렬일때 연립방정식 $A\mathbf{x} = \mathbf{b}$에서 $|A| \neq 0$이면 해가 존재하고, 해는
>
> $$x_j = \frac{|A_j|}{|A|}, \quad j = 1, \ldots, n$$
>
> 이다. 여기서 A_j는 A의 j번째 열을 $\mathbf{b}$로 바꾼 행렬이다.

증명. $n \times n$ 단위행렬 I의 j번째 열을 $\mathbf{x}$로 바꾼 행렬을 X_j라 하고 AX_j를 생각하자.

$$AX_j = \begin{pmatrix} a_{11} & \cdots & a_{1n} \\ \vdots & & \vdots \\ a_{n1} & \cdots & a_{nn} \end{pmatrix} \begin{pmatrix} 1 & \cdots & x_1 & \cdots & 0 \\ \vdots & & \vdots & & \vdots \\ 0 & \cdots & x_n & \cdots & 1 \end{pmatrix}$$

이다. $k \neq j$이면 AX_j의 k번째 열벡터는 A의 k번째 열벡터와 같고, $k = j$이면 AX_j의 k번째 열벡터는 $A\mathbf{x}$이다. $A\mathbf{x} = \mathbf{b}$ 이므로 AX_j는 A의 j번째 열을 $\mathbf{b}$로 바꾼 행렬과 같다. 즉, $AX_j = A_j$

이다. 따라서 $|A||X_j| = |A_j|$이다. 그런데 $|X_j| = x_j$이므로 $|A| \neq 0$이면

$$x_j = \frac{|A_j|}{|A|}, \quad j = 1, \ldots, n$$

이다. □

[예제 4] 다음 연립방정식의 해를 크래머 법칙을 이용하여 구하여라.

$$5x_1 - 2x_2 + x_3 = 1$$
$$3x_1 + 2x_2 = 3$$
$$x_1 + x_2 - x_3 = 0$$

풀이. 먼저 $|A|$와 $|A_j|$, $j = 1, 2, 3$을 구하자.

$$|A| = \begin{vmatrix} 5 & -2 & 1 \\ 3 & 2 & 0 \\ 1 & 1 & -1 \end{vmatrix} = -15, \quad |A_1| = \begin{vmatrix} 1 & -2 & 1 \\ 3 & 2 & 0 \\ 0 & 1 & -1 \end{vmatrix} = -5$$
$$|A_2| = \begin{vmatrix} 5 & 1 & 1 \\ 3 & 3 & 0 \\ 1 & 0 & -1 \end{vmatrix} = -15, \quad |A_3| = \begin{vmatrix} 5 & -2 & 1 \\ 3 & 2 & 3 \\ 1 & 1 & 0 \end{vmatrix} = -20$$

이므로

$$x_1 = \frac{1}{3}, \quad x_2 = 1, \quad x_3 = \frac{4}{3}$$

이다. □

✓문제 **4.** 다음 연립방정식의 해를 크래머 법칙을 이용하여 구하여라.

$$x_1 + x_2 + x_3 = 6$$
$$2x_1 - x_2 = 0$$
$$2x_1 + x_3 = 3$$

■ 역행렬

2.1절의 정리 2.5에서는 2×2 행렬의 역행렬을 구하였다. 행렬식을 이용하면 일반적인 $n\times n$ 행렬의 역행렬을 다음과 같이 구할 수 있다.

> 정리 **2.9.** A가 $n\times n$ 행렬일 때 $|A|\neq 0$이면 역행렬 A^{-1}는 존재하고
>
> $$A^{-1}=\frac{1}{|A|}(C_{ij})^T$$
>
> 이다. 여기서 C_{ij}는 행렬 A에서 a_{ij}의 여인자, 즉, $C_{ij}=(-1)^{i+j}|A_{ij}|$이다. 행렬 $(C_{ij})^T$를 A의 **수반행렬(adjoint matrix)**이라고 한다.

증명. 수반행렬의 정의에 의하여

$$A\frac{1}{|A|}(C_{ij})^T=\frac{1}{|A|}\begin{pmatrix} a_{11} & \cdots & a_{1n} \\ \vdots & & \vdots \\ a_{n1} & \cdots & a_{nn}\end{pmatrix}\begin{pmatrix} (-1)^{1+1}|A_{11}| & \cdots & (-1)^{n+1}|A_{n1}| \\ \vdots & & \vdots \\ (-1)^{1+n}|A_{1n}| & \cdots & (-1)^{n+n}|A_{nn}|\end{pmatrix}$$

이다. 각 $i=1,\ldots,n$에 대하여

$$(-1)^{i+1}a_{i1}|A_{i1}|+\cdots+(-1)^{i+n}a_{in}|A_{in}|=|A|$$

이다. 또 $i\neq j$일때는 $(-1)^{j+1}a_{i1}|A_{j1}|+\cdots+(-1)^{j+n}a_{in}|A_{jn}|$는 i번째 행과 j번째 행이 모두 $(a_{i1},\ldots,a_{in})$인 행렬식을 전개한 것이므로

$$(-1)^{j+1}a_{i1}|A_{j1}|+\cdots+(-1)^{j+n}a_{in}|A_{jn}|=0$$

이다. 따라서

$$A\frac{1}{|A|}(C_{ij})^T=\frac{1}{|A|}\begin{pmatrix} |A| & \cdots & 0 \\ \vdots & & \vdots \\ 0 & \cdots & |A|\end{pmatrix}=I$$

이다. 같은 방법으로 $\frac{1}{|A|}(C_{ij})^T A = I$도 보일 수 있으므로

$$A^{-1} = \frac{1}{|A|}(C_{ij})^T$$

이다. □

[예제 5] 여인자를 이용하여 다음 행렬의 역행렬을 구하여라.

$$A = \begin{pmatrix} 4 & 0 & 1 \\ 2 & 2 & 0 \\ 3 & 1 & 1 \end{pmatrix}$$

풀이. $|A| = 4$이므로 역행렬이 존재한다. 여인자를 구하면

$$C_{11} = \begin{vmatrix} 2 & 0 \\ 1 & 1 \end{vmatrix} = 2, \quad C_{12} = -\begin{vmatrix} 2 & 0 \\ 3 & 1 \end{vmatrix} = -2, \quad C_{13} = \begin{vmatrix} 2 & 2 \\ 3 & 1 \end{vmatrix} = -4$$
$$C_{21} = -\begin{vmatrix} 0 & 1 \\ 1 & 1 \end{vmatrix} = 1, \quad C_{22} = \begin{vmatrix} 4 & 1 \\ 3 & 1 \end{vmatrix} = 1, \quad C_{23} = -\begin{vmatrix} 4 & 0 \\ 3 & 1 \end{vmatrix} = -4$$
$$C_{31} = \begin{vmatrix} 0 & 1 \\ 2 & 0 \end{vmatrix} = -2, \quad C_{32} = -\begin{vmatrix} 4 & 1 \\ 2 & 0 \end{vmatrix} = 2, \quad C_{33} = \begin{vmatrix} 4 & 0 \\ 2 & 2 \end{vmatrix} = 8$$

이므로

$$A^{-1} = \frac{1}{4}\begin{pmatrix} 2 & -2 & -4 \\ 1 & 1 & -4 \\ -2 & 2 & 8 \end{pmatrix}^T = \begin{pmatrix} \frac{1}{2} & \frac{1}{4} & -\frac{1}{2} \\ -\frac{1}{2} & \frac{1}{4} & \frac{1}{2} \\ -1 & -1 & 2 \end{pmatrix}$$

이다. □

✓문제 **5.** 여인자를 이용하여 다음 행렬의 역행렬을 구하여라.

$$A = \begin{pmatrix} 1 & 2 & 3 \\ 0 & 1 & 2 \\ 0 & 0 & 1 \end{pmatrix}$$

정리 2.10. $n \times n$ 행렬 A의 n개의 열벡터 (또는 행벡터)가 일차독립이면 $|A| \neq 0$이다. 따라서 역행렬 A^{-1}가 존재한다.

증명. 행렬 A에 정리 2.6의 (5)를 유한번 반복하여 적용하면

$$|A| = |(\mathbf{x}_1, \ldots, \mathbf{x}_n)| = \begin{vmatrix} a_1 & 0 & \cdots & 0 \\ 0 & a_2 & \cdots & 0 \\ \vdots & \vdots & & \vdots \\ 0 & 0 & \cdots & a_n \end{vmatrix} = a_1 a_2 \cdots a_n$$

형태로 변형할 수 있다. 행렬 A의 열벡터 $\mathbf{x}_1, \ldots, \mathbf{x}_n$이 일차독립이라 하고

$$\mathbf{y}_1 = \begin{pmatrix} a_1 \\ 0 \\ \cdots \\ 0 \end{pmatrix}, \quad \mathbf{y}_2 = \begin{pmatrix} 0 \\ a_2 \\ \cdots \\ 0 \end{pmatrix}, \quad \ldots, \quad \mathbf{y}_n = \begin{pmatrix} 0 \\ \cdots \\ 0 \\ a_n \end{pmatrix}$$

이라고 하면, 2.1절 연습문제 4에 의하여 $\mathbf{y}_1, \ldots, \mathbf{y}_n$도 일차독립이다. 그런데 $a_1, \ldots, a_n$중 적어도 하나가 0이라면 $\mathbf{y}_1, \ldots, \mathbf{y}_n$은 일차종속이 되므로 $a_1, \ldots, a_n$은 모두 0이 아니다. 따라서

$$|A| = a_1 a_2 \cdots a_n \neq 0$$

이다. □

연습문제 2.2

1. 다음 행렬식을 계산하여라.

$$\begin{vmatrix} 2 & -1 & 3 & 5 \\ 2 & 0 & 1 & 0 \\ 6 & 1 & 3 & 4 \\ -7 & 3 & -2 & 8 \end{vmatrix}$$

2. A가 $n \times n$ 행렬일 때 $|kA| = k^n|A|$임을 보여라.

3. 다음 연립방정식의 해를 크래머 법칙을 이용하여 구하여라.

$$x_1 + 2x_2 - x_3 = -2$$
$$2x_1 + x_2 + x_3 = 0$$
$$3x_1 - x_2 + 2x_3 = 1$$

4. 다음 행렬의 역행렬이 존재하면 구하여라.

$$A = \begin{pmatrix} 3 & 0 & 3 \\ 4 & 1 & -2 \\ -5 & 1 & 4 \end{pmatrix}$$

5. 두 벡터 $\mathbf{x} = \begin{pmatrix} a \\ b \end{pmatrix}$와 $\mathbf{y} = \begin{pmatrix} c \\ d \end{pmatrix}$가 일차독립이면, $\begin{vmatrix} a & c \\ b & d \end{vmatrix} \neq 0$임을 보여라.

[심화 프로젝트]

6. (1) 다음 3×3 **반데르몽드 행렬식(Vandermonde determinant)**을 계산하여라.

$$D_3 = \begin{vmatrix} 1 & 1 & 1 \\ a_1 & a_2 & a_3 \\ a_1^2 & a_2^2 & a_3^2 \end{vmatrix}$$

(2) 다음 4×4 반데르몽드 행렬식을 계산하여라.

$$D_4 = \begin{vmatrix} 1 & 1 & 1 & 1 \\ a_1 & a_2 & a_3 & a_4 \\ a_1^2 & a_2^2 & a_3^2 & a_4^2 \\ a_1^3 & a_2^3 & a_3^3 & a_4^3 \end{vmatrix}$$

(3) $n \times n$ 반데르몽드 행렬식 D_n을 계산한 결과를 예측하여라.

2.3 고유값과 고유벡터

고유값과 고유벡터는 양자역학에서 나오는 고유값 문제에서 유래 되었는데, 행렬과 관련된 여러 계산에서 유용하게 이용된다.

■ 고유값과 고유벡터

A가 $n\times n$행렬이라고 하자. 방정식 $A\mathbf{x}=\lambda\mathbf{x}$가 $\mathbf{0}$아닌 해 $\mathbf{x}$를 가질 때 숫자 λ를 A의 **고유값(eigen value)**이라 하고 $\mathbf{x}$를 λ에 대응되는 **고유벡터(eigen vector)**라고 한다.

행렬 A의 고유값과 고유벡터를 각각 $\lambda,\mathbf{x}$라고 하면 $A\mathbf{x}=\lambda\mathbf{x}=\lambda I\mathbf{x}$를 만족하므로

$$(A-\lambda I)\mathbf{x}=\mathbf{0}$$

은 $\mathbf{0}$아닌 해를 갖는다. 따라서 λ는

$$|A-\lambda I|=0 \tag{2.4}$$

을 만족한다. 방정식 (2.4)를 행렬 A의 **특성방정식(characteristic equation)**이라고 한다.

[예제 1] 행렬 $A=\begin{pmatrix}1 & 2\\ 2 & 4\end{pmatrix}$의 고유값과 고유벡터를 구하여라.

풀이. 특성방정식을 구하면

$$|A-\lambda I|=\begin{vmatrix}1-\lambda & 2\\ 2 & 4-\lambda\end{vmatrix}=\lambda(\lambda-5)=0$$

이므로 고유값은 $\lambda=0,5$이다. $\lambda=0$일때 고유벡터는

$$\begin{pmatrix}1 & 2\\ 2 & 4\end{pmatrix}\begin{pmatrix}x_1\\ x_2\end{pmatrix}=\begin{pmatrix}0\\ 0\end{pmatrix}$$

을 만족하여야 한다. 즉, $x_1+2x_2=0$이므로 고유벡터는

$$\begin{pmatrix}2\\ -1\end{pmatrix}$$

이다. $\lambda = 5$일때 고유벡터는

$$\begin{pmatrix} -4 & 2 \\ 2 & -1 \end{pmatrix} \begin{pmatrix} x_1 \\ x_2 \end{pmatrix} = \begin{pmatrix} 0 \\ 0 \end{pmatrix}$$

을 만족하여야 한다. 즉, $2x_1 - x_2 = 0$이므로 고유벡터는

$$\begin{pmatrix} 1 \\ 2 \end{pmatrix}$$

이다. □

✓문제 **1.** 행렬 $A = \begin{pmatrix} 2 & 2 \\ 3 & 1 \end{pmatrix}$의 고유값과 고유벡터를 구하여라.

위의 예제 1에서 고유값 $\lambda = 0$에 대응되는 고유벡터를 구하려면 $x_1 + 2x_2 = 0$을 만족하는 벡터 $\begin{pmatrix} x_1 \\ x_2 \end{pmatrix}$를 구하면 된다. 그런데 이 식을 만족하는 벡터는 다음과 같이 무수히 많다.

$$\begin{pmatrix} 2 \\ -1 \end{pmatrix}, \quad \begin{pmatrix} -2 \\ 1 \end{pmatrix}, \quad \begin{pmatrix} 1 \\ -1/2 \end{pmatrix}, \quad \begin{pmatrix} 4 \\ -2 \end{pmatrix}, \quad \begin{pmatrix} -6 \\ 3 \end{pmatrix}, \ldots$$

그러나 이 벡터들은 모두 일차종속이다. 즉, 하나의 벡터를 상수배 하면 다른 벡터를 구할 수 있다. 따라서 이 중에서 어느 것을 고유벡터라고 해도 된다.

하나의 고유값에 대하여 일차독립인 고유벡터가 항상 하나만 존재하는것은 아니다. 또 고유값과 고유벡터가 복소수일 수도 있다. 다음 예제와 문제를 보자.

[예제 2] 다음 행렬의 고유값과 고유벡터를 구하여라.

$$A = \begin{pmatrix} -2 & 2 & -3 \\ 2 & 1 & -6 \\ -1 & -2 & 0 \end{pmatrix}$$

풀이. 특성방정식을 구하면

$$|A-\lambda I| = \begin{vmatrix} -2-\lambda & 2 & -3 \\ 2 & 1-\lambda & -6 \\ -1 & -2 & -\lambda \end{vmatrix} = -(\lambda+3)^2(\lambda-5) = 0$$

이므로 고유값은 $\lambda = -3, -3, 5$이다. $\lambda = -3$일때 고유벡터는

$$\begin{pmatrix} 1 & 2 & -3 \\ 2 & 4 & -6 \\ -1 & -2 & 3 \end{pmatrix} \begin{pmatrix} x_1 \\ x_2 \\ x_3 \end{pmatrix} = \begin{pmatrix} 0 \\ 0 \\ 0 \end{pmatrix}$$

을 만족하여야 한다. 즉, $x_1 + 2x_2 - 3x_3 = 0$이므로 고유벡터는

$$\begin{pmatrix} -2 \\ 1 \\ 0 \end{pmatrix}, \quad \begin{pmatrix} 3 \\ 0 \\ 1 \end{pmatrix}$$

두 개이다. $\lambda = 5$일때 고유벡터는

$$\begin{pmatrix} -7 & 2 & -3 \\ 2 & -4 & -6 \\ -1 & -2 & -5 \end{pmatrix} \begin{pmatrix} x_1 \\ x_2 \\ x_3 \end{pmatrix} = \begin{pmatrix} 0 \\ 0 \\ 0 \end{pmatrix}$$

을 만족하여야 한다. 즉

$$-7x_1 + 2x_2 - 3x_3 = 0$$
$$2x_1 - 4x_2 - 6x_3 = 0$$
$$-x_1 - 2x_2 - 5x_3 = 0$$

이므로

$$x_1 = -x_3, \quad x_2 = -2x_3$$

을 만족하여야 한다. 따라서 이때 고유벡터는

$$\begin{pmatrix} 1 \\ 2 \\ -1 \end{pmatrix}$$

이다. □

✓문제 **2.** 행렬 $A = \begin{pmatrix} 3 & -5 \\ 1 & -1 \end{pmatrix}$의 고유값과 고유벡터를 구하여라.

■ 복소 고유값

계수가 실수인 다항식에서 해가 복소수이면 그 켤레복소수도 해가 된다. 행렬 A의 성분이 실수이면 특성방정식은 계수가 실수인 다항식이고 이 특성방정식의 해가 고유값이다. 따라서 고유값이 복소수이면 그 켤레복소수도 고유값이 된다. 즉, $\lambda_1 = \alpha + i\beta$가 고유값이면 $\lambda_2 = \alpha - i\beta$도 고유값이다. 이때 이에 대응되는 고유벡터도 성분이 복소수일 것이라고 예측할 수 있다. 아래 정리 2.11에서는 2×2 행렬일 경우만 생각해 보기로 하자.

> 정리 **2.11.** a, b, c, d가 실수일 때 행렬 $A = \begin{pmatrix} a & b \\ c & d \end{pmatrix}$의 고유값이 켤레복소수 $\lambda_1 = \alpha + i\beta$와 $\lambda_2 = \alpha - i\beta$이면, 이에 대응되는 고유벡터의 성분들도 서로 켤레복소수이다.

증명. 고유값이 복소수이려면 $b \neq 0$이어야 한다. 따라서 고유벡터의 첫 번째 성분은 0이 될수 없으므로 두 고유값에 대응되는 고유벡터는 각각

$$\mathbf{x}_1 = \begin{pmatrix} 1 \\ x_1 \end{pmatrix}, \quad \mathbf{x}_2 = \begin{pmatrix} 1 \\ x_2 \end{pmatrix}$$

형태라고 할 수 있다. $\mathbf{x}_1$은 λ_1에 대응되는 고유벡터이므로

$$\begin{pmatrix} a - (\alpha + i\beta) & b \\ c & d - (\alpha + i\beta) \end{pmatrix} \begin{pmatrix} 1 \\ x_1 \end{pmatrix} = \begin{pmatrix} 0 \\ 0 \end{pmatrix}$$

이고 따라서

$$a-(\alpha+i\beta)+bx_1=0$$

즉,

$$x_1=\frac{1}{b}(\alpha+i\beta-a)$$

이다. 같은 방법으로 $\mathbf{x}_2$는 λ_2에 대응되는 고유벡터이므로

$$x_2=\frac{1}{b}(\alpha-i\beta-a)=\overline{x}_1$$

이다. 따라서 $\mathbf{x}_2=\overline{\mathbf{x}}_1$이다. □

■ 고유벡터의 일차독립

다음 정리는 고유벡터의 일차독립에 관한 정리로 6장에서 연립상미분방정식의 풀이법을 공부할 때 이용된다.

정리 2.12. A가 $n\times n$ 행렬이고 $\lambda_1,\ldots,\lambda_k$는 A의 서로 다른 고유값이라고 하자. $\mathbf{x}_1,\ldots,\mathbf{x}_k$가 각각 $\lambda_1,\ldots,\lambda_k$에 대응되는 고유벡터라고 하면 $\mathbf{x}_1,\ldots,\mathbf{x}_k$는 일차독립이다.

증명. $\mathbf{x}_1,\ldots,\mathbf{x}_k$가 일차종속이라고 가정하면, $\mathbf{x}_1,\ldots,\mathbf{x}_{r-1}$은 일차독립이고 $\mathbf{x}_1,\ldots,\mathbf{x}_r$은 일차종속이 되는 $\mathbf{x}_r$이 존재한다. 따라서

$$\mathbf{x}_r=c_1\mathbf{x}_1+\cdots+c_{r-1}\mathbf{x}_{r-1}$$

로 나타낼 수 있고, 이때 $c_1,\ldots,c_{r-1}$은 모두는 0이 아니다. 이 식의 양변에 λ_r을 곱하면

$$\lambda_r\mathbf{x}_r=c_1\lambda_r\mathbf{x}_1+\cdots+c_{r-1}\lambda_r\mathbf{x}_{r-1}$$

이고, 양변에 행렬 A를 곱하면

$$A\mathbf{x}_r=c_1A\mathbf{x}_1+\cdots+c_{r-1}A\mathbf{x}_{r-1}$$

이다. 그런데 $A\mathbf{x}_j = \lambda_j \mathbf{x}_j$, $j = 1, \ldots, r$이므로

$$\lambda_r \mathbf{x}_r = c_1 \lambda_1 \mathbf{x}_1 + \cdots + c_{r-1} \lambda_{r-1} \mathbf{x}_{r-1}$$

이다. 따라서

$$c_1 \lambda_r \mathbf{x}_1 + \cdots + c_{r-1} \lambda_r \mathbf{x}_{r-1} = c_1 \lambda_1 \mathbf{x}_1 + \cdots + c_{r-1} \lambda_{r-1} \mathbf{x}_{r-1}$$

이고, 이항하여 정리하면

$$c_1(\lambda_r - \lambda_1)\mathbf{x}_1 + \cdots + c_{r-1}(\lambda_r - \lambda_{r-1})\mathbf{x}_{r-1} = \mathbf{0}$$

이다. 그런데 $\mathbf{x}_1, \ldots, \mathbf{x}_{r-1}$은 일차독립이므로

$$c_1(\lambda_r - \lambda_1) = \cdots = c_{r-1}(\lambda_r - \lambda_{r-1}) = 0$$

이고 $\lambda_1, \ldots, \lambda_r$은 서로 다르므로 $c_1 = \cdots = c_{r-1} = 0$이다. 이것은 모순이므로 $\mathbf{x}_1, \ldots, \mathbf{x}_k$는 일차독립이다. □

■ 대각화

행렬 A가 n개의 일차독립인 고유벡터를 가지면 아래 정리와 같이 행렬 A의 왼쪽과 오른쪽에 적당한 행렬을 곱하면 대각행렬이 되게 할 수 있다. 이것을 행렬의 **대각화(diagonalization)**라고 한다.

정리 **2.13.** $n \times n$ 행렬 A가 n개의 일차독립인 고유벡터 $\mathbf{x}_1, \ldots, \mathbf{x}_n$을 가질때 $X = (\mathbf{x}_1, \ldots, \mathbf{x}_n)$이라고 하면

$$D = X^{-1}AX$$

는 대각행렬이고, D의 주 대각선은 $\mathbf{x}_1, \ldots, \mathbf{x}_n$에 대응되는 고유값이다. (이때 고유값이 모두 서로 다를 필요는 없다.)

증명. $\lambda_1,\ldots,\lambda_n$이 A의 고유값이고

$$\mathbf{x}_1=\begin{pmatrix}x_{11}\\ \vdots\\ x_{1n}\end{pmatrix},\quad \ldots,\quad \mathbf{x}_n=\begin{pmatrix}x_{n1}\\ \vdots\\ x_{nn}\end{pmatrix}$$

이 대응되는 일차독립인 고유벡터라고 하자. 그러면

$$AX=A(\mathbf{x}_1,\ldots,\mathbf{x}_n)=(A\mathbf{x}_1,\ldots,A\mathbf{x}_n)=(\lambda_1\mathbf{x}_1,\ldots,\lambda_n\mathbf{x}_n)$$

이고

$$XD=\begin{pmatrix}x_{11}&\cdots&x_{n1}\\ \vdots&&\vdots\\ x_{1n}&\cdots&x_{nn}\end{pmatrix}\begin{pmatrix}\lambda_1&\cdots&0\\ \vdots&&\vdots\\ 0&\cdots&\lambda_n\end{pmatrix}=\begin{pmatrix}\lambda_1x_{11}&\cdots&\lambda_nx_{n1}\\ \vdots&&\vdots\\ \lambda_1x_{1n}&\cdots&\lambda_nx_{nn}\end{pmatrix}=(\lambda_1\mathbf{x}_1,\ldots,\lambda_n\mathbf{x}_n)$$

이므로 $AX=XD$이다. 그런데 2.2절의 정리 2.10에 의하여 X의 역행렬 X^{-1}이 존재하므로

$$X^{-1}AX=X^{-1}XD=D$$

이다. □

$n\times n$ 행렬 A를 대각화할 수 있으면, 즉, A가 n개의 일차독립인 고유벡터를 가지면

$$D=X^{-1}AX$$

이므로

$$A=XDX^{-1}$$

이라고 나타낼 수 있다. 따라서

$$A^2=(XDX^{-1})(XDX^{-1})=XD^2X^{-1}$$

이고, 일반적으로

$$A^m = XD^mX^{-1}, \quad m = 1, 2, \ldots$$

가 성립함을 알 수 있다. 여기서 D는 대각행렬이므로 A^m을 계산하는것 보다 D^m을 계산하는것이 훨씬 쉽다.

[예제 3] 행렬 $A = \begin{pmatrix} 7 & 2 \\ -4 & 1 \end{pmatrix}$를 대각화하고 이를 이용하여 A^7을 구하여라.

풀이. 특성방정식을 구하면

$$|A - \lambda I| = \begin{vmatrix} 7-\lambda & 2 \\ -4 & 1-\lambda \end{vmatrix} = (\lambda - 3)(\lambda - 5) = 0$$

이므로 고유값은 $\lambda = 3, 5$이다. $\lambda = 3$일때 고유벡터는

$$\begin{pmatrix} 4 & 2 \\ -4 & -2 \end{pmatrix} \begin{pmatrix} x_1 \\ x_2 \end{pmatrix} = \begin{pmatrix} 0 \\ 0 \end{pmatrix}$$

을 만족하여야 하므로

$$\mathbf{x}_1 = \begin{pmatrix} 1 \\ -2 \end{pmatrix}$$

이고, $\lambda = 5$일때 고유벡터는

$$\begin{pmatrix} 2 & 2 \\ -4 & -4 \end{pmatrix} \begin{pmatrix} x_1 \\ x_2 \end{pmatrix} = \begin{pmatrix} 0 \\ 0 \end{pmatrix}$$

을 만족하여야 하므로

$$\mathbf{x}_2 = \begin{pmatrix} 1 \\ -1 \end{pmatrix}$$

이다. 따라서

$$X = \begin{pmatrix} 1 & 1 \\ -2 & -1 \end{pmatrix}$$

이고 역행렬을 계산하면

$$X^{-1} = \begin{pmatrix} -1 & -1 \\ 2 & 1 \end{pmatrix}$$

이므로, 대각화하면

$$X^{-1}AX = \begin{pmatrix} -1 & -1 \\ 2 & 1 \end{pmatrix}\begin{pmatrix} 7 & 2 \\ -4 & 1 \end{pmatrix}\begin{pmatrix} 1 & 1 \\ -2 & -1 \end{pmatrix} = \begin{pmatrix} 3 & 0 \\ 0 & 5 \end{pmatrix} = D$$

임을 알 수 있다. 또

$$A = XDX^{-1} = \begin{pmatrix} 1 & 1 \\ -2 & -1 \end{pmatrix}\begin{pmatrix} 3 & 0 \\ 0 & 5 \end{pmatrix}\begin{pmatrix} -1 & -1 \\ 2 & 1 \end{pmatrix}$$

이므로

$$\begin{aligned} A^7 = XD^7X^{-1} &= \begin{pmatrix} 1 & 1 \\ -2 & -1 \end{pmatrix}\begin{pmatrix} 3 & 0 \\ 0 & 5 \end{pmatrix}^7\begin{pmatrix} -1 & -1 \\ 2 & 1 \end{pmatrix} \\ &= \begin{pmatrix} 1 & 1 \\ -2 & -1 \end{pmatrix}\begin{pmatrix} 3^7 & 0 \\ 0 & 5^7 \end{pmatrix}\begin{pmatrix} -1 & -1 \\ 2 & 1 \end{pmatrix} \\ &= \begin{pmatrix} 2\cdot 5^7 - 3^7 & 5^7 - 3^7 \\ 2\cdot 3^7 - 2\cdot 5^7 & 2\cdot 3^7 - 5^7 \end{pmatrix} \end{aligned}$$

이다. □

✓문제 **3.** 행렬 $A = \begin{pmatrix} 2 & 1 & -1 \\ 3 & 2 & -3 \\ 3 & 1 & -2 \end{pmatrix}$를 대각화하고 이를 이용하여 A^4을 구하여라.

연습문제 2.3

1. 행렬 $A=\begin{pmatrix} 2 & 6 \\ 1 & -3 \end{pmatrix}$의 고유값과 고유벡터를 구하여라.

2. 행렬

$$A=\begin{pmatrix} 1 & 1 & 2 \\ 1 & 1 & -1 \\ 3 & -3 & 0 \end{pmatrix}$$

의 고유값과 고유벡터를 구하여라.

3. 행렬

$$A=\begin{pmatrix} 2 & 0 & 0 \\ 1 & -1 & 2 \\ -2 & 0 & 1 \end{pmatrix}$$

에서 대각화를 이용하여 A^5을 구하여라.

[심화 프로젝트]

4. (1) λ가 행렬 A의 고유값이고 $\mathbf{x}$가 대응되는 고유벡터라고 하자. $p(\lambda)=a_0+a_1\lambda+\cdots+a_n\lambda^n$이라 하고 $p(A)=a_0I+a_1A+\cdots+a_nA^n$이라고 하면 $p(\lambda)$는 $p(A)$의 고유값이고 대응되는 고유벡터는 $\mathbf{x}$임을 보여라.

(2) (1)을 이용하여, $\lambda_1,\ldots,\lambda_k$가 행렬 A의 고유값일 때 행렬 cA, $A-cI$, A^2의 고유값을 각각 구하여라.

제 3 장

일계미분방정식

3.1 기본개념

이 절에서는 미분방정식의 뜻과 미분방정식을 공부하는데 필요한 기본 개념을 알아보자.

■ 미분방정식의 뜻

어떤 함수의 미분을 포함한 방정식을 **미분방정식**(**differential equation**)이라고 한다. 예를 들면,

$$\frac{dy}{dx} = x \tag{3.1}$$

$$y'' = xy^2 \tag{3.2}$$

$$\frac{\partial^2 u}{\partial x^2} + \frac{\partial^2 u}{\partial y^2} = 0 \tag{3.3}$$

와 같은 것들이다.

이 방정식들 중에서 식 (3.1) 또는 식 (3.2)와 같이 일변수 함수의 도함수만 포함하고 있는 것을 **상미분방정식**(**ordinary differential equation, ODE**)이라 하고, 식 (3.3)과 같이 이변수 이상의 함수의 편도함수를 포함하고 있는 것을 **편미분방정식**(**partial differential equation, PDE**)이라고 한다.

대부분의 자연 현상은 시간이 지남에 따라 변하게 된다. 따라서 이러한 현상을 수학적으로 표현하면 미분방정식의 형태로 나타낼 수 있다. 이 책에서는 상미분방정식에 대해서만 다루기로 하자.

미분방정식에 포함된 항 중에서 미분의 계가 가장 높은 것, 즉, 가장 많이 미분한 횟수를 그 미분방정식의 **계**(**order**)라 한다. 따라서 식 (3.1)은 일계미분방정식이고, 식 (3.2)는 이계미분방정식이다. 일계미분방정식은 대부분

$$y' = f(x, y)$$

와 같은 형태로 나타낼 수 있다.

■ 미분방정식의 해

미분방정식을 만족시키는 함수를 그 미분방정식의 **해**(**solution**)라고 한다. 해는 실수 영역 전체에서 정의될 수도 있고, 일부 영역이나 구간에서 정의될 수도 있다. 예를 들어, $y = ce^{2x}$ (c

는 상수)는 미분방정식

$$y' - 2y = 0$$

의 해이다. 왜냐하면 $y = ce^{2x}$를 미분하여 이 미분방정식에 대입하면

$$y' - 2y = 2ce^{2x} - 2ce^{2x} = 0$$

으로 만족되기 때문이다.

함수 $y = ce^{2x}$와 같이 임의의 상수 c를 포함하고있는 해를 **일반해(general solution)**라 하고, 상수에 특정한 값이 정해지면 **특수해(particular solution)**라고 부른다. 즉,

$$y = e^{2x}, \quad y = -3e^{2x}$$

등은 미분방정식 $y' - 2y = 0$의 특수해이다. 또, 주어진 미분방정식의 해는 되지만 일반해로부터 얻을 수 없는 해가 있는 경우도 있는데 이런 해를 **특이해(singular solution)**라고 한다.

예를 들면, $y = cx - c^2$은 미분방정식

$$(y')^2 - xy' + y = 0 \tag{3.4}$$

의 일반해이다. 그런데 $y = \frac{x^2}{4}$도 이 미분방정식의 해가 되지만, 일반해 $y = cx - c^2$의 c에 적당한 상수를 대입하여 얻을 수는 없다. 따라서 $y = \frac{x^2}{4}$은 특이해이다. 함수 $y = cx - c^2$과 $y = \frac{x^2}{4}$가 미분방정식 (3.4)의 해가 됨은 각자 보여보기 바란다.

그러나 이 책에서 다루는 모든 미분방정식은 특이해가 없는 방정식이다. 따라서 특이해에 대해서는 크게 염두에 두지 않아도 좋다.

■ 초기값문제

일계미분방정식 $y' = f(x, y)$의 일반해는 임의의 상수를 포함하고 있으므로 이 상수의 값에 따라 무한히 많은 곡선을 나타낸다. 이 곡선들 중에서 특정한 점 (x_0, y_0)를 지나는 곡선을 찾는 문제를 **초기값문제(initial value problem)**라고 한다. 즉, 일계미분방정식의 초기값문제는

$$y' = f(x, y), \quad y(x_0) = y_0$$

라고 나타낼 수 있다. 여기서 $y(x_0) = y_0$를 **초기조건(initial condition)**이라고 한다. 그러므로

초기값문제를 푼다는 것은 주어진 초기조건을 만족하는 특수해를 구하는 것이다.

[예제 1] $y = ce^{-2x}$는 미분방정식 $y' + 2y = 0$의 일반해임을 보이고, 다음 초기값문제를 풀어라.

$$y' + 2y = 0, \quad y(0) = 3$$

풀이. 미분하면 $y' = -2ce^{-2x}$이고

$$y' + 2y = -2ce^{-2x} + 2ce^{-2x} = 0$$

이므로 $y = ce^{2x}$는 일반해이다. 초기조건으로부터

$$y(0) = c = 3$$

이므로 특수해는 $y = 3e^{-2x}$이다. □

√문제 **1.** $y = ce^{3x}$는 미분방정식 $y' - 3y = 0$의 일반해임을 보이고, 다음 초기값문제를 풀어라.

$$y' - 3y = 0, \quad y(0) = 5$$

■ 존재성 및 유일성 정리

모든 일계미분방정식의 초기값문제가 해를 갖는것은 아니다. 또, 해를 갖는다고 하더라도 두 개 이상의 해를 가질 수도 있다. 그러나 이 책에서 다루는 모든 초기값문제의 해는 오직 하나만 존재한다.

일반적으로 주어진 미분방정식이 어떤 조건을 만족할 때 해가 존재하는지를 설명한 것을 존재성 정리라 하고, 미분방정식이 어떤 조건을 만족할 때 해가 오직 하나 존재하는지를 설명한 것을 유일성 정리라고 한다. 존재성 및 유일성에 관한 간단한 정리를 증명없이 소개하면 다음과 같다.

정리 **3.1 (존재성 및 유일성 정리, existence and uniqueness theorem).** 초기값문제

$$y' = f(x, y), \quad y(x_0) = y_0$$

에서 $f(x,y)$와 $f_y(x,y)$가 적당한 영역 $R = \{(x,y) : |x-x_0| \le a, |y-y_0| \le b\}$에서 연속이면 이 초기값문제는 반드시 해를 갖고 해는 오직 하나뿐이다.

미분방정식의 해의 존재성 정리와 유일성 정리는 이론적으로는 중요한 정리이기는 하지만, 미분방정식의 해를 구하는 다양한 방법과 응용을 공부하는것이 목적인 이 책에서는 큰 역할을 하는 것은 아니다.

연습문제 3.1

[1-4] 다음 함수는 주어진 미분방정식의 해가 됨을 보여라.

1. $y = \frac{c}{x}, \quad y' = -\frac{y}{x}$

2. $y = ce^{-3x}, \quad y' + 3y = 0$

3. $y = A\cos 2x + B\sin 2x, \quad y'' + 4y = 0$

4. $y = \tan(x + c), \quad y' = 1 + y^2$

[5-8] 다음 미분방정식의 일반해를 구하여라.

5. $y' = 3x^2 - 4x$

6. $y' = \cos 3x$

7. $y' = e^{2x}$

8. $y' = \frac{1}{1+x^2}$

[심화 프로젝트]

9. a원을 연이율 r로 예금했다고 하자. 이자를 연 복리로 계산하면 t년 후의 원리합계는

$$y(t) = a(1+r)^t$$

이고, 월 복리로 계산하면

$$y(t) = a\left(1+\frac{r}{12}\right)^{12t}$$

이며, 일 복리로 계산하면

$$y(t) = a\left(1+\frac{r}{365}\right)^{365t}$$

이다. 또 년간 이자 계산 횟수를 n이라고 하면 t년 후의 원리합계는

$$y(t) = a\left(1+\frac{r}{n}\right)^{nt}$$

이다. 따라서 순간 복리로 이자를 계산하면, 즉, $n \to \infty$이면

$$y(t) = ae^{rt}$$

이다. 이 함수를 해로 갖는 미분방정식을 구하여라.

10. 뉴턴의 중력법칙(Newton's law of gravitation)에 의하면 질량이 m인 물체가 지구의 중심으로부터 거리가 r인 지점에 있을 때 물체에 작용하는 중력은

$$F = \frac{km}{r^2}$$

이다. 여기서 k는 적당한 상수이다. 그런데 뉴턴의 제2법칙에 의하면 가속도 a로 움직이는 물체의 힘은

$$F = ma = m\frac{d^2r}{dt^2}$$

이고, 지구의 중심으로부터 거리가 r인 지점에서 낙하하는 물체의 가속도는 $a = \frac{d^2r}{dt^2}$이다.

(1) 지구는 반지름이 R인 구 모양이라 하고 지표면에서 중력가속도가 $-g$라고 할 때, 다음 미분방정식을 얻을 수 있음을 보여라.

$$\frac{d^2r}{dt^2} = -g\frac{R^2}{r^2}$$

(2) 물체가 지표면으로부터 높이 h인 지점에 있고 h는 R에 비하여 아주 작으면 다음 운동방정식을 근사적으로 얻을 수 있음을 보여라.

$$\frac{d^2h}{dt^2} = -g$$

(3) 물체가 지표면으로부터 높이 10인 지점에 있고 초기 낙하속도가 −2일 때, t초 후의 물체의 위치 $h(t)$를 구하여라.

3.2 변수분리형 미분방정식

미분방정식은 그 형태에 따라 나름대로의 풀이 방법이 있는 경우가 많다. 일계미분방정식 중에서 변수분리형의 풀이법에 대하여 알아보자.

■ 변수분리형 미분방정식

다음과 같은 형태로 변형할 수 있는 일계미분방정식을 **변수분리형 미분방정식(separable differential equation)**이라고 한다.

$$g(y)y' = f(x) \tag{3.5}$$

이 미분방정식을 변수분리형이라고 부르는 이유는

$$dy = y'dx$$

이므로 식 (3.5)의 양변에 dx를 곱하면

$$g(y)\,dy = f(x)\,dx \tag{3.6}$$

로 되어 변수 x와 y가 각각 등호의 좌우로 분리되기 때문이다.

변수분리형 미분방정식을 풀기 위해서는 식 (3.5) 또는 (3.6)의 양변을 적분하면 된다. 즉,

$$\int g(y)y'\,dx = \int f(x)\,dx + c$$

또는

$$\int g(y)\,dy = \int f(x)\,dx + c$$

로 부터 일반해를 구할 수 있다.

[예제 1] 미분방정식 $y' = \frac{x^2}{y^2}$의 일반해를 구하여라.

풀이. 양변에 $y^2\,dx$를 곱하여 변수를 분리하면

$$y^2\,dy = x^2\,dx$$

이고, 양변을 적분하면

$$\frac{1}{3}y^3 = \frac{1}{3}x^3 + c_1$$

이다. 이 식을 y에 대해서 풀면

$$y = \sqrt[3]{x^3 + 3c_1}$$

이고, $c = 3c_1$이라고 하면

$$y = \sqrt[3]{x^3 + c}$$

라고 간단히 나타낼 수 있다. □

√문제 **1.** 미분방정식 $y' = xy^2$의 일반해를 구하여라.

변수분리형이 아닌 미분방정식 중에서도 적당히 치환하면 변수분리형이 되는 경우도 있다. 다음 예제에서 살펴보자.

[예제 2] 미분방정식 $2xyy' = y^2 - x^2$의 일반해를 구하여라.

풀이. 이 미분방정식은 변수분리형이 아니다. 양변을 xy로 나누면

$$2y' = \frac{y^2 - x^2}{xy} = \frac{y}{x} - \frac{x}{y}$$

이다. $u = \frac{y}{x}$라고 하면 $y = ux$이므로

$$y' = u'x + u$$

이다. 이것을 주어진 미분방정식에 대입하면

$$2(u'x + u) = u - \frac{1}{u}$$

이고, 이 식을 정리하면

$$2u'x = -u - \frac{1}{u} = -\frac{u^2 + 1}{u}$$

이다. 변수를 분리하여

$$\frac{2u\,du}{u^2 + 1} = -\frac{dx}{x}$$

의 양변을 적분하면

$$\ln(u^2+1) = -\ln|x| + \ln c_1$$

이다. 이때 c_1이 상수이면 $\ln c_1$도 상수이므로 적분상수를 $\ln c_1$으로 택하면 계산이 편리하다. 양변에서 로그를 없애면

$$u^2+1 = \frac{c}{x}$$

를 얻는다. 그런데 $u = \frac{y}{x}$이므로

$$\left(\frac{y}{x}\right)^2 + 1 = \frac{c}{x}$$

이다. 즉,

$$x^2 + y^2 = cx$$

가 주어진 미분방정식의 일반해이다. □

✓문제 **2.** 미분방정식 $xy' = x + 2y$의 일반해를 구하여라.

연습문제 3.2

[1-4] 다음 미분방정식의 일반해를 구하여라.

1. $y' = 1 + y^2$
2. $yy' + 25x = 0$
3. $y' + 3x^2y^2 = 0$
4. $y' = \frac{x+7}{y}$

[5-8] 다음 초기값문제를 풀어라.

5. $y' = y^2e^{-x}, \quad y(0) = 4$
6. $e^x y' = 2(x+1)y^2, \quad y(0) = \frac{1}{6}$
7. $y' = y(1 - \sin x), \quad y(0) = 1$

8. $y' = 3(x+1)^2 y, \quad y(-1) = 2$

[9-11] 주어진 치환을 이용하여 다음 미분방정식의 일반해를 구하여라.

9. $(2x - 4y + 5)y' + x - 2y + 3 = 0, \quad u = x - 2y$

10. $xy' = y + 3x^4 \cos^2(\frac{y}{x}), \quad u = \frac{y}{x}$

11. $y' = \frac{1-2y-4x}{1+y+2x}, \quad u = y + 2x$

[심화 프로젝트]

12. (1) $f(x,y) = g(x)h(y)$이고 g와 h는 미분가능하다고 하자. 이때 미분방정식 $y' = f(x,y)$는 변수분리형이다. 그러면 다음 관계식이 성립함을 보여라.

$$f(x,y)f_{xy}(x,y) = f_x(x,y)f_y(x,y)$$

(2) 함수 f, f_x, f_y, f_{xy}가 존재하고 연속이며 $f(x,y) \neq 0$이라고 하자. 또 (1)의 관계식이 성립하면 적당한 함수 $p(x)$에 대하여

$$\frac{f_x(x,y)}{f(x,y)} = p(x)$$

임을 보여라.

(3) 함수 f, f_x, f_y, f_{xy}가 존재하고 연속이며 $f(x,y) \neq 0$이라고 하자. 또 (1)의 관계식이 성립하면 적당한 함수 $g(x)$와 $h(y)$에 대하여 $f(x,y) = g(x)h(y)$임을 보여라. 즉, $y' = f(x,y) = g(x)h(y)$는 변수분리형이다. (힌트. $\frac{\partial}{\partial x}\{\ln f(x,y)\} = \frac{f_x(x,y)}{f(x,y)}$이다.)

(4) (1) 또는 (3)의 결과를 이용하여 $y' = 2x^2 - x^2 y - y + 2$는 변수분리형인지 아닌지 밝혀라.

(5) (1) 또는 (3)의 결과를 이용하여 $y' = x^2 y - 1$은 변수분리형인지 아닌지 밝혀라.

13. 양 끝점이 수평 위치에서 고정된 상태로 늘어뜨려있는 밧줄을 방정식으로 나타내면 다음과 같음이 알려져있다.

$$\frac{d^2y}{dx^2} = k\left\{1 + \left(\frac{dy}{dx}\right)^2\right\}^{1/2}$$

여기서 k는 밧줄의 장력 및 무게와 관련된 상수이다. 초기조건이 $y(0) = \frac{1}{k}$, $y'(0) = 0$인 밧줄의 방정식을 다음 순서로 구하여라.

(1) $z=\frac{dy}{dx}$라고 치환하여 일계미분방정식으로 변형하여라.

(2) (1)의 미분방정식을 풀어 $z(x)$를 구하여라. (힌트. 적분공식 $\int \frac{1}{\sqrt{1+z^2}}\,dz = \ln|z+\sqrt{1+z^2}|+c$를 이용하여라.)

(3) 밧줄의 방정식 $y(x)$를 구하여라. 이 곡선을 **현수선(catenary)**이라고 한다.

14. 함수 $f(x)$가 미분가능하며 $f(0)=0$, $f'(0)=1$이고, 모든 x, y에 대하여

$$f(x+y)=\frac{f(x)+f(y)}{1+4f(x)f(y)}$$

을 만족할 때 다음을 구하여라.

(1) $f(x)$에 관한 미분방정식을 구하여라.

(2) (1)의 미분방정식을 풀어 $f(x)$를 구하여라.

3.3 모델링: 변수분리형 미분방정식

자연계의 어떤 현상을 수학적으로 분석하려면, 먼저 문제에서 적당한 요소를 변수로 하고 함수나 방정식을 이용하여 수학적 표현으로 나타내어야 한다. 그리고 이렇게 만들어진 식을 수학적으로 풀고 그 결과를 자연 현상의 관점에서 해석할 수 있어야 한다. 이러한 과정을 **수학적 모델링**(**mathematical modeling**)이라고 한다.

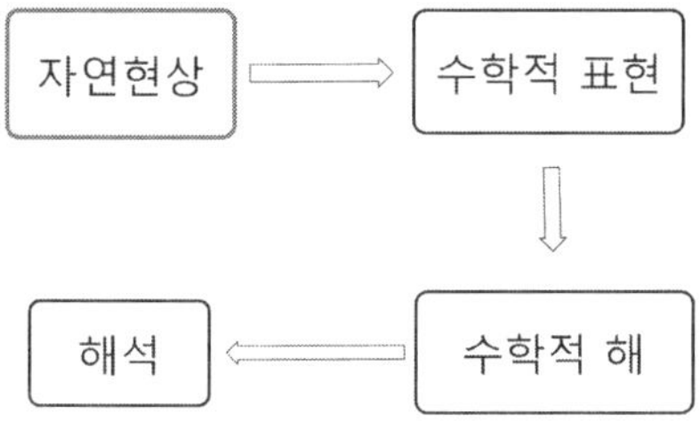

그림 3.1. 수학적 모델링

이 절에서는 몇 가지 현상에 대한 간단한 수학적 모델링을 알아보고, 변수분리법을 이용하여 이들 미분방정식의 해를 구하여 보자.

■ 방사능 붕괴 또는 인구증가

자연 현상 중에는 어떤 양이 시간에 따라 변하는 속도가 현재 존재하는 양에 비례하는 경우가 많이 있다. 예를 들면, 방사능 물질이 붕괴하여 양이 변하는 속도는 현재 존재하는 양에 비례한다. 또, 박테리아의 개체수가 증가하는 속도는 현재의 개체수에 비례한다. 이러한 현상을 미분방정식으로 나타내어 보자.

기준 시각으로부터 t시간(단위는 경우에 따라 분, 초, 년 등) 후 어떤 물질의 양을 $y(t)$라고 하면 이 물질의 양이 시간에 따라 변하는 속도는 $\frac{dy}{dt}$이다. 따라서 비례상수를 k라고 하면

$$\frac{dy}{dt} = ky$$

가 구하는 미분방정식이다.

[예제 1] 어떤 방사능 물질이 붕괴하여 양이 변하는 속도는 현재 존재하는 양에 비례한다고 한다. 이 물질의 반감기가 5,730년이라 하고 현재 100g이 있다고 할 때 이 물질이 30g이 되는 때는 몇 년 후인지 구하여라.

풀이. t년 후의 이 방사능 물질의 양을 $y(t)$라고 하면

$$\frac{dy}{dt} = ky$$

이다. 변수를 분리하면

$$\frac{dy}{y} = k\,dt$$

이고, 양변을 적분하면

$$\ln|y| = kt + c_1$$

이므로

$$|y| = e^{kt+c_1} = e^{c_1}e^{kt}$$

이다. $y > 0$일 때는 $c = e^{c_1}$이라 하고 $y < 0$일 때는 $c = -e^{c_1}$이라고 하면

$$y(t) = ce^{kt}$$

이라 간단히 나타낼 수 있다. $t = 0$일 때 물질의 양이 $100\,\text{g}$이므로 $100 = c$, 즉,

$$y(t) = 100e^{kt}$$

이고, 5,730년 후에는 $50\,\text{g}$이 남아있으므로

$$50 = 100e^{5,730k}, \quad e^k = 2^{-1/5,730}$$

이다. 따라서

$$y(t) = 100 \cdot 2^{-t/5,730}$$

이다. 이 물질이 $30\,\text{g}$이 되는 때는

$$30 = 100 \cdot 2^{-t/5,730}$$

을 만족해야 하므로

$$t = 5,730\frac{\ln 10 - \ln 3}{\ln 2} \approx 9,953$$

년 후 이다. □

✓문제 **1.** 어떤 박테리아의 개체수가 증가하는 속도는 현재의 개체수에 비례하여 증가한다고 한다. 10일 후에 이 박테리아의 개체수가 2배가 된다면, 25일 후에는 몇 배가 되는지 구하여라.

■ 뉴턴의 냉각법칙

실험에 의하면 물체의 온도 T의 시간에 대한 변화율 $\frac{dT}{dt}$는 물체의 온도 T와 이 물체를 둘러싼 매체의 온도 T_S의 차이에 비례하는데, 이것을 **뉴턴의 냉각법칙(Newton's law of cooling)** 이라고 한다. 이것을 미분방정식으로 나타내면 다음과 같다.

$$\frac{dT}{dt} = k(T - T_S)$$

이것을 이용하여 다음 문제를 해결해보자.

[예제 2] $t = 0$일 때 72° C인 커피를 온도가 24° C인 방안에 놓아 두었더니 5분 후에 56° C가 되었다고 하자. 20분 후의 커피의 온도를 구하여라.

풀이. t분 후의 커피의 온도를 $T(t)$라고 하면 뉴턴의 냉각법칙에 의해서

$$\frac{dT}{dt} = k(T - 24)$$

이다. 변수분리하면

$$\frac{dT}{T - 24} = k\,dt$$

이므로 양변을 적분하면

$$\ln|T - 24| = kt + c_1$$

이고

$$T(t) = 24 + ce^{kt}$$

이다. $T(0) = 72$이므로

$$72 = 24 + c, \quad c = 48$$

이고, $T(5)=56$이므로

$$56=24+48e^{5k}, \quad e^{5k}=\frac{2}{3}$$

이다. 따라서 t분 후의 커피의 온도는

$$T(t)=24+48\left(\frac{2}{3}\right)^{t/5}$$

이고, 20분 후의 커피의 온도는

$$T(20)=24+48\left(\frac{2}{3}\right)^{4}\approx 33.48^{\circ}\mathrm{C}$$

이다. □

√문제 **2.** 150° C로 뜨겁게 달궈진 쇠 구슬을 0° C인 물에 넣었더니 1분 후에 쇠구슬의 온도는 60° C가 되었다고 하자. 물의 온도는 0° C로 유지된다고 가정하면, 구슬의 온도가 30° C가 되는데 몇 분이 걸리는지 구하여라.

■ 로지스틱 미분방정식

외부와 차단된 어느 섬나라에서 기준 시각으로부터 t시간 후의 인구를 $y(t)$라고 하자. 자연 자원에 비해서 인구가 많지 않을때는 인구의 변화율은 현재의 인구에 비례하므로

$$\frac{dy}{dt}=ky$$

라고 할 수 있다. 그러나 인구가 점차 많아지면 자연 자원이 부족하게 되므로 인구가 계속 이 속도로 늘어날 수는 없다. 따라서 이때는 이 방정식은 맞지 않게 된다. 이런 상황에 맞도록 방정식을 조금 변형하면

$$\frac{dy}{dt}=ky\left(1-\frac{y}{K}\right) \tag{3.7}$$

가 된다고 알려져 있는데, 이 방정식을 **로지스틱 미분방정식(logistic differential equation)** 이라 하고 상수 K를 이 섬나라의 수용능력이라고 한다.

y가 K에 비해서 아주 작으면 $\frac{y}{K}\approx 0$이므로 방정식 (3.7)은

$$\frac{dy}{dt}\approx ky$$

가 된다. 하지만 y가 점점 커져서 K에 가까워지면 $\frac{y}{K} \to 1$이므로 방정식 (3.7)은

$$\frac{dy}{dt} \approx 0$$

이다. 즉, 인구는 거의 변동이 없게된다. 또 어느 순간 인구가 K보다 많게되면 $1 - \frac{y}{K} < 0$이므로

$$\frac{dy}{dt} < 0$$

이 되어 인구는 감소하게 된다. 즉, 이 섬나라의 적정 인구가 K인 것이다.

[예제 3] $k = 0.08$이고 $K = 1,000$인 로지스틱 미분방정식의 해를 구하여라.

풀이. 식 (3.7)에 의하여 미분방정식은 다음과 같다.

$$\frac{dy}{dt} = 0.08y\left(1 - \frac{y}{1,000}\right)$$

변수분리하여 정리하면

$$\frac{1,000\,dy}{y(1,000 - y)} = 0.08\,dt$$

이다. 좌변을 부분분수로 만들면

$$\left(\frac{1}{y} + \frac{1}{1,000 - y}\right)dy = 0.08\,dt$$

이고, 양변을 적분하면

$$\ln|y| - \ln|1,000 - y| = 0.08t + c_1$$

이다. 이 식을 정리하면

$$\frac{1,000 - y}{y} = ce^{-0.08t}$$

를 얻고, 마지막으로 y에 대해서 풀면

$$y(t) = \frac{1,000}{1 + ce^{-0.08t}}$$

이다. 따라서 시간이 많이 흐르면, 즉, $t \to \infty$이면, 인구는 $K = 1,000$에 근접하게 됨을 알 수 있다. □

√문제 **3.** 처음 인구가 500명이고 외부와 차단된 어떤 섬나라의 인구 변화는 $k = 0.02$이고 $K = 1{,}000$인 로지스틱 미분방정식을 따른다고 할 때, 50년 후의 이 섬나라의 인구를 구하여라.

■ 추적문제

일정한 조건을 만족하는 경로의 방정식을 찾는 문제를 추적문제라고 한다. 다음 예제에서 구해보자.

[예제 4] 강의 $(a,0)$ 지점$(a > 0)$에서 출발하여 $(0,0)$ 지점으로 수영하여 건너려고 한다. 출발한 지 t분 후 사람의 수영 속력은 $20\,\mathrm{m/min}$이고, 이 사람은 항상 목표점을 향해 수영하고 있으며, 강물은 y축의 양의 방향으로 흐르는데 그 속력은 $10\,\mathrm{m/min}$이라고 하자. 이 사람의 수영 경로를 구하여라.

풀이. 출발한지 t분 후 사람의 위치를 $(x(t), y(t))$라 하고, 원점에서 보았을 때 사람의 위치와 x축 사이의 각도를 θ라고 하자.

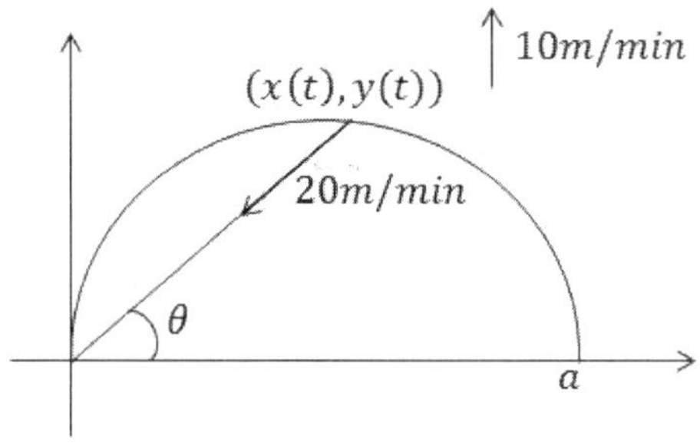

그림 3.2. 수영경로

그러면 사람의 수영 속도의 수평, 수직 성분은 각각

$$x'(t) = -20\cos\theta, \quad y'(t) = 10 - 20\sin\theta$$

이므로

$$\frac{dy}{dx} = \frac{y'(t)}{x'(t)} = \frac{10 - 20\sin\theta}{-20\cos\theta} = \tan\theta - \frac{1}{2}\sec\theta$$

이다. 그런데

$$\tan\theta = \frac{y}{x}, \quad \sec\theta = \frac{\sqrt{x^2 + y^2}}{x}$$

이므로

$$\frac{dy}{dx} = \frac{y}{x} - \frac{1}{2}\frac{\sqrt{x^2+y^2}}{x} = \frac{y}{x} - \frac{1}{2}\sqrt{1+\left(\frac{y}{x}\right)^2}$$

이다. $y = ux$라고 치환하면, $\frac{dy}{dx} = \frac{du}{dx}x + u$이므로

$$\frac{du}{dx}x + u = u - \frac{1}{2}\sqrt{1+u^2}$$

이고, 변수를 분리하면

$$\frac{du}{\sqrt{1+u^2}} = -\frac{1}{2x}\,dx$$

이다. 이제 양변을 적분하자. 미분공식

$$\frac{d}{du}(\ln|u+\sqrt{1+u^2}|) = \frac{1}{\sqrt{1+u^2}}$$

을 이용하면 다음 식을 얻는다.

$$\ln|u+\sqrt{1+u^2}| = -\frac{1}{2}\ln|x| + \ln c_1$$

양변에서 로그를 없애면

$$u + \sqrt{1+u^2} = cx^{-1/2}$$

이고, u를 우변으로 이항한 후 양변을 제곱하여 정리하면

$$1 + u^2 = c^2x^{-1} - 2cux^{-1/2} + u^2$$

이므로

$$u = \frac{1}{2}cx^{-1/2} - \frac{1}{2c}x^{1/2}$$

이다. 그런데 $y = ux$이므로

$$y(x) = \frac{1}{2}cx^{1/2} - \frac{1}{2c}x^{3/2}$$

이다. 마지막으로 $y(a) = 0$이므로

$$\frac{1}{2}ca^{1/2} - \frac{1}{2c}a^{3/2} = 0$$

이고 $c = a^{1/2}$이다. 따라서 이 사람의 수영 경로는

$$y(x) = \frac{a}{2}\left\{\left(\frac{x}{a}\right)^{1/2} - \left(\frac{x}{a}\right)^{3/2}\right\}$$

이다. □

✓문제 **4.** 위의 예제 4에서 사람의 수영 속력은 v이고 강물의 속력은 w일 때 이 사람의 수영 경로를 구하여라. 또 사람의 수영 속력과 강물의 속력이 어떤 관계일 때 이 사람은 목표점에 도달할 수 있겠는가?

연습문제 3.3

1. 50 kg의 소금이 녹아있는 소금물 800 L가 들어있는 탱크가 있다. 순수한 물이 분당 2 L의 속도로 탱크에 유입되고, 잘 휘저어 골고루 섞인 혼합용액이 같은 속도로 흘러나온다. 5 시간 후 탱크의 소금의 양을 구하여라.

2. 10 kg의 소금이 녹아있는 소금물 50 L가 들어있는 탱크가 있다. 순수한 물이 분당 4 L의 속도로 탱크에 유입되고, 잘 휘저어 골고루 섞인 혼합용액이 분당 2 L의 속도로 흘러나온다. 탱크 용량이 100 L라고 할 때, 소금물이 탱크에 가득 차는 순간 탱크의 소금의 양을 구하여라.

3. 어떤 물체를 25° C로 유지되는 방에 놓아두었더니 5분 후에 물체의 온도는 5° C가 되고, 10분 후에는 15° C가 되었다고 하자. 처음 이 물체의 온도를 구하여라.

[심화 프로젝트]

4. 고양이가 $(a, 0)$ 지점에서 원점 $(0, 0)$에 있는 쥐를 노려보고 있다. 쥐가 y축의 양의 방향으로 v의 속력으로 달아나기 시작할 때 고양이는 $2v$의 속력으로 쥐를 향하여 쫓아가기 시작 한다고 하자. 고양이의 경로를 구하고 고양이가 쥐를 잡을 수 있는지 다음 순서로 설명하여라.

(1) 달아나기 시작한 지 t초 후의 쥐의 위치를 $(0, y_1)$이라 하고 고양이의 위치를 (x, y) 라고 하면 다음 방정식을 얻을 수 있음을 보여라.

$$\frac{dy_1}{dt} = v, \quad \frac{dy}{dx} = \frac{y - y_1}{x}, \quad \sqrt{\left(\frac{dx}{dt}\right)^2 + \left(\frac{dy}{dt}\right)^2} = 2v$$

(2) (1)의 방정식으로부터 다음 방정식을 유도할 수 있음을 보여라.

$$\sqrt{1 + \left(\frac{dy}{dx}\right)^2} = 2x\frac{d^2y}{dx^2}, \quad \frac{dy}{dx}(a) = 0$$

(3) (2)의 방정식에서 $u = \frac{dy}{dx}$라 놓고 풀면 다음 해를 얻을 수 있음을 보여라.

$$\frac{dy}{dx} = \frac{1}{2}\left(\frac{x}{a}\right)^{1/2} - \frac{1}{2}\left(\frac{a}{x}\right)^{1/2}$$

힌트. 적분공식 $\int \frac{1}{\sqrt{1+u^2}}\,du = \ln\left|u + \sqrt{1+u^2}\right|$을 이용하여라.

(4) (3)의 미분방정식을 풀고 초기조건 $y(a) = 0$을 이용하여 해를 구하여라.

(5) 고양이가 쥐를 잡는 지점을 구하여라.

5. 3.1절 연습문제 10에서, 질량이 m인 물체가 지구의 중심으로부터 거리가 r인 지점에 있을 때 물체의 운동방정식은

$$\frac{d^2r}{dt^2} = -g\frac{R^2}{r^2}$$

임을 보였다. 이를 이용하여 지표면에서 발사된 발사체가 지구 중력을 벗어나 우주로 날아가기위한 초기속도를 다음 순서로 구해보자.

(1) 물체의 속도를 $v(t) = \frac{dr}{dt}$이라 하면 다음 방정식을 얻을 수 있음을 보여라.

$$v\frac{dv}{dt} = -g\frac{R^2}{r^2}$$

(2) 변수분리법으로 (1)의 미분방정식의 일반해를 구하여라.

(3) $t = 0$일 때 속도 v_0로 지상에서 발사된 발사체의 t초 후의 속도를 구하여라.

(4) 발사체가 지구중력을 벗어나 우주로 날아가기 위해 필요한 초기속도의 최솟값 v_0를 구하여라. 이 값을 **지구 탈출속도(escape velocity)**라고 한다.

6. 두 나라가 전쟁할 때 한 나라의 군인 1명이 적군 k명을 무찌를 수 있다면 그 나라 군인의 전투능력은 k라고 한다. A나라와 B나라가 다음 세 조건을 만족한다고 하자.

   - A나라 군인이 x명이고 B나라 군인이 y명일 때, A나라 군인의 전투능력은 B나라 군인의 전투능력의 $\frac{8x}{y}$배이다.
   - 전쟁이 시작될 때 B나라 군인은 10,000명이다.
   - 두 나라 군인의 수와 전투능력은 시간에 따라 변한다.

   A나라가 B나라의 군대를 전멸시키고 이기기 위해서는 A나라의 군인은 최소한 몇 명 이상이어야 하는지 다음 순서로 구하여라.

   (1) 전쟁이 시작된 지 t시간 후 A나라와 B나라의 군인의 수를 각각 $x(t)$, $y(t)$라 하고 B나라 군인의 전투능력이 $k(t)$라고 하면 다음 방정식을 얻을 수 있음을 보여라.

   $$\frac{dx}{dt} = -ky, \quad \frac{dy}{dt} = -k\frac{8x^2}{y}$$

   (2) (1)의 방정식으로부터 다음 미분방정식을 유도하여라.

   $$\frac{dy}{dx} = \frac{8x^2}{y^2}$$

   (3) (2)의 방정식을 풀어라.

   (4) A나라가 B나라 군대를 전멸시키고 이기기 위해서는 처음 A나라 군인은 최소한 몇 명이어야 하는지 구하여라.

   참고로, A나라 전투능력이 B나라 전투능력의 α배라고 하면

   $$(\text{A나라 군인의 수})^2 : (\text{B나라 군인의 수})^2 = 1 : \alpha$$

   일 때 대등하게 전쟁할 수 있고, 이보다 군인이 많은 쪽이 이긴다. 이 법칙을 전쟁에 관한 **란체스터의 법칙**(Lanchester's law)이라고 한다.

3.4 동차미분방정식

함수 $f(x,y)$가 모든 $t>0$와 $(x,y)\neq(0,0)$에 대하여

$$f(tx,ty)=t^n f(x,y)$$

를 만족할 때, $f(x,y)$는 n**차 동차식**(**homogeneous equation of degree** n)이라고 한다. 여기서 n은 실수이다. 예를 들면, $f(x,y)=x^2-xy-y^2$은 2차 동차식이다. 왜냐하면,

$$\begin{aligned} f(tx,ty) &= (tx)^2-(tx)(ty)-(ty)^2 \\ &= t^2(x^2-xy-y^2) \\ &= t^2 f(x,y) \end{aligned}$$

이기 때문이다.

■ 동차미분방정식

일계미분방정식을

$$P(x,y)\,dx+Q(x,y)\,dy=0 \tag{3.8}$$

형태로 나타냈을 때, $P(x,y)$와 $Q(x,y)$가 같은 차의 동차식이면, 미분방정식 (3.8)은 **동차미분방정식**(**homogeneous differential equation**)이라고 한다.

미분방정식 (3.8)을

$$y'=-\frac{P(x,y)}{Q(x,y)} \tag{3.9}$$

로 나타내자. 식 (3.8)이 동차미분방정식이면 $P(x,y)$와 $Q(x,y)$가 모두 n차 동차식이므로

$$P(x,y)=P\left(x,x\cdot\frac{y}{x}\right)=\begin{cases} x^n P(1,\frac{y}{x}), & x>0 \\ (-x)^n P(-1,-\frac{y}{x}), & x<0 \end{cases}$$

이고,

$$Q(x,y)=Q\left(x,x\cdot\frac{y}{x}\right)=\begin{cases} x^n Q(1,\frac{y}{x}), & x>0 \\ (-x)^n Q(-1,-\frac{y}{x}), & x<0 \end{cases}$$

이다. 따라서 $f(x,y) = -\frac{P(x,y)}{Q(x,y)}$라고 하면

$$f(x,y) = -\frac{P(x, x\cdot\frac{y}{x})}{Q(x, x\cdot\frac{y}{x})} = \begin{cases} -\frac{P(1,\frac{y}{x})}{Q(1,\frac{y}{x})}, & x > 0 \\ -\frac{P(-1,-\frac{y}{x})}{Q(-1,-\frac{y}{x})}, & x < 0 \end{cases}$$

이므로 $f(x,y)$는 $\frac{y}{x}$의 함수, 즉, $f(x,y) = g(\frac{y}{x})$이고 미분방정식 (3.9)는

$$y' = g\left(\frac{y}{x}\right)$$

라고 나타낼 수 있다.

역으로 미분방정식 $y' = f(x,y)$에서 $f(x,y)$가 $\frac{y}{x}$의 함수이면 동차미분방정식임을 보일 수 있다. 따라서 동차미분방정식은 $u = \frac{y}{x}$라고 치환하면 해를 구할 수 있다.

[예제 1] 동차미분방정식 $y^2\,dx + (x^2 - xy)\,dy = 0$의 일반해를 구하여라.

풀이. 동차미분방정식이므로 $y = ux$라고 치환하자. 그러면 전미분의 정의에 의해서 $dy = u\,dx + x\,du$이다. 이것을 주어진 미분방정식에 대입하면

$$u^2x^2\,dx + (x^2 - ux^2)(u\,dx + x\,du) = 0$$

이고, 정리하면

$$x^2u\,dx + (x^3 - ux^3)\,du = 0$$

즉,

$$\frac{dx}{x} = \frac{u-1}{u}\,du$$

이므로 변수분리형이다. 양변을 적분하면

$$\ln|x| = u - \ln|u| + c_1$$

이므로

$$\ln|xu| = u + c_1$$

즉,

$$xu = ce^u$$

이다. 그런데 $y = ux$이므로

$$y = ce^{y/x}$$

이다. □

√문제 1. 동차미분방정식 $3y\,dx - (3x + y)\,dy = 0$의 일반해를 구하여라.

[예제 2] 동차미분방정식 $y' = \frac{x+2y}{x}$의 일반해를 구하여라.

풀이. 우변의 분모와 분자를 x로 나누면

$$y' = 1 + 2\frac{y}{x}$$

이다. $u = \frac{y}{x}$라고 치환하면 $y = ux$이고 $y' = u'x + u$이므로

$$u'x + u = 1 + 2u$$

이고, 변수분리하면

$$\frac{du}{u+1} = \frac{dx}{x}$$

이다. 양변을 적분하면

$$\ln|u+1| = \ln|x| + \ln c_1$$

이므로

$$u + 1 = cx,$$

즉, $y = cx^2 - x$이다. □

√문제 2. 동차방정식 $y' = \frac{2xy+y^2}{3x^2}$의 일반해를 구하여라.

■ 준동차미분방정식

다음과 같은 형태의 미분방정식을 **준동차미분방정식(near homogeneous differential equation)**이라고 한다.

$$y' = \frac{ax+by+c}{dx+ey+f}$$

이 미분방정식은 두 직선

$$ax+by+c=0, \quad dx+ey+f=0$$

이 한 점에서 만난다면, 그 교점이 원점으로 가도록 평행이동 시키면 동차미분방정식으로 변형할 수 있다. 다음 예제에서 풀어 보자.

[예제 3] 준동차미분방정식 $y' = \frac{x+2y}{x+2}$의 일반해를 구하여라.

풀이. 두 직선

$$x+2y=0, \quad x+2=0$$

의 교점을 구하면 $x=-2$, $y=1$이다. 점 $(-2,1)$이 원점으로 가도록 평행이동하기 위하여

$$X=x+2, \quad Y=y-1$$

이라고 치환하자. 그러면

$$\frac{dy}{dx} = \frac{dy}{dY}\frac{dY}{dX}\frac{dX}{dx} = \frac{dY}{dX}$$

이므로 주어진 방정식은

$$\frac{dY}{dX} = \frac{X+2Y}{X} = 1+2\frac{Y}{X}$$

로 변형된다. 이 미분방정식은 동차미분방정식이므로 $u=\frac{Y}{X}$라고 치환하면

$$u'X+u=1+2u$$

이고, 변수분리하면

$$\frac{du}{u+1} = \frac{dX}{X}$$

이다. 양변을 적분하면

$$\ln|u+1| = \ln|X| + \ln c_1$$

이므로

$$u+1=cX,$$

즉,

$$Y=cX^2-X$$

이다. 그런데 $X=x+2$이고, $Y=y-1$이므로

$$y=c(x+2)^2-(x+2)+1=cx^2+(4c-1)x+4c-1$$

이다. □

✓문제 **3.** 준동차미분방정식 $y'=\frac{y+2}{x+y+2}$의 일반해를 구하여라.

연습문제 3.4

[1-4] 다음 동차미분방정식의 일반해를 구하여라.

1. $(y^2+2xy)\,dx-x^2\,dy=0$

2. $(x-y)\,dx-(x+2y)\,dy=0$

3. $y'=\frac{x+3y}{x}$

4. $y'=\frac{2x^2+y^2}{xy}$

[5-8] 다음 준동차미분방정식의 일반해를 구하여라.

5. $y'=\frac{x+3y}{x+3}$

6. $y'=\frac{x+y+1}{x-y+1}$

7. $y'=\frac{y+1}{x+2y}$

8. $y'=\frac{2x-5y-9}{-4x+y+9}$

[심화 프로젝트]

9. 준동차미분방정식

$$y' = g\Big(\frac{ax+by+c}{dx+ey+f}\Big)$$

에서 $ae-bd=0$이면, 두 직선

$$ax+by+c=0, \quad dx+ey+f=0$$

은 만나지 않거나 같은 직선이 되므로 본문에서와 같이 평행이동 시켜서 풀 수 없다. 이 경우에는 다음과 같은 방법이 있다.

(1) $a \neq 0$일 때 $u = \frac{ax+by}{a}$라고 치환하면 다음과 같은 변수분리형으로 변환됨을 보여라.

$$\frac{du}{dx} = 1 + \frac{b}{a} g\Big(\frac{au+c}{du+f}\Big)$$

(2) (1)의 방법으로 다음 미분방정식의 일반해를 구하여라.

$$y' = \frac{2x+y-1}{4x+2y+3}$$

3.5 완전미분방정식

일계미분방정식 $y' = f(x, y)$를

$$M(x, y)\,dx + N(x, y)\,dy = 0 \tag{3.10}$$

으로 표현했을 때, 좌변이 어떤 함수 $u(x, y)$의 전미분 du, 즉,

$$du = \frac{\partial u}{\partial x}dx + \frac{\partial u}{\partial y}dy \tag{3.11}$$

와 같으면 $M(x, y)\,dx + N(x, y)\,dy$는 **완전하다(exact)**고 하고, 식 (3.10)을 **완전미분방정식(exact differential equation)**이라고 한다.

완전미분방정식일 경우 식 (3.10)은

$$du = 0$$

으로 나타낼 수 있으므로 양변을 적분하면

$$u(x, y) = c$$

를 얻을 수 있고, 이것이 완전미분방정식 (3.10)의 일반해이다.

■ 완전미분방정식 판별 방법

다음 정리는 주어진 미분방정식이 완전미분방정식인지 아닌지 알아보는 방법을 알려준다.

> 정리 **3.2.** 미분방정식 (3.10)이 완전미분방정식이기 위한 필요충분조건은 다음과 같다.
>
> $$\frac{\partial M}{\partial y} = \frac{\partial N}{\partial x} \tag{3.12}$$

증명. 식 (3.10)이 완전미분방정식이기 위해서는 식 (3.10)의 좌변이 식 (3.11)의 우변과 같아야 하므로

$$\frac{\partial u}{\partial x} = M, \quad \frac{\partial u}{\partial y} = N \tag{3.13}$$

을 만족하는 함수 $u(x, y)$가 존재해야 한다. 식 (3.13)의 M과 N을 각각 y와 x로 편미분하면

$$\frac{\partial M}{\partial y} = \frac{\partial^2 u}{\partial y \partial x}, \quad \frac{\partial u}{\partial y} = \frac{\partial^2 u}{\partial x \partial y}$$

가 된다. 그런데 함수 M과 N이 xy평면의 적당한 영역에서 연속이고 일계편도함수도 연속이면, u의 x와 y에 대한 이계편도함수는 미분하는 순서에 관계없이 같음이 알려져 있다. (이 정리를 끌레로(Clairaut)의 정리라고 한다.) 따라서 식 (3.12)가 성립함을 알 수 있다. 역으로, 스토크스(Stokes)의 정리를 이용하면, 적당한 조건 아래에서 식 (3.12)가 성립하면 식 (3.10)이 완전미분방정식임도 보일 수 있으나 여기에서는 생략하기로 하자. □

■ 완전미분방정식의 해

이제 완전미분방정식 (3.10)의 해를 구하는 방법을 알아보자. 식 (3.13)의 첫번째 식에서 양변을 x에 대하여 적분하면

$$u(x, y) = \int M\,dx + k(y) \tag{3.14}$$

이다. $k(y)$를 결정하기 위하여 식 (3.14)를 y로 편미분하면 그 결과는 (3.13)의 두번째 식에 의해서 N과 같아야 한다. 즉,

$$\frac{\partial}{\partial y}\Big(\int M\,dx + k(y)\Big) = N$$

이다. 이 식에서 $k'(y)$를 구하면

$$k'(y) = N - \frac{\partial}{\partial y}\int M\,dx$$

이므로 이것을 적분하여 $k(y)$를 구하고 u를 찾을 수 있다. 마지막으로

$$u(x, y) = c$$

가 식 (3.10)의 해가 된다. 식 (3.13)의 첫번째 식을 먼저 이용하기 보다는, 두번째 식을 y에 대하여 먼저 적분하여

$$u(x, y) = \int N\,dy + h(x)$$

를 얻고 $h(x)$를 결정하여 u를 구할 수도 있다.

[예제 1] 다음 미분방정식이 완전미분방정식임을 보이고 일반해를 구하여라.

$$(e^y - ye^x)\,dx + (xe^y - e^x)\,dy = 0$$

풀이. 식 (3.10)과 비교하면

$$M = e^y - ye^x, \quad N = xe^y - e^x$$

이다. M과 N을 각각 y와 x로 편미분하면

$$\frac{\partial M}{\partial y} = e^y - e^x, \quad \frac{\partial N}{\partial x} = e^y - e^x$$

으로 같으므로 주어진 미분방정식은 완전미분방정식임을 알 수 있다. u를 구하기 위하여 M을 x에 대하여 적분하면

$$u(x,y) = \int (e^y - ye^x)\,dx + k(y) = xe^y - ye^x + k(y)$$

이다. 이 식을 y에 대하여 미분하면

$$\frac{\partial u}{\partial y} = xe^y - e^x + k'(y) = N = xe^y - e^x$$

이므로 $k'(y) = 0$이고 $k(y) = c_1$이다. 따라서

$$u(x,y) = xe^y - ye^x + c_1$$

이므로 주어진 미분방정식의 해는

$$xe^y - ye^x = c$$

이다. □

✓문제 **1.** 다음 미분방정식이 완전미분방정식임을 보이고 일반해를 구하여라.

$$(x - y\cos x)\,dx - \sin x\,dy = 0$$

■ 적분인자

미분방정식

$$-ydx + xdy = 0$$

을 생각해보자.

$$\frac{\partial(-y)}{\partial y} = -1 \neq 1 = \frac{\partial x}{\partial x}$$

이므로 완전미분방정식이 아니다. 그러나 양변에 $\frac{1}{x^2}$을 곱하면

$$-\frac{y}{x^2}dx + \frac{1}{x}dy = d\left(\frac{y}{x}\right) = 0$$

이므로 완전미분방정식이 된다. 이때 $\frac{1}{x^2}$을 미분방정식 $-ydx + xdy = 0$의 적분인자라고 한다.

일반적으로, 완전미분방정식이 아닌 미분방정식

$$P(x,y)dx + Q(x,y)dy = 0 \tag{3.15}$$

의 양변에 함수 $F(x,y)$를 곱하여 얻어진 미분방정식

$$FPdx + FQdy = 0 \tag{3.16}$$

이 완전미분방정식이면, 함수 $F(x,y)$를 미분방정식 (3.15)의 **적분인자(integrating factor)**라 한다.

하나의 미분방정식에 대하여 적분인자는 여러 개가 있을 수도 있으며, 구하기 쉽지 않은 경우도 많다. 여기에서는 적분인자를 구하는 간단한 방법을 한 가지 알아보자. 이 방법을 이용하여 모든 미분방정식의 적분인자를 구할 수 있는 것은 아니지만, 우리에게 필요한 많은 미분방정식에 대해서 적용할 수 있는 편리한 방법이다.

먼저 식 (3.16)이 완전미분방정식이어야 하므로

$$\frac{\partial}{\partial y}(FP) = \frac{\partial}{\partial x}(FQ)$$

이다. 양변의 편미분을 계산하면

$$F_yP + FP_y = F_xQ + FQ_x \tag{3.17}$$

이다. 이 식을 만족하는 $F(x,y)$를 찾으면 되는데, 이 조건만으로는 찾기가 쉽지 않다. 따라서 한 가지 조건을 더 주어 F가 x만의 함수, 즉, $F=F(x)$라고 하자. 그러면 $F_y=0$이고 $F_x=F'$이라고 나타낼 수 있으므로 식 (3.17)은

$$FP_y = F'Q + FQ_x$$

로 간단히 된다. 이 식을 정리하면

$$\frac{1}{F}\frac{dF}{dx} = R \tag{3.18}$$

로 나타낼 수 있다. 여기서

$$R = \frac{1}{Q}(P_y - Q_x)$$

이다. 이때 R이 x만의 함수 $R(x)$라고 하자. 그러면 식 (3.18)은 변수분리형이므로 양변을 적분하면

$$\ln|F| = \int R(x)\,dx$$

이고, 따라서 적분인자

$$F(x) = \exp\left\{\int R(x)\,dx\right\}$$

를 얻을 수 있다.

마찬가지로 식 (3.17)에서 F가 y만의 함수, 즉, $F^* = F^*(y)$라고 하면

$$\frac{dF^*}{dy}P + F^*P_y = F^*Q_x$$

이므로

$$\frac{1}{F^*}\frac{dF^*}{dx} = R^* \tag{3.19}$$

이고, 여기서

$$R^* = \frac{1}{P}(Q_x - P_y)$$

이다. 만약 R^*가 y만의 함수이면 식 (3.19)는 변수분리형이므로 양변을 적분하면 적분인자

$$F^*(y) = \exp\left\{\int R^*(y)\,dy\right\}$$

를 얻을 수 있다.

[예제 2] 다음 미분방정식의 적분인자를 찾고 일반해를 구하여라.

$$(e^{x+y}-y)\,dx+(xe^{x+y}+1)\,dy=0$$

풀이. $P=e^{x+y}-y$, $Q=xe^{x+y}+1$이라고 하면

$$P_y=e^{x+y}-1, \quad Q_x=e^{x+y}+xe^{x+y}$$

이므로 완전미분방정식이 아니다. R을 구하면

$$R=\frac{1}{Q}(P_y-Q_x)=\frac{1}{xe^{x+y}+1}(e^{x+y}-1-e^{x+y}-xe^{x+y})=-1$$

이다. 따라서 적분인자는

$$F(x)=\exp\left\{\int(-1)\,dx\right\}=e^{-x}$$

이고, 이것을 주어진 미분방정식에 곱하면 완전미분방정식

$$(e^y-ye^{-x})\,dx+(xe^y+e^{-x})\,dy=0$$

을 얻을 수 있다. 이제 이 미분방정식을 풀기위해 u를 구하면

$$u(x,y)=\int(e^y-ye^{-x})\,dx+k(y)=xe^y+ye^{-x}+k(y)$$

이다. 이것을 y에 대하여 편미분하면

$$\frac{\partial u}{\partial y}=xe^y+e^{-x}+k'(y)=xe^y+e^{-x}$$

이므로 $k'(y)=0$이고 $k(y)=c_1$이다. 따라서

$$u(x,y)=xe^y+ye^{-x}+c_1$$

이고, 주어진 미분방정식의 해는

$$xe^y+ye^{-x}=c$$

이다. □

✓문제 **2.** 다음 미분방정식의 적분인자를 찾고 일반해를 구하여라.

$$-2xy\,dx + (3x^2 - y^2)\,dy = 0$$

연습문제 3.5

[1-4] 다음 미분방정식이 완전미분방정식임을 보이고 해를 구하여라.

1. $(e^x + y)\,dx + (x + e^{-y})\,dy = 0$

2. $\cos(x+y)\,dx + \{\cos(x+y) + 3y^2 + 2y\}\,dy = 0$

3. $(3x^2 - y^2)\,dx - 2xy\,dy = 0, \quad y(1) = 2$

4. $(\frac{1}{x} - y)\,dx + (3y^2 - x)\,dy = 0, \quad y(e) = -1$

[5-6] 다음 미분방정식에서 주어진 함수가 적분인자임을 보이고 일반해를 구하여라.

5. $-3y\,dx + 2x\,dy = 0, \quad F(x,y) = \frac{y}{x^4}$

6. $(x^2 + y^2 + 1)\,dx - (xy + y)\,dy = 0, \quad F(x,y) = (x+1)^{-3}$

[7-9] 다음 미분방정식의 적분인자를 구하고 이것을 이용하여 일반해를 구하여라.

7. $e^x \cos y\,dx + e^x \sin y\,dy = 0$

8. $9y\,dx + 3x\,dy = 0$

9. $-e^{3x} \cos y\,dx + 2e^{3x} \sin y\,dy = 0$

[심화 프로젝트]

10. (1) f와 g가 xy의 함수일 때

$$F(x,y)=\frac{1}{xy(f(xy)-g(xy))}$$

은 미분방정식

$$yf(xy)\,dx+xg(xy)\,dy=0$$

의 적분인자임을 보여라.

(2) 위의 결과를 이용하여 다음 미분방정식의 일반해를 구하여라.

$$(x^2y^3+xy^2)\,dx+x^3y^2\,dy=0$$

3.6 일계선형미분방정식

함수 $f:X \to Y$가 임의의 상수 c_1, c_2와 $x, y \in X$에 대하여

$$f(c_1 x + c_2 y) = c_1 f(x) + c_2 f(y) \tag{3.20}$$

를 만족할 때 f는 **선형(linear)**이라고 한다. 왜냐하면 이런 성질을 만족하는 함수 중에서 정의역과 치역이 모두 실수의 집합 $\mathbb{R}$인 경우를 생각해보면, 그 함수의 그래프는 평면에서 원점을 지나는 직선(line)이 되기 때문이다.

함수가 아닌 어떤 연산이 위의 성질을 만족할 때에도 선형이라고 한다. 즉, 먼저 두 개를 더하여 어떤 연산을 한 것과 각각의 연산을 한 후 더한 것이 같으면 그 연산은 선형이라고 한다. 예를 들면,

$$(c_1 f(x) + c_2 g(x))' = c_1 f'(x) + c_2 g'(x)$$

이고

$$\int (c_1 f(x) + c_2 g(x))\,dx = c_1 \int f(x)\,dx + c_2 \int g(x)\,dx$$

이므로 미분과 적분은 선형이다.

■ 일계선형미분방정식

다음과 같은 형태의 미분방정식을 **일계선형미분방정식(1st order linear differential equation)**이라고 한다.

$$y' + p(x)y = r(x) \tag{3.21}$$

여기서 $p(x)$와 $r(x)$는 적당한 구간에서 연속인 함수이다. 특히 $r(x) = 0$일 때를 **제차미분방정식(homogeneous differential equation)** 이라 하고, $r(x) \neq 0$일 때를 **비제차미분방정식(nonhomogeneous differential equation)**이라고 한다.

이 미분방정식을 선형미분방정식이라고 부르는 이유는 c_1, c_2가 상수이고 y_1, y_2가 함수일 때 미분방정식의 좌변에 $c_1 y_1 + c_2 y_2$를 대입한 식과 y_1, y_2를 각각 대입한 후 c_1, c_2를 곱하여 더한 식이 같기 때문이다. 즉,

$$(c_1 y_1 + c_2 y_2)' + p(x)(c_1 y_1 + c_2 y_2) = c_1\{y_1' + p(x) y_1\} + c_2\{y_2' + p(x) y_2\}$$

로 식 (3.20)의 성질이 성립하기 때문이다.

선형이 아닌 미분방정식을 **비선형미분방정식(nonlinear differential equation)**이라고 한다. 예를 들어,

$$y' - 2y + 4y^2 = 0$$

또는

$$(y')^2 - y = 0$$

은 비선형미분방정식이다.

■ 일계선형미분방정식의 해법

제차선형미분방정식

$$y' + p(x)y = 0$$

은 변수를 분리하면

$$\frac{dy}{y} = -p(x)\,dx$$

이고, 양변을 적분하면

$$\ln|y| = -\int p(x)\,dx + c_1$$

이므로

$$y = ce^{-\int p(x)\,dx} \tag{3.22}$$

가 해가 됨을 쉽게 알 수 있다.

비제차선형미분방정식의 해를 구하는 방법을 알아보자. 식 (3.21)의 좌변에 적당한 함수 $F(x)$를 곱하면 $F(x)y$의 도함수와 같다고 하자. 즉,

$$F(x)\{y' + p(x)y\} = \{F(x)y\}' \tag{3.23}$$

되는 $F(x)$가 있다고 하자. 그러면 식 (3.21)의 양변에 $F(x)$를 곱하면

$$\{F(x)y\}' = F(x)r(x)$$

이므로 양변을 적분하면

$$F(x)y = \int F(x)r(x)\,dx + c$$

이고

$$y = \frac{1}{F(x)}\left\{\int F(x)r(x)\,dx + c\right\}$$

가 해가 된다.

그러면 이런 $F(x)$를 어떻게 구할 수 있는지 생각해 보자. $F(x)$는 식 (3.23)을 만족해야 하므로

$$F(x)y' + F(x)p(x)y = F'(x)y + F(x)y'$$

이다. 즉,

$$F(x)p(x) = F'(x)$$

를 만족해야 한다. 이 식은

$$\frac{dF}{F} = p(x)\,dx$$

로 변수분리되므로

$$\ln|F(x)| = \int p(x)\,dx$$

즉,

$$F(x) = e^{\int p(x)\,dx}$$

이면 된다. 따라서 일계선형미분방정식 (3.21)의 해는

$$y = e^{-\int p(x)\,dx}\left(\int e^{\int p(x)\,dx} r(x)\,dx + c\right)$$

이다. 여기에서 $r(x) = 0$이면 식 (3.22)에서 구한 해와 같으므로 일계선형미분방정식은 제차일 경우와 비제차일 경우를 구분할 필요 없이 이 방법으로 해를 구할 수 있다. 이상을 요약하면 다음과 같다.

정리 3.3. $p(x)$와 $r(x)$가 적당한 구간에서 연속일 때 일계선형미분방정식 $y'+p(x)y = r(x)$의 일반해는 다음과 같다.

$$y = e^{-h}\left(\int e^{h} r\,dx + c\right), \quad h = \int p(x)\,dx$$

[예제 1] 미분방정식 $y' + 3x^2 y = 6x^2$의 해를 구하여라.

풀이. 먼저 h를 구하면

$$h = \int 3x^2\,dx = x^3$$

이다. 따라서

$$y = e^{-x^3}\left(\int e^{x^3} 6x^2\,dx + c\right) = e^{-x^3}(2e^{x^3} + c) = 2 + ce^{-x^3}$$

이다. □

✓문제 **1.** 미분방정식 $y' - 2y = x^2$의 해를 구하여라.

대부분의 비선형미분방정식은 풀기가 어렵지만, 간단한 치환을 이용하여 선형미분방정식으로 바꾸어 풀 수 있는 경우가 있다. 아래에서 베르누이 방정식과 리카티 방정식에 대하여 알아보자.

■ 베르누이 방정식

임의의 실수 α에 대하여

$$y' + p(x)y = g(x)y^{\alpha} \tag{3.24}$$

와 같은 형태의 미분방정식을 **베르누이 방정식(Bernoulli equation)**이라고 하는데, α가 0이거나 1이 아니면 비선형미분방정식이다.

α가 0이거나 1이면 식 (3.24)는 각각

$$y' + p(x)y = g(x), \quad y' + \{p(x) - g(x)\}y = 0$$

이 되므로 일계선형미분방정식의 풀이법을 이용할 수 있다. 그 이외의 경우에는

$$u = y^{1-\alpha}$$

라고 치환하면

$$u' = (1-\alpha)y^{-\alpha}y'$$

이다. 이 방정식에 식 (3.24)의 y'을 대입하면

$$u' = (1-\alpha)y^{-\alpha}(gy^{\alpha} - py) = (1-\alpha)(g - py^{1-\alpha})$$

이다. 그런데 $y^{1-\alpha}=u$이므로

$$u'=(1-\alpha)(g-pu)$$

즉,

$$u'+(1-\alpha)pu=(1-\alpha)g$$

이고 이 미분방정식은 일계선형미분방정식이다.

이제 일계선형미분방정식의 풀이법을 적용하여 u를 구하고, 치환 $u=y^{1-\alpha}$를 이용하면 베르누이 방정식 (3.24)의 해 $y(x)$를 얻을 수 있다.

[예제 2] 베르누이 방정식 $y'-2y=-4y^2$의 해를 구하여라.

풀이. $u=y^{1-2}=y^{-1}$이라고 치환하면

$$u'=-y^{-2}y'$$

이다. 주어진 미분방정식을 y'에 대하여 풀어서 위의 식에 대입하면

$$u'=-y^{-2}(-4y^2+2y)=4-2y^{-1}=4-2u$$

이므로

$$u'+2u=4$$

이다. 일계선형미분방정식의 풀이법에 의하여 $h=\int 2\,dx=2x$이므로

$$u=e^{-2x}\left(\int 4e^{2x}\,dx+c\right)=e^{-2x}(2e^{2x}+c)=ce^{-2x}+2$$

이다. 따라서 해는

$$y=\frac{1}{u}=\frac{1}{ce^{-2x}+2}$$

이다. □

√문제 **2.** 베르누이 방정식 $y'+xy=2xy^{-1}$의 해를 구하여라.

■ 리카티 방정식

다음과 같은 형태의 미분방정식을 **리카티 방정식(Riccati equation)**이라고 한다.

$$y' + p(x)y^2 + q(x)y = r(x)$$

리카티 방정식에서 $p(x)=0$이면 일계선형미분방정식이 되고, $r(x)=0$이면 베르누이 방정식이 된다. 특히, 리카티 방정식에서 $p(x)\neq 0$이면 비선형미분방정식이다.

대개의 경우 리카티 방정식을 푸는 것은 매우 어렵다. 하지만 특수해를 하나 알고 있다면, 이것을 이용하여 적당히 치환한 후 일반해를 구할 수 있다. 즉, y_1이 리카티 방정식의 특수해라고 하면 다음 사실이 알려져 있다.

(1) $y = y_1 + \frac{1}{z}$이라고 치환하면 리카티 방정식은 일계선형미분방정식으로 변환된다.

(2) $y = y_1 + z$라고 치환하면 리카티 방정식은 베르누이 방정식으로 변환된다.

[예제 3] $y_1 = 1$은 리카티 방정식 $y' - \frac{1}{x}y^2 - \frac{1}{x}y = -\frac{2}{x}$의 해가 됨을 보이고, $y = 1 + \frac{1}{z}$이라고 치환하여 일반해를 구하여라.

풀이. $y_1' = 0$이고

$$y_1' - \frac{1}{x}y_1^2 - \frac{1}{x}y_1 = 0 - \frac{1}{x}\cdot 1 - \frac{1}{x}\cdot 1 = -\frac{2}{x}$$

이므로 $y_1 = 1$은 해가 된다. $y = 1 + \frac{1}{z}$이라고 치환하면

$$y' = -\frac{1}{z^2}z'$$

이므로 주어진 방정식에 대입하면

$$-\frac{1}{z^2}z' - \frac{1}{x}\left(1+\frac{1}{z}\right)^2 - \frac{1}{x}\left(1+\frac{1}{z}\right) = -\frac{2}{x}$$

이다. 이 식을 정리하면

$$z' + \frac{3}{x}z = -\frac{1}{x}$$

이므로 일계선형미분방정식이다. 이제

$$h = \int \frac{3}{x}\,dx = 3\ln x$$

라고 하면

$$z = e^{-3\ln x}\left\{\int e^{3\ln x}\cdot\left(-\frac{1}{x}\right)dx + c_1\right\} = \frac{c-x^3}{3x^3}$$

이므로 해는

$$y = 1+\frac{1}{z} = \frac{c+2x^3}{c-x^3}$$

이다. □

√문제 **3.** $y_1=1$은 리카티 방정식 $y'+2y^2-y=1$의 해가 됨을 보이고 $y=1+\frac{1}{z}$이라고 치환하여 일반해를 구하여라.

[예제 4] $y_1=1$은 리카티 방정식 $y'-\frac{1}{x}y^2-\frac{1}{x}y=-\frac{2}{x}$의 해이다. $y=1+z$라고 치환하여 일반해를 구하여라.

풀이. $y'=z'$이므로

$$z'-\frac{1}{x}(1+z)^2-\frac{1}{x}(1+z) = -\frac{2}{x}$$

이고, 이 식을 정리하면 베르누이 방정식

$$z'-\frac{3}{x}z = \frac{1}{x}z^2$$

을 얻는다. $u=z^{-1}$이라고 한 번 더 치환하면

$$u' = -z^{-2}z' = -z^{-2}\left(\frac{3}{x}z+\frac{1}{x}z^2\right) = -\frac{3}{x}u-\frac{1}{x},$$

즉,

$$u'+\frac{3}{x}u = -\frac{1}{x}$$

이므로 예제 3과 같은 방법으로

$$u = \frac{c-x^3}{3x^3}$$

이고

$$z = \frac{3x^3}{c-x^3}$$

이다. 따라서 일반해는

$$y = 1 + z = \frac{c + 2x^3}{c - x^3}$$

이다. □

✓문제 **4.** $y_1 = 1$은 리카티 방정식 $y' + 2y^2 - y = 1$의 해이다. $y = 1 + z$라고 치환하여 일반해를 구하여라.

연습문제 3.6

[1-7] 다음 미분방정식의 일반해를 구하여라.

1. $y' = 3x^2 - \frac{y}{x}$

2. $y' + y\tan x = \sin 2x$

3. $y' + 3y = e^{6x}$

4. $y' + 4xy = x^3$

5. $y' = ay + by^2$

6. $y' + xy = 3xy^2$

7. $y' = \frac{x}{y} + \frac{y}{x}$

[8-9] 다음 리카티 방정식의 일반해를 구하여라.

8. $y' - 2y^2 + 3y = 1, \quad y_1 = 1$

9. $y' - xy^2 + x^2y = 1, \quad y_1 = x$

10. 미분방정식 $y' = 4x - 2y$의 해곡선 중에서 점 $(0, -1)$을 지나는 것의 방정식을 구하여라.

[심화 프로젝트]

11. 구간 $[0,a]$에서 정의되고 임의의 $x \in [0,a]$에 대하여 $[0,x]$에서의 평균값이 $f(0)$과 $f(x)$의 기하평균과 같게 되는, 즉,

$$\frac{1}{x}\int_0^x f(t)\,dt = \sqrt{f(0)f(x)}$$

을 만족하는 함수 f를 다음 순서로 찾아라.

(1) 다음 베르누이 방정식을 유도하여라.

$$f'(x) + \frac{2}{x}f(x) = \frac{2}{x\sqrt{f(0)}}\{f(x)\}^{3/2}$$

(2) $u = \{f(x)\}^{-1/2}$으로 치환하여 (1)의 베르누이 방정식의 일반해를 구하여라.

(3) $f(x)$를 구하여라.

12. 미분방정식

$$y' + p(x)y = r(x)y\ln y$$

는 다음과 같은 방법으로 해를 구할 수 있다.

(1) $z = \ln y$라고 치환하여 다음 일계선형미분방정식을 유도하여라.

$$z' - r(x)z = -p(x)$$

(2) 위의 방법으로 다음 미분방정식의 일반해를 구하여라.

$$y' - xy = \frac{y}{x}\ln y$$

3.7 모델링: 일계선형미분방정식

이 절에서는 일계선형미분방정식을 활용한 모델링 문제들에 대하여 알아보자.

■ 혼합문제

탱크의 한 쪽에서는 외부로부터 용액이 흘러 들어가고 다른 쪽에서는 용액이 흘러 나간다고 하자.

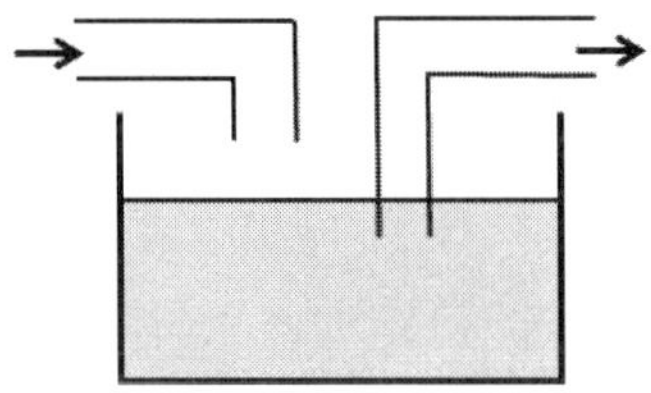

그림 3.3. 혼합문제

용액이 혼합되기 시작한지 t시간 후 용액속의 용질의 양을 $y(t)$라고 하면 이 용질의 양의 시간에 대한 변화율 $y'(t)$는 다음 미분방정식으로 표현된다.

$$y'(t) = \text{용질의 유입량} - \text{용질의 유출량}$$

이렇게 만들어진 미분방정식을 풀면 일정시간 후의 용질의 양을 구할 수 있다.

[예제 1] 1,000L의 물에 200kg의 소금이 녹아있는 탱크가 있다. t분 후에는 L당 $(1+\cos t)$kg의 소금이 녹아있는 소금물이 1분에 50L씩 탱크 안으로 들어가서 균등하게 섞인 후, 반대쪽에서는 1분에 50L씩 탱크 밖으로 빠져 나간다고 할 때 t분 후의 탱크 안의 소금의 양 $y(t)$를 구하여라.

풀이. t분 후 분당 탱크 안으로 들어가는 소금의 양은 $50(1+\cos t)$kg이고 빠져나가는 소금의 양은 $\frac{50}{1,000}y(t) = 0.05y(t)$kg이므로, 탱크 안의 소금의 변화량은

$$y'(t) = 50(1+\cos t) - 0.05y(t)$$

이다. 즉,

$$y' + 0.05y = 50(1+\cos t)$$

이므로 일계선형미분방정식이다. $h=\int 0.05\,dt=0.05t$라고 하면

$$y(t)=e^{-0.05t}\left\{\int e^{0.05t}50(1+\cos t)\,dt+c\right\}$$

인데, 부분적분법을 이용하여 우변의 적분을 계산하면

$$\begin{aligned}y(t)&=e^{-0.05t}\left\{e^{0.05t}\left(1,000+\frac{2.5}{1+0.05^2}\cos t+\frac{50}{1+0.05^2}\sin t\right)+c\right\}\\&=1,000+\frac{2.5}{1+0.05^2}\cos t+\frac{50}{1+0.05^2}\sin t+ce^{-0.05t}\end{aligned}$$

이다. 그런데 $y(0)=200$이므로

$$1,000+\frac{2.5}{1+0.05^2}+c=200,$$

즉,

$$c=-800-\frac{2.5}{1+0.05^2}$$

이다. 따라서 t분 후의 탱크 안의 소금의 양은

$$y(t)=1,000+\frac{2.5}{1+0.05^2}\cos t+\frac{50}{1+0.05^2}\sin t-\left(800+\frac{2.5}{1+0.05^2}\right)e^{-0.05t}\ \text{kg}$$

이다. □

✓문제 **1.** 200L의 순수한 물이 들어있는 탱크가 있다. t분 후에는 L당 $(2+e^{-0.2t})$kg의 소금이 녹아있는 소금물이 1분에 30L씩 탱크 안으로 들어가서 균등하게 섞인 후, 반대쪽에서는 1분에 30L씩 탱크 밖으로 빠져 나간다고 할 때 t분 후의 탱크 안의 소금의 양 $y(t)$를 구하여라.

■ 전기회로

전기에 대해서는 다음과 같은 법칙들이 알려져 있다.

(1) 전류(current) I 암페어(ampere)는 전하(electric charge) Q 쿨롱(coulomb)의 시간에 대한 변화율이다. 즉,

$$I=\frac{dQ}{dt}$$

이다.

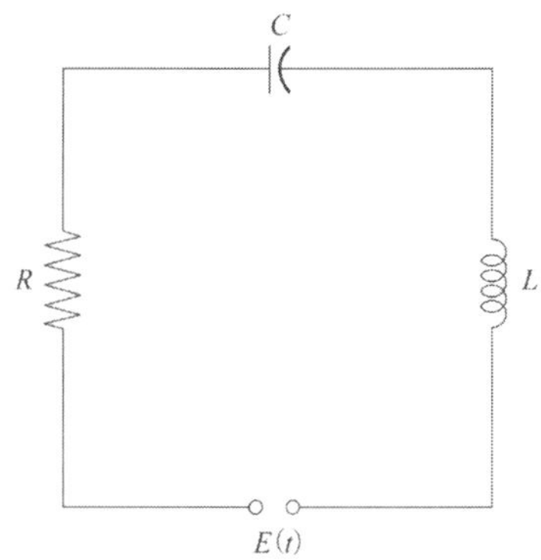

그림 3.4. 전기회로

(2) 저항(registance)이 R 옴(ohm)일 때, 이 저항기(registor)의 양쪽에서 전류 I의 전압강하(voltage drop)는

$$RI$$

이다. 이 법칙을 **옴의 법칙(Ohm's law)**이라고 한다.

(3) 인덕턴스(inductance)가 L 헨리(henry)일 때, 이 인덕터(inductor)의 양쪽에서 전류 I의 전압강하는

$$L\frac{dI}{dt}$$

이다.

(4) 커패시턴스(capacitance)가 C 패럿(farad)일 때, 이 축전기(capacitor)의 양쪽에서 전류 I의 전압강하는

$$\frac{Q}{C}$$

이다.

(5) 폐 회로의 전압강하의 합은 기전력(electromotive force) $E(t)$와 같다. 이 법칙을 **키르히요프의 전압법칙(Kirchhoff's voltage law)**이라고 한다.

이상의 법칙을 이용하여 전기회로 문제를 풀어보자. 먼저 RL회로 문제를 풀어보자.

[예제 2] 저항이 $R = 10\,\Omega$이고 인덕터가 $L = 0.5\,\mathrm{H}$이며 기전력이 $E(t) = 3\sin 2t\,\mathrm{V}$인 RL회로를 생각하자. $t = 0$일 때 전류는 0이라고 하면, t시간 후의 전류 $I(t)$를 구하여라.

풀이. RL회로이므로 미분방정식은 다음과 같다.

$$L\frac{dI}{dt}+RI=E(t)$$

그런데 $L=0.5$, $R=10$이고 $E(t)=3\sin 2t$이므로

$$\frac{dI}{dt}+20I=6\sin 2t$$

로 일계선형미분방정식이다. $h=\int 20\,dt=20t$라고 하면

$$\begin{aligned} I(t)&=e^{-20t}\Big(\int e^{20t}6\sin 2t\,dt+c\Big)\\ &=\frac{6}{101}\Big(-\frac{1}{2}\cos 2t+5\sin 2t\Big)+ce^{-20t}\end{aligned}$$

이다. 그런데 $I(0)=0$이므로

$$-\frac{3}{101}+c=0,$$

즉, $c=\frac{3}{101}$이다. 따라서 t시간 후의 전류는

$$I(t)=\frac{6}{101}\Big(-\frac{1}{2}\cos 2t+5\sin 2t\Big)+\frac{3}{101}e^{-20t}$$

이다. □

√문제 **2.** 저항이 $R=10\,\Omega$이고 인덕터가 $L=2\,\mathrm{H}$이며 기전력이 $E(t)=100\,\mathrm{V}$인 RL회로를 생각하자. $t=0$일 때 전류는 0이라고 하면, t시간 후의 전류 $I(t)$를 구하여라.

다음 예제에서는 RC회로 문제를 풀어보자.

[예제 3] 저항이 $R=1\,\Omega$이고 커패시턴스가 $C=0.01\,\mathrm{F}$이며 기전력이 $E(t)=100\,\mathrm{V}$인 RC회로를 생각하자. $t=0$일 때 전하가 $Q=0$이라고 하면, t시간 후의 전류 $I(t)$를 구하여라.

풀이. RC회로이므로 미분방정식은 다음과 같다.

$$RI+\frac{Q}{C}=E(t)$$

그런데 $R=1$, $C=0.01$, $E(t)=100$이고 $I=\frac{dQ}{dt}$이므로

$$\frac{dQ}{dt}+100Q=100$$

이다. $h=\int 100\,dt=100t$라고 하면

$$Q(t)=e^{-100t}\Big(\int e^{100t}100\,dt+c\Big)=1+ce^{-100t}$$

이다. 그런데 $Q(0)=0$이므로

$$1+c=0,$$

즉, $c=-1$이다. 따라서

$$Q(t)=1-e^{-100t}$$

이고, 전류는

$$I(t)=\frac{dQ}{dt}=100e^{-100t}$$

이다. □

✓**문제 3.** 저항이 $R=10\,\Omega$이고 커패시턴스가 $C=10^{-2}\,\mathrm{F}$이며 기전력이 $E(t)=10\cos 5t\,\mathrm{V}$인 RC회로를 생각하자. $t=0$일 때 전하가 $Q=0$이라고 하면, t시간 후의 전류 $I(t)$를 구하여라.

연습문제 3.7

1. 100L의 물에 50kg의 소금이 녹아있는 탱크가 있다. L당 1kg의 소금이 녹아있는 소금물이 1분에 2L씩 탱크 안으로 들어가서 균등하게 섞인 후, 반대쪽에서는 1분에 2L씩 탱크 밖으로 빠져 나간다고 할 때, t분 후의 탱크 안의 소금의 양 $y(t)$를 구하여라.

2. 100kg의 소금이 녹아있는 1,000L의 소금물이 들어있는 탱크가 있다. t분 후에는 L당 $(2+e^{-0.03t})$kg의 소금이 녹아있는 소금물이 분당 30L씩 탱크에 유입되는데, 잘 휘저어 골고루 섞인 후 같은 속도로 흘러나간다고 할 때, t분 후 탱크 안의 소금의 양 $y(t)$를 구하여라.

3. 저항이 $R = 10\Omega$이고 인덕터가 $L = 2\mathrm{H}$이며 기전력이 $E(t) = 100\sin 5t\,\mathrm{V}$인 RL회로를 생각하자. $t = 0$일 때 전류는 0이라고 하면, t시간 후의 전류 $I(t)$를 구하여라.

[심화 프로젝트]

4. 용량이 200L인 탱크에 30kg의 소금이 녹아있는 소금물 100L가 들어있다. L당 0.5kg의 소금이 녹아있는 소금물이 1분에 6L씩 탱크 안으로 들어가서 균등하게 섞인 후, 반대쪽에서는 1분에 4L씩 탱크 밖으로 빠져나간다.

   (1) t분 후 탱크 안의 소금의 양을 $y(t)$라고 하면 다음 방정식을 만족함을 보여라.

$$y' = 3 - \frac{2}{50+t}y, \quad y(0) = 30$$

   (2) 위의 미분방정식을 풀어라.

   (3) 소금물이 탱크를 넘치는 순간 탱크 안의 소금의 양을 구하여라.

5. 질량이 m인 물체가 정지상태로 있다가 떨어질 때 공기저항은 물체의 속도에 비례한다.

   (1) 질량이 2kg인 어떤 물체의 공기저항 비례상수가 $\frac{1}{2}$이라 하자. t초 후 물체가 떨어진 거리를 $s(t)$, 물체의 속도를 $v(t)$, 중력가속도를 g라 할 때, 이 물체의 운동방정식은 다음과 같음을 설명하여라.

$$\frac{dv}{dt} + \frac{1}{4}v = g, \quad v(0) = 0$$

   (2) 위의 미분방정식을 풀어라.

   (3) $t \to \infty$일 때 물체의 속도를 구하여라.

   (4) t초 동안 물체가 떨어진 거리를 구하여라.

3.8 미분방정식의 수치해법

미분방정식의 정확한 해를 구할 수 없을 때에는 수치적인 방법으로 근사해를 구하는 것이 편리할 때도 있다.

■ 오일러 방법

일계미분방정식의 초기값문제

$$y' = f(x, y), \quad y(x_0) = y_0$$

의 근사해를 반복과정을 통하여 수치적으로 구하는 방법을 생각해보자.

$x_1 > x_0$ 라 하고 $f(x, y)$가 닫힌구간 $[x_0, x_1]$에서 조금만 변한다고 하자. 또 $y_1 = y(x_1)$이라고 하자. 그러면 $y'(f(x, y)$이므로

$$y_1 - y_0 = y(x_1) - y(x_0) = \int_{x_0}^{x_1} f(x, y)\,dx = f(x_0, y_0)(x_1 - x_0)$$

이다. 여기서 $h = x_1 - x_0$라고 하면

$$y_1 = y_0 + hf(x_0, y_0)$$

가 근사적으로 성립함을 알 수 있다.

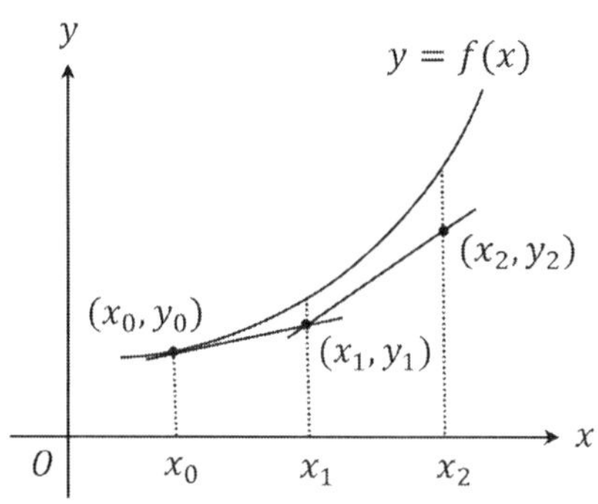

그림 3.5. 오일러 방법

이번에는 $x_2 = x_1 + h = x_0 + 2h$라 하고 $y_2 = f(x_2)$라고 하자. 그리고 위와 같은 과정을

반복하면

$$y_2 = y_1 + hf(x_1, y_1)$$

이 근사적으로 성립함을 알 수 있다. 일반적으로 $x_n = x_{n-1} + h = x_0 + nh$라 하고 $y_n = f(x_n)$이라고 하면

$$y_n = y_{n-1} + hf(x_{n-1}, y_{n-1}), \quad n = 1, 2, \ldots$$

가 근사적으로 성립함을 알 수 있다. 이러한 방법으로 근사해를 구하는 것을 **오일러 방법(Euler's method)**이라고 한다.

그림 3.5에서 알 수 있듯이 실제 함수값 $y = (x_n)$과 오일러 방법으로 구한 y_n에 대하여 n이 커지면 오차도 커짐을 알 수 있다. 따라서 미분방정식의 초기값문제를 푸는데 오일러 방법을 이용하는 것은 좋은 전략이 아니지만, 이 방법을 이해하기 쉽고 이 방법을 알면 보다 나은 수치해법을 이해하는데 도움이 된다.

[예제 1] 오일러 방법으로 초기값문제

$$y' = y, \quad y(0) = 1$$

에서 $h = \frac{1}{m}$으로 하여 $y(1)$의 근사값을 구하고, m이 무한대로 커지면 $y(1)$의 값은 어떻게 되는지 구하여라.

풀이. $h = \frac{1}{m}$이고 $f(x, y) = y' = y$이므로

$$y_n = y_{n-1} + \frac{1}{m} f(x_{n-1}, y_{n-1}) = y_{n-1} + \frac{1}{m} y_{n-1} = \left(1 + \frac{1}{m}\right) y_{n-1} = \left(1 + \frac{1}{m}\right)^m y_0$$

이다. 그런데 $1 = 0 + m \times \frac{1}{m}$이고 $y_0 = 1$이므로

$$y(1) = y_m = \left(1 + \frac{1}{m}\right)^m$$

이다. $m \to \infty$이면

$$y(1) = \lim_{n \to \infty} \left(1 + \frac{1}{m}\right)^m = e$$

이다. □

✓문제 **1.** 오일러 방법으로 초기값문제

$$y' = x + y, \quad y(0) = 1$$

에서 $h = 0.2$로 하여 $y(1)$의 근사값을 구하여라.

■ 룽게-쿠타 방법

초기값문제

$$y' = f(x, y), \quad y(x_0) = y_0$$

에 대하여 많은 단계를 거치지 않고 오차가 비교적 적은 근사해를 구할 수 있는 것이 룽게-쿠타 방법이다. 이 방법은 정적분의 근사값을 구하는 심프슨 공식과 이변수함수의 테일러 급수를 이용하여 구할 수 있는데 간단히 개요만 설명하면 다음과 같다.

닫힌구간 $[x_0, x_0 + h]$를 이등분하여 심프슨 공식을 적용하면

$$\int_{x_0}^{x_0+h} f(x, y(x))\,dx \approx \frac{h}{6}\Big\{f(x_0, y(x_0)) + 4f\Big(x_0 + \frac{h}{2}, y\Big(x_0 + \frac{h}{2}\Big)\Big) + f(x_0 + h, y(x_0 + h))\Big\}$$

이다. 상세한 과정은 생략하지만, 이변수함수의 테일러 급수를 이용하여 우변의 근사값을 계산하면

$$\int_{x_0}^{x_0+h} f(x, y(x))\,dx \approx \frac{1}{6}(m_1 + 2m_2 + 2m_3 + m_4)$$

이고, 여기서

$$\begin{aligned} m_1 &= hf(x_0, y_0) \\ m_2 &= hf\Big(x_0 + \frac{h}{2}, y_0 + \frac{m_1}{2}\Big) \\ m_3 &= hf\Big(x_0 + \frac{h}{2}, y_0 + \frac{m_2}{2}\Big) \\ m_4 &= hf(x_0 + h, y_0 + m_3) \end{aligned}$$

이다. 이제 $x_1 = x_0 + h, x_2 = x_0 + 2h, \ldots, x_n = x_0 + nh$라 하고 $y_n = y(x_n)$이라고 하면

$$y_{n+1} - y_n = y(x_{n+1}) - y(x_n) = \int_{x_n}^{x_{n+1}} f(x, y(x))\,dx$$

이므로

$$y_{n+1} = y_n + \frac{1}{6}(m_1 + 2m_2 + 2m_3 + m_4), \quad n = 0, 1, 2, \ldots$$

이고, 여기서

$$\begin{aligned} m_1 &= hf(x_n, y_n) \\ m_2 &= hf\left(x_n + \frac{h}{2}, y_n + \frac{m_1}{2}\right) \\ m_3 &= hf\left(x_n + \frac{h}{2}, y_n + \frac{m_2}{2}\right) \\ m_4 &= hf(x_n + h, y_n + m_3) \end{aligned}$$

이다. 이렇게 해의 근사값 y_{n+1}을 구하는 것을 **룽게-쿠타 방법**(**Runge-Kutta method**)이라고 한다.

[예제 2] 룽게-쿠타 방법으로 초기값문제

$$y' = x^2 + y, \quad y(0) = 1$$

에서 $h = 1$로 하여 $y(1)$의 근사값을 구하여라.

풀이. $h = 1$이므로 $y(1) = y_1$이다. $f(x, y) = x^2 + y$이므로

$$\begin{aligned} m_1 &= hf(x_0, y_0) = f(0, 1) = 1 \\ m_2 &= hf\left(x_0 + \frac{h}{2}, y_0 + \frac{m_1}{2}\right) = f\left(\frac{1}{2}, \frac{3}{2}\right) = \frac{7}{4} \\ m_3 &= hf\left(x_0 + \frac{h}{2}, y_0 + \frac{m_2}{2}\right) = f\left(\frac{1}{2}, \frac{15}{8}\right) = \frac{17}{8} \\ m_4 &= hf(x_0 + h, y_0 + m_3) = f\left(\frac{1}{2}, \frac{25}{8}\right) = \frac{33}{8} \end{aligned}$$

이다. 따라서

$$y_1 = 1 + \frac{1}{6}\left(1 + 2 \times \frac{7}{4} + 2 \times \frac{17}{8} + \frac{33}{8}\right) = \frac{151}{48}$$

이다. □

√문제 **2.** 룽게-쿠타 방법으로 초기값문제

$$y' = 5xy, \quad y(0) = 1$$

에서 $h = 0.2$로 하여 $y(0.2)$의 근사값을 구하여라.

■ 피카르드 반복법

초기값문제

$$y' = f(x, y), \quad y(x_0) = y_0 \tag{3.25}$$

의 양변을 x_0에서 x까지 정적분하면

$$\int_{x_0}^{x} y'(t)\,dt = \int_{x_0}^{x} f(t, y(t))\,dt$$

이므로

$$y(x) - y(x_0) = \int_{x_0}^{x} f(t, y(t))\,dt$$

이다. 그런데 $y(x_0) = y_0$이므로

$$y(x) = y_0 + \int_{x_0}^{x} f(t, y(t))\,dt$$

이다.

이제 함수들의 수열 $\langle y_n(x) \rangle$를 다음과 같이 정의하자.

$$\begin{aligned} y_0(x) &= y_0 \\ y_n(x) &= y_0 + \int_{x_0}^{x} f(t, y_{n-1}(t))\,dt, \quad n = 1, 2, \ldots \end{aligned}$$

그러면 적당한 조건, 예를 들면, 3.1절 정리 3.1의 조건 아래에서는 수열 $\langle y_n(x) \rangle$의 극한은 초기값 문제 (3.25)의 해가 됨이 알려져 있다.

[예제 3] 피카르드 반복법으로 초기값문제

$$y' = y, \quad y(0) = 1$$

의 해를 구하여라.

풀이. $f(x,y)=y$이므로 피카르드 반복법을 적용하면

$$\begin{aligned}
y_0(x) &= y_0 = 1 \\
y_1(x) &= 1+\int_0^x 1\,dt = 1+x \\
y_2(x) &= 1+\int_0^x (1+t)\,dt = 1+x+\frac{x^2}{2} \\
y_3(x) &= 1+\int_0^x \left(1+t+\frac{t^2}{2}\right)dt = 1+x+\frac{x^2}{2!}+\frac{x^3}{3!}
\end{aligned}$$

이고, 계속 반복하면

$$y_n(x) = 1+\int_0^x y_{n-1}(t)\,dt = 1+x+\frac{x^2}{2!}+\cdots+\frac{x^n}{n!}$$

이다. 따라서 해는

$$y = \lim_{n\to\infty} y_n(x) = \sum_{n=1}^{\infty}\frac{x^n}{n!} = e^x$$

이다. □

✓문제 **3.** 피카르드 반복법으로 초기값문제

$$y' = 2xy, \quad y(0)=1$$

의 해를 구하여라.

연습문제 3.8

[1-4] 오일러 방법으로 다음 초기값문제에서 주어진 함수값의 근사값을 구하여라.

1. $y' = x-y, \quad y(1)=2; \quad h=0.2, \quad y(2)$

2. $y' = x-y, \quad y(1)=2; \quad h=0.1, \quad y(2)$

3. $y' = (y - x)^2, \quad y(2) = 4; \quad h = -0.4, \quad y(0)$

4. $y' = x\sqrt{1 - y^2}, \quad y(1) = 0; \quad h = 0.2, \quad y(2)$

[5-6] 룽게-쿠타 방법으로 다음 초기값문제에서 주어진 함수값의 근사값을 구하여라.

5. $y' = y, \quad y(0) = 1; \quad h = 0.2, \quad y(0.2)$

6. $y' = 2xy, \quad y(1) = 1; \quad h = 0.1, \quad y(1.2)$

[7-8] 피카르드 반복법으로 다음 초기값문제의 해를 구하여라.

7. $y' = -y, \quad y(0) = 2$

8. $y' = x + y, \quad y(0) = 0$

[심화 프로젝트]

9. 초기값문제

$$y' = y, \quad y(0) = 1$$

에서 다음 방법으로 $y(1)$의 근사값을 구하고 비교하여라.

(1) 변수분리법으로 미분방정식을 풀어서 $y(1)$의 값을 구하여라.

(2) $h = 0.5$로 하고 오일러 방법으로 $y(1)$의 근사값을 구하여라.

(3) $h = 0.5$로 하고 룽게-쿠타 방법으로 $y(1)$의 근사값을 구하여라.

제 4 장

고계미분방정식

4.1 고계선형미분방정식

이계 이상의 미분방정식, 즉, 이계미분방정식, 삼계미분방정식 등을 통틀어 고계미분방정식이라고 한다. 이 장에서는 고계미분방정식 중에서 선형미분방정식의 풀이법과 응용에 대하여 알아보자.

■ 선형미분방정식

다음과 같은 형태의 미분방정식을 n**계 선형미분방정식**(**n-th order linear differential equation**)이라고 한다.

$$y^{(n)}+p_{n-1}(x)y^{(n-1)}+\cdots+p_1(x)y'+p_0(x)y=r(x) \tag{4.1}$$

여기서 $p_i(x)$, $i=0,1,\ldots,n-1$과 $r(x)$는 x의 함수이다. 특히, $r(x)=0$일 때 **제차미분방정식(homogeneous differential equation)**이라 하고, $r(x)\neq 0$일 때 **비제차미분방정식(nonhomogeneous differential equation)**이라고 한다.

제차선형미분방정식은 다음과 같은 특별한 성질을 가지고 있다. 이 성질은 제차선형미분방정식의 일반해를 구하는데 꼭 필요한 성질이다. 따라서 4장에서 다루는 고계미분방정식은 모두 선형미분방정식이다.

> **정리 4.1.** 함수 $y_1,\ldots,y_n$이 구간 I에서 n계 제차선형미분방정식 (4.1)의 해이면, 임의의 상수 $c_1,\ldots,c_n$에 대하여
>
> $$y=c_1y_1+\cdots+c_ny_n$$
>
> 도 해가 된다. $c_1y_1+\cdots+c_ny_n$을 $y_1,\ldots,y_n$의 **일차결합(linear combination)**이라고 한다.

증명. 편의상 $n=2$일 경우를 증명하자. 즉, y_1과 y_2가 이계제차선형미분방정식

$$y''+p_1(x)y'+p_0(x)y=0$$

의 해이면 $y=c_1y_1+c_2y_2$도 해가됨을 보이자. $y=c_1y_1+c_2y_2$를 위의 미분방정식에 대입하면

$$\begin{aligned}&(c_1y_1+c_2y_2)''+p_1(x)(c_1y_1+c_2y_2)'+p_0(x)(c_1y_1+c_2y_2)\\&=c_1\{y_1''+p_1(x)y_1'+p_0(x)y_1\}+c_2\{y_2''+p_1(x)y_2'+p_0(x)y_2\}\end{aligned}$$

이다. 그런데 y_1과 y_2가 해이므로

$$y_1'' + p_1(x)y_1' + p_0(x)y_1 = 0, \quad y_2'' + p_1(x)y_2' + p_0(x)y_2 = 0$$

이어서

$$(c_1y_1 + c_2y_2)'' + p_1(x)(c_1y_1 + c_2y_2)' + p_0(x)(c_1y_1 + c_2y_2) = 0$$

이다. 따라서 $y = c_1y_1 + c_2y_2$도 해가 된다. 일반적인 n에 대해서도 같은 방법으로 증명할 수 있다. □

■ 일차독립과 일차종속

함수 $y_1(x), \ldots, y_n(x)$가 구간 I의 모든 x에 대하여

$$c_1y_1(x) + \cdots + c_ny_n(x) = 0$$

인 경우는 $c_1, \ldots, c_n$이 모두 0일 때 뿐이라면 $y_1, \ldots, y_n$는 **일차독립(linearly independent)**이라 하고, 일차독립이 아닐 때 **일차종속(linearly dependent)**이라고 한다.

[예제 1] 함수 $x,\ x^2,\ \cos x$는 일차독립인지 일차종속인지 판정하여라.

풀이. 상수 c_1, c_2, c_3에 대하여

$$c_1x + c_2x^2 + c_3\cos x = 0$$

이라고 하자. $x = 0$을 대입하면 $c_3 = 0$임을 알 수 있다. 또

$$c_1x + c_2x^2 = 0$$

에서 $x = 1$과 $x = -1$을 대입하면

$$c_1 + c_2 = 0, \quad -c_1 + c_2 = 0$$

이므로 연립하여 풀면 $c_1 = c_2 = 0$이다. 따라서 일차결합이 0이 되려면 모든 계수가 0이어야 하므로 $x, x^2, \cos x$는 일차독립이다. □

√문제 **1.** 함수 x, $2x$, x^3은 일차독립인지 일차종속인지 판정하여라.

일차독립과 일차종속을 다르게 표현하면 다음과 같다. 함수 $y_1, \ldots, y_n$이 일차종속이라고 하자. 그러면

$$c_1 y_1 + \cdots + c_n y_n = 0 \tag{4.2}$$

이지만 상수 $c_1, \ldots, c_n$ 중에서 적어도 하나는 0이 아니다. 편의상 $c_n \neq 0$이라고 하자. 이때 식 (4.2)를 y_n에 대하여 풀면

$$y_n = \left(-\frac{c_1}{c_n}\right) y_1 + \cdots + \left(-\frac{c_{n-1}}{c_n}\right) y_{n-1}$$

이다. 즉, y_n을 $y_1, \ldots, y_{n-1}$의 일차결합으로 나타낼 수 있다. 따라서 $y_1, \ldots, y_n$ 중의 하나를 다른 함수들의 일차결합으로 나타낼 수 있으면 $y_1, \ldots, y_n$은 일차종속임을 알 수 있다.

이상의 관찰에 의하면 $n = 2$일 때는 일차독립과 일차종속을 다음과 같이 설명할 수도 있다.

> 정리 **4.2.** 두 함수 $y_1(x)$와 $y_2(x)$가 구간 I의 모든 x에 대하여
>
> $$\frac{y_1(x)}{y_2(x)} \quad \text{또는} \quad \frac{y_2(x)}{y_1(x)}$$
>
> 가 상수이면 y_1, y_2는 일차종속이고, 상수가 아니면 y_1, y_2는 일차독립이다.

[예제 2] 함수 $\cos x$, $\sin x$는 일차독립인지 일차종속인지 판정하여라.

풀이. 두 함수를 나누면

$$\frac{\sin x}{\cos x} = \tan x \neq \text{상수}$$

이므로 정리 4.2에 의하여 $\cos x$, $\sin x$는 일차독립이다. □

√문제 **2.** 함수 $x + 2$, $3x + 6$는 일차독립인지 일차종속인지 판정하여라.

■ 론스키안

일차독립과 일차종속을 판별하는 또 다른 방법은 행렬식을 이용하는 것이다. 다음 정리에서 증명없이 소개하기로 하자.

먼저 용어 한 가지를 설명하자. 함수 $y_1, \ldots, y_n$이 열린구간 I에서 각각 $n-1$번 미분가능할 때 다음 행렬식을 **론스키안(Wronskian)**이라 하고 W 또는 $W(y_1, \ldots, y_n)$이라고 나타낸다.

$$W = W(y_1, \ldots, y_n) = \begin{vmatrix} y_1 & y_2 & \cdots & y_n \\ y_1' & y_2' & \cdots & y_n' \\ \vdots & \vdots & \cdots & \vdots \\ y_1^{(n-1)} & y_2^{(n-1)} & \cdots & y_n^{(n-1)} \end{vmatrix}$$

정리 **4.3.** 론스키안은 다음 두 가지 성질을 갖고있다.

(1) $W(y_1, \ldots, y_n)$이 열린구간 I의 적어도 한 점에서 0이 아니면 함수 $y_1, \ldots, y_n$은 구간 I에서 일차독립이다.

(2) $y_1, \ldots, y_n$이 어떤 선형미분방정식의 해이고 론스키안 $W(y_1, \ldots, y_n)$이 구간 I의 모든 점에서 0이면 함수 $y_1, \ldots, y_n$은 일차종속이다.

[예제 3] 론스키안을 이용하여 e^x, e^{-x}는 일차독립인지 일차종속인지 판정하여라.

풀이. 론스키안을 구하면 다음과 같다.

$$W(e^x, e^{-x}) = \begin{vmatrix} e^x & e^{-x} \\ (e^x)' & (e^{-x})' \end{vmatrix} = \begin{vmatrix} e^x & e^{-x} \\ e^x & -e^{-x} \end{vmatrix} = -2$$

따라서 e^x과 e^{-x}는 일차독립이다. □

✓문제 **3.** 론스키안을 이용하여 $\cos x$, $\sin x$는 일차독립인지 일차종속인지 판정하여라.

■ 선형미분방정식의 일반해

함수 $y_1, \ldots, y_n$이 구간 I에서 n계 제차선형미분방정식 (4.1)의 해이고 일차독립이면, **일반해**(general solution)는 다음과 같다.

$$y = c_1 y_1 + \cdots + c_n y_n$$

여기서 $c_1, \ldots, c_n$은 임의의 상수이다. 일반적으로 n계 미분방정식의 일반해는 n개의 임의의 상수로 표현된 해이다. 그리고 이 상수들의 값이 정해지면 **특수해**(particular solution)라고 한다.

[예제 4] 미분방정식 $y'' - y = 0$의 일반해를 구하여라.

풀이. 함수 $y_1 = e^x$과 $y_2 = e^{-x}$는 예제 3에 의하여 일차독립이고, 각각 $y'' - y = 0$의 해가됨을 알 수 있다. 따라서 일반해는 $y = c_1 e^x + c_2 e^{-x}$이다. □

✓문제 **4.** 미분방정식 $y'' + y = 0$의 일반해를 구하여라.

■ 초기값문제와 경계값문제

표현을 간단히 하기 위하여 이계미분방정식으로 제한하여 설명하자. 이계미분방정식의 일반해는

$$y = c_1 y_1 + c_2 y_2$$

형태이므로 특수해를 구하기 위해서는 두 상수 c_1과 c_2의 값을 결정해야 한다. 그러기 위해서는 두 개의 조건이 주어져야 한다. 조건이 두 개의 **초기조건**(initial condition)

$$y(x_0) = K_0, \quad y'(x_0) = K_1$$

으로 주어지는 미분방정식의 해를 구하는 문제를 **초기값문제**(initial value problem)라 하고, 두 개의 **경계조건**(boundary condition)

$$y(x_0) = y_0, \quad y(x_1) = y_1$$

으로 주어지는 미분방정식의 해를 구하는 문제를 **경계값문제**(boundary value problem)라고 한다.

[예제 5] 다음 초기값문제의 해를 구하여라.

$$y'' - y = 0, \quad y(0) = 1, \quad y'(0) = 3$$

풀이. 예제 4에 의하여 일반해는 $y = c_1 e^x + c_2 e^{-x}$이다. 초기조건에 의하여

$$y(0) = c_1 + c_2 = 1, \quad y'(0) = c_1 - c_2 = 3$$

이므로 $c_1 = 2, c_2 = -1$이다. 따라서 특수해는 $y = 2e^x - e^{-x}$이다. □

✓**문제 5.** 다음 경계값문제의 해를 구하여라.

$$y'' + y = 0, \quad y(0) = 3, \quad y\left(\frac{\pi}{2}\right) = 2$$

■ 계수축소법

이계제차미분방정식

$$y'' + p(x)y' + q(x)y = 0 \tag{4.3}$$

의 해를 하나만 알고 있을 때 이것과 일차독립인 두 번째 해를 구하는 방법을 알아보자.

두 번째 해 y_2가 상수 c에 대하여 $y_2(x) = cy_1(x)$를 만족하면 y_1과 y_2는 일차종속이므로 y_1과 y_2만으로는 미분방정식 (4.3)의 일반해를 구할 수 없다. 따라서 $y_2(x) = u(x)y_1(x)$가 해이고 $u(x)$는 상수가 아닌 함수가 존재한다면 어떻게 구할 수 있는지 알아보자.

y_2를 미분하면

$$y_2' = u'y_1 + uy_1', \quad y_2'' = u''y_1 + 2u'y_1' + uy_1''$$

이므로 미분방정식 (4.3)에 대입하면

$$u''y_1 + 2u'y_1' + uy_1'' + p(u'y_1 + uy_1') + q(uy_1) = 0$$

이다. u를 미분한 횟수에 따라 정리하면

$$y_1u'' + (2y_1' + py_1)u' + (y_1'' + py_1' + qy_1)u = 0$$

이다. 그런데 y_1은 미분방정식 (4.3)의 해이므로 $y_1''+py_1'+qy_1=0$이고, 따라서

$$y_1u''+(2y_1'+py_1)u'=0$$

즉,

$$u''+\frac{2y_1'+py_1}{y_1}u'=0$$

이다. $U=u'$이라 하고 $g(x)=\frac{2y_1'+py_1}{y_1}$이라고 두면

$$U'+g(x)U=0$$

이라 나타낼 수 있으므로

$$U=ce^{-\int g(x)dx}$$

이다. $c=1$로 택하면

$$u'=U=e^{-\int g(x)dx}$$

이므로

$$u(x)=\int e^{-\int g(x)dx}\,dx$$

이다. 따라서

$$y_2=y_1\int e^{-\int g(x)dx}\,dx$$

이고, $u(x)$는 상수가 아니므로 y_1과 y_2는 일차독립이다. 이와 같이 두 번째 해를 구하는 방법을 **계수축소법(method of reduction of order)**이라고 한다.

[예제 6] $y_1=x^2$은 다음 미분방정식의 해가 됨을 확인하여라. 또 계수축소법으로 y_1과 일차독립인 두 번째 해와 일반해를 구하여라.

$$y''-\frac{3}{x}y'+\frac{4}{x^2}y=0$$

풀이. $y_1'=2x,\ y_1''=2$를 주어진 방정식에 대입하면

$$y_1''-\frac{3}{x}y_1'+\frac{4}{x^2}y_1=2-\frac{3}{x}\cdot 2x+\frac{4}{x^2}\cdot x^2=0$$

이므로 $y_1 = x^2$은 해가 된다. y_1과 일차독립인 두번째 해를 구하기 위하여 $y_2 = uy_1$이라 하고 미분하여 대입하면

$$(u''y_1 + 2u'y_1' + uy_1'') - \frac{3}{x}(u'y_1 + uy_1') + \frac{4}{x^2}uy_1 = 0$$

이다. u를 미분한 횟수에 따라 정리하면

$$y_1u'' + \left(2y_1' - \frac{3}{x}y_1\right)u' + \left(y_1'' - \frac{3}{x}y_1' + \frac{4}{x^2}y_1\right)u = 0$$

이다. 그런데 y_1은 해이므로 위의 식에서 세 번째 항은 0이 되고

$$y_1u'' + \left(2y_1' - \frac{3}{x}y_1\right)u' = 0$$

이다. 또

$$2y_1' - \frac{3}{x}y_1 = 4x - \frac{3}{x} \cdot x^2 = x$$

이므로

$$x^2u'' + xu' = 0$$

이다. $U = u'$이라고 하면

$$xU' + U = 0$$

이고, 변수분리하면

$$\frac{dU}{U} = -\frac{dx}{x}$$

이므로

$$\ln U = -\ln x$$

즉,

$$u' = U = \frac{1}{x}$$

이다. 따라서 $u = \ln x$이고 $y_2 = x^2 \ln x$이며, 일반해는

$$y = c_1x^2 + c_2x^2 \ln x$$

이다. □

✓문제 **6.** $y_1 = x$는 다음 미분방정식의 해가 됨을 확인하여라. 또 계수축소법으로 y_1과 일차독립인 두 번째 해와 일반해를 구하여라.

$$x^2y'' - xy' + y = 0$$

■ 존재성 및 유일성 정리

3.1절의 정리 3.1에서는 일계미분방정식의 해의 존재성과 유일성에 관하여 설명하였다. 다음 정리는 n계 선형미분방정식의 해의 존재성과 유일성에 관한 정리이다. 증명없이 소개하기로 하자.

정리 **4.4 (존재성 및 유일성 정리, existence and uniqueness theorem).** n계 선형미분방정식의 초기값 문제

$$y^{(n)} + p_{n-1}(x)y^{(n-1)} + \cdots + p_1(x)y' + p_0(x)y = r(x)$$
$$y(x_0) = K_0, \quad y'(x_0) = K_1, \quad \ldots, \quad y^{(n-1)}(x_0) = K_{n-1}$$

에서 $p_i(x)$, $i = 0, 1, \ldots, n-1$과 $r(x)$가 x_0를 포함하는 적당한 구간 I에서 연속이면, 이 초기값 문제는 구간 I에서 반드시 해를 갖고 해는 오직 하나이다.

연습문제 4.1

[1-4] 다음 미분방정식이 선형인지 아닌지 판별하여라.

1. $3xy'' + x^2y' = 0$

2. $y'' - 2yy' = 0$

3. $2y''' + e^x y'' - xy' - (\cos x)y = 0$

4. $y'' + 2y' + y^2 = 0$

[5-8] 다음 함수들은 일차독립인지 일차종속인지 판정하여라.

5. $1, x, x^2$

6. e^x, e^{2x}

7. $0, x, e^x$

8. $1-x, 1+x, 1-4x$

[9-10] 다음 함수가 각각 주어진 미분방정식의 해가 됨을 보이고, 이 미분방정식의 일반해를 구하여라.

9. $y''+4y=0; \quad y_1=\cos 2x, \quad y_2=\sin 2x$

10. $y'''-2y''-y'+2y=0; \quad y_1=e^x, \quad y_2=e^{2x}, \quad y_3=e^{-x}$

[11-14] 다음에서 y_1이 해가 됨을 보이고, 계수축소법으로 y_1과 일차독립인 두 번째 해를 구하여라.

11. $x^2y''-5xy'+9y=0; \quad y_1=x^3$

12. $x^2y''+xy'+(x^2-\frac{1}{4})y=0; \quad y_1=x^{-1/2}\cos x$

13. $(1-x^2)y''-2xy'+2y=0; \quad y_1=x$

14. $xy''-y'+4x^3y=0; \quad y_1=\cos x^2$

[심화 프로젝트]

15. 선형이 아닌 이계미분방정식 중에는 적절히 치환하면 일계미분방정식으로 변환되어 풀 수 있는 두 가지 형태를 알아보자.

 (1) $y''=F(x,y')$과 같이 y가 없는 미분방정식에서 $w=y'$이라고 치환하여 일계미분방정식으로 변환하여라.

 (2) (1)의 방법으로 $3xy''-y'+\frac{1}{(y')^2}=0$의 해를 구하여라.

 (3) $y''=F(y,y')$과 같이 x가 없는 미분방정식에서 $w=\frac{dy}{dx}$라고 치환하여 일계미분방정식으로 변환하여라.

(4) (3)의 방법으로 $yy'' - (y')^2 = 0$의 해를 구하여라.

4.2 계수가 상수인 이계제차미분방정식

a와 b가 상수일 때 이계제차미분방정식

$$y'' + ay' + by = 0 \tag{4.4}$$

의 해를 구해보자. 먼저 미분방정식 (4.4)의 해는 어떤 형태일지 생각해보자.

일계미분방정식 $y' - 2y = 0$의 해는 $y = e^{2x}$이었다. 따라서 미분방정식 (4.4)의 해는

$$y = e^{\lambda x}$$

형태일 수도 있다고 생각할 수 있다. 만약 이것이 해가 된다면 λ는 어떤 값이어야 할까 알아보자.

$y = e^{\lambda x}$를 미분하면

$$y' = \lambda e^{\lambda x}, \quad y'' = \lambda^2 e^{\lambda x}$$

이므로 미분방정식 (4.4)에 대입하면

$$(\lambda^2 + a\lambda + b)e^{\lambda x} = 0$$

이다. 그런데 $e^{\lambda x} \neq 0$이므로 λ가

$$\lambda^2 + a\lambda + b = 0 \tag{4.5}$$

을 만족하면 $y = e^{\lambda x}$는 미분방정식 (4.4)의 해가된다. 이때 이차방정식 (4.5)를 미분방정식 (4.4)의 **특성방정식(characteristic equation)**이라고 한다.

특성방정식 (4.5)는 상수 a와 b의 값에 따라 서로 다른 두 실근을 갖거나, 중근을 갖거나, 두 복소근을 갖는다. 각각의 경우에 미분방정식 (4.4)의 일반해는 어떻게 되는지 알아보자.

■ 서로 다른 두 실근을 가질 경우

특성방정식 (4.5)의 서로 다른 두 실근을 λ_1, λ_2라고 하면

$$y_1 = e^{\lambda_1 x}, \quad y_2 = e^{\lambda_2 x}$$

는 미분방정식 (4.4)의 해가되고 $\frac{y_1}{y_2} = e^{(\lambda_1 - \lambda_2)x}$는 상수가 아니므로 y_1과 y_2는 일차독립이다.

따라서 일반해는

$$y = c_1 e^{\lambda_1 x} + c_2 e^{\lambda_2 x}$$

이다.

[예제 1] 다음 초기값문제의 해를 구하여라.

$$y'' - 2y' - 8y = 0, \quad y(0) = 2, \quad y'(0) = -10$$

풀이. 특성방정식은 $\lambda^2 - 2\lambda - 8 = (\lambda + 2)(\lambda - 4) = 0$이므로 $\lambda = -2, 4$이다. 따라서 일반해는

$$y = c_1 e^{-2x} + c_2 e^{4x}$$

이다. 초기조건에 의하여

$$y(0) = c_1 + c_2 = 2, \quad y'(0) = -2c_1 + 4c_2 = -10$$

이므로 $c_1 = 3, c_2 = -1$이다. 따라서 해는 $y = 3e^{-2x} - e^{4x}$이다. □

✓문제 **1.** 다음 초기값문제의 해를 구하여라.

$$y'' + y' - 2y = 0, \quad y(0) = 1, \quad y'(0) = -8$$

■ 중근을 가질 경우

특성방정식 (4.5)에서 중근은 $\lambda = -\frac{a}{2}$임을 알 수 있다. 이 때 하나의 근은

$$y_1 = e^{-ax/2}$$

이다. y_1과 일차독립인 두 번째 해를 구하기 위하여 계수축소법을 이용하자. 즉, $y_2 = uy_1$이라 놓고 y_2가 해가되는 상수 아닌 u를 찾아보자.

$$y_2' = u'y_1 + uy_1', \quad y_2'' = u''y_1 + 2u'y_1' + uy_1''$$

을 미분방정식 (4.4)에 대입하면

$$(u''y_1 + 2u'y_1' + uy_1'') + a(u'y_1 + uy_1') + buy_1 = 0$$

이고, 이것을 u를 미분한 횟수별로 정리하면

$$u''y_1 + u'(2y_1' + ay_1) + u(y_1'' + ay_1' + by_1) = 0$$

이다. 그런데 y_1은 미분방정식 (4.4)의 해이므로 $y_1'' + ay_1' + by_1 = 0$이고

$$2y_1' + ay_1 = 2\left(-\frac{a}{2}\right)e^{-ax/2} + ae^{-ax/2} = 0$$

이다. 따라서

$$u''y_1 = 0$$

이고 $u'' = 0$이므로 $u = cx + d$ 형태이다. 간단히 $u = x$로 택하면

$$y_2 = xy_1$$

이다. 이때 y_1과 y_2는 일차독립이므로 일반해는

$$y = (c_1 + c_2x)e^{-ax/2}$$

이다.

[예제 2] 다음 경계값문제의 해를 구하여라.

$$y'' - 8y' + 16y = 0, \quad y(0) = 2, \quad y(1) = -e^4$$

풀이. 특성방정식은 $\lambda^2 - 8\lambda + 16 = (\lambda - 4)^2 = 0$이므로 $\lambda = 4, 4$이다. 따라서 일반해는

$$y = (c_1 + c_2x)e^{4x}$$

이다. 경계조건에 의하여

$$y(0) = c_1 = 2, \quad y(1) = (c_1 + c_2)e^4 = -e^4$$

이므로 $c_1 = 2, c_2 = -3$이다. 따라서 해는 $y = (2-3x)e^{4x}$이다. □

✓문제 **2.** 다음 초기값문제의 해를 구하여라.

$$y'' - 6y' + 9y = 0, \quad y(0) = -3, \quad y'(0) = -8$$

■ 복소근을 가질 경우

특성방정식 (4.5)에서 $a^2 - 4b < 0$이면 두 복소근

$$\lambda_1 = -\frac{a}{2} + i\omega, \quad \lambda_2 = -\frac{a}{2} - i\omega$$

을 갖는다. 여기서 $\omega = \sqrt{b - \frac{a^2}{4}}$이다. 이 경우 $e^{\lambda_1 x}$와 $e^{\lambda_2 x}$가 미분방정식 (4.4)의 해이긴 하지만, 지수에 복소수가 포함된 복소지수 함수이다. 우리는 아직 복소지수 함수에 대하여 공부하지 않았으므로 여기에서는 실수함수인 해를 구해보자.

오일러 공식(Euler formula)

$$e^{s+it} = e^s(\cos t + i \sin t)$$

를 이용하면

$$e^{\lambda_1 x} = e^{(-a/2+i\omega)x} = e^{-ax/2}(\cos\omega x + i\sin\omega x)$$
$$e^{\lambda_2 x} = e^{(-a/2-i\omega)x} = e^{-ax/2}(\cos\omega x - i\sin\omega x)$$

이다. 4.1절에서 제차선형미분방정식에서는 해들의 합이나 상수배도 역시 해가 된다고 하였으므로

$$y_1 = \frac{1}{2}(e^{\lambda_1 x} + e^{\lambda_2 x}) = e^{-ax/2}\cos\omega x,$$
$$y_2 = \frac{1}{2i}(e^{\lambda_1 x} - e^{\lambda_2 x}) = e^{-ax/2}\sin\omega x$$

는 미분방정식 (4.4)의 해가 된다. 또 이때 $\frac{y_2}{y_1} = \tan\omega x$는 상수가 아니므로 y_1과 y_2는 일차독립이다. 따라서 일반해는

$$y = e^{-ax/2}(c_1\cos\omega x + c_2\sin\omega x)$$

이다.

[예제 3] 다음 초기값문제의 해를 구하여라.

$$y'' - 4y' + 7y = 0, \quad y(0) = 1, \quad y'(0) = 5$$

풀이. 특성방정식은 $\lambda^2 - 4\lambda + 7 = 0$이므로 해는 $\lambda = 2 \pm \sqrt{3}i$이다. 따라서 일반해는

$$y = e^{2x}(c_1\cos\sqrt{3}x + c_2\sin\sqrt{3}x)$$

이다.

$$y' = 2e^{2x}(c_1\cos\sqrt{3}x + c_2\sin\sqrt{3}x) + e^{2x}(-\sqrt{3}c_1\sin\sqrt{3}x + \sqrt{3}c_2\cos\sqrt{3}x)$$

이므로 초기조건에 의하여

$$y(0) = c_1 = 1, \quad y'(0) = 2c_1 + \sqrt{3}c_2 = 5$$

이고 $c_1 = 1, c_2 = \sqrt{3}$이다. 따라서 해는 $y = e^{2x}(\cos\sqrt{3}x + \sqrt{3}\sin\sqrt{3}x)$이다. □

✓문제 **3.** 다음 초기값문제의 해를 구하여라.

$$y'' + 2y' + 3y = 0, \quad y(0) = 3, \quad y'(0) = -7$$

연습문제 4.2

[1-6] 다음 미분방정식의 일반해를 구하여라.

1. $4y'' + 4y' - 3y = 0$

2. $y'' - y' - 12y = 0$

3. $4y'' + 2\sqrt{3}y' + 3y = 0$

4. $4y'' - 12y' + 9y = 0$

5. $y'' - 3y' + 4y = 0$

6. $y'' - 2\sqrt{2}y' + 2y = 0$

[7-9] 다음 초기값문제를 풀어라.

7. $y'' - y = 0, \quad y(0) = 5, \quad y'(0) = -1$

8. $y'' - 2y' + y = 0, \quad y(0) = 2, \quad y'(0) = 1$

9. $y'' - 4y' + 5y = 0, \quad y(0) = 2, \quad y'(0) = 6$

[10-11] 다음 경계값문제를 풀어라.

10. $y'' + 4y = 0, \quad y(0) = 0, \quad y(\frac{\pi}{4}) = 6$

11. $3y'' - 8y' - 3y = 0, \quad y(-3) = 1, \quad y(3) = e^{-2}$

[**심화 프로젝트**]

12. 미분방정식의 계수가 아주 조금 변하면 해도 항상 아주 조금 변할까? 다음 순서로 생각해보자.

    (1) $y'' - 2ay' + a^2y = 0$의 일반해 y를 구하여라. 여기서 a는 0 아닌 상수이다.

    (2) $y'' - 2ay' + (a^2 - \epsilon^2)y = 0$의 일반해 y_ϵ을 구하여라. 여기서 ϵ은 아주 작은 양수이다.

    (3) $\epsilon \to 0$이면 (2)의 미분방정식은 (1)의 미분방정식이 된다. 이때 $y_\epsilon \to y$가 되는지 확인하여라.

13. 적분방정식

$$\int_0^1 \min\{x, y\} f(y)\, dy = a^2 f(x)$$

가 해 $f(x)$를 갖기위한 상수 $a > 0$의 값과 해 $f(x)$를 다음 순서로 구하여라. 단 $f(x)$는 구간 $[0, 1]$에서 연속이다.

(1) 적분구간을 나누어 피적분함수 $\min\{x, y\}$를 x 또는 y로 나타낸 적분방정식을 구하여라.

(2) (1)에서 구한 식을 미분하여 $f(x)$에 대한 미분방정식을 유도하여라.

(3) $f(0)$과 $f'(1)$의 값을 구하여라.

(4) (3)에서 구한 경계조건을 만족하는 a의 값과 함수 $f(x)$를 구하여라.

14. 이계미분방정식

$$y'' + a(x)y' + b(x)y = 0$$

은 다음 순서에 따라 일계도함수 항이 없는 미분방정식

$$u'' + f(x)u = 0$$

형태로 변형하여 풀 수 있다.

(1) $y(x) = u(x)v(x)$가 해라고 하고 대입하여 u'항의 계수가 0이 되도록 $v(x)$를 택하여라.

(2) 이때 $f(x)$를 $a(x)$와 $b(x)$를 이용하여 나타내어라.

(3) 위의 방법으로 $xy'' + 2y' + 4xy = 0$을 풀어라.

4.3 모델링: 용수철 운동

하나의 용수철 운동을 방정식으로 나타내면 이계미분방정식으로 표현할 수 있다. 용수철 운동은 제동장치의 유무에 따라 조화진동 또는 감쇠진동한다.

■ 조화진동

용수철 상수가 k인 용수철의 윗 부분이 고정되어있고, 용수철의 아랫 부분에는 질량이 m인 물체가 매달려 있다. 정지상태일 때 물체의 위치를 $y=0$이라 하고, 아래쪽 방향을 양의 방향이라고 하자.

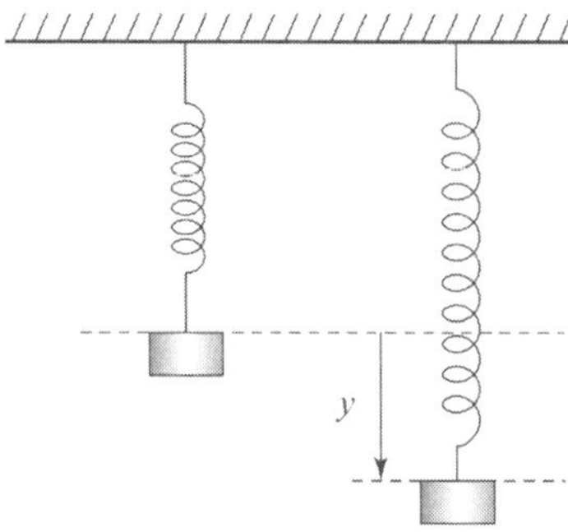

그림 4.1. 용수철 운동

물체가 아래쪽으로 y만큼 움직이면 용수철이 물체에 주는 힘은 **후크의 법칙(Hooke's law)**에 의하면

$$F = -ky$$

이다. 그런데 물체에 작용하는 힘은 **뉴턴의 제2법칙(Newton's 2nd law)**으로도 구할 수 있으므로

$$F = my''$$

이다. 이 두 힘은 같아야 하므로 $my'' = -ky$, 즉,

$$my'' + ky = 0 \tag{4.6}$$

이다. 여기서 m과 k는 상수이므로 미분방정식 (4.6)의 일반해는

$$y(t) = c_1 \cos \omega t + c_2 \sin \omega t, \quad \omega = \sqrt{\frac{k}{m}}$$

이다.

$y(t)$를 다음과 같이 변형하면 이 물체의 운동을 좀 더 쉽게 이해할 수 있다. 먼저

$$y(t) = C\Big(\frac{c_1}{C} \cos \omega t + \frac{c_2}{C} \sin \omega t\Big), \quad C = \sqrt{c_1^2 + c_2^2}$$

라고 나타내자. 여기에서 $\alpha = \tan^{-1} \frac{c_2}{c_1}$라 하면

$$\cos \alpha = \frac{c_1}{C}, \quad \sin \alpha = \frac{c_2}{C}$$

이므로 코사인의 덧셈 공식을 이용하여

$$y(t) = C(\cos \omega t \cos \alpha + \sin \omega t \sin \alpha) = C \cos(\omega t - \alpha) \tag{4.7}$$

라고 간단히 나타낼 수 있다.

따라서 이 물체의 운동을 그림으로 그리면 그림 4.2와 같이 계속 진동함을 알 수 있으므로 이 운동을 **조화진동(harmonic oscillation)**이라고 한다. 또 식 (4.7)의 주기는 $\frac{2\pi}{\omega}$이고, $\frac{\omega}{2\pi}$를 이 진동의 **주파수(frequency)**라고 한다.

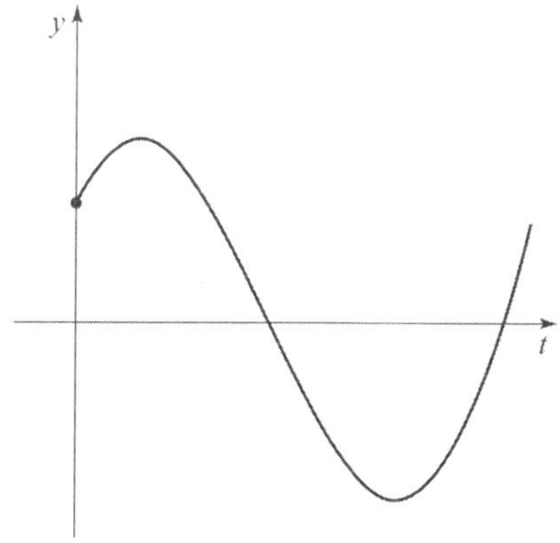

그림 4.2. 조화진동

[예제 1] 용수철 상수가 10N/m인 용수철의 아랫 부분에 질량이 10kg인 물체가 매달려 있다. 이 물체를 아래로 3m 잡아당긴 상태에서 초기속도 4m/sec로 놓았을 때, t초 후의 물체의 운동을 나타내는 미분방정식을 구하고 풀어라.

풀이. 미분방정식 (4.6)에 의하여

$$10y'' + 10y = 0$$

즉,

$$y'' + y = 0$$

이고 초기조건은 $y(0) = 3$, $y'(0) = 4$이다. 특성방정식은 $\lambda^2 + 1 = 0$이므로 일반해는

$$y = c_1 \cos t + c_2 \sin t$$

이다. 초기조건에 의하여

$$y(0) = c_1 = 3, \quad y'(0) = c_2 = 4$$

이므로, t초 후의 운동방정식은

$$y(t) = 3\cos t + 4\sin t$$

이다. □

✓문제 **1.** 용수철 상수가 1N/m인 용수철에 질량이 9kg인 물체가 매달려 있다. 이 물체를 아래로 4m 잡아당긴 상태에서 초기속도 1m/sec로 놓았을 때, t초 후의 물체의 위치를 나타내는 미분방정식을 구하고 풀어라.

■ 감쇠운동

용수철의 윗 부분이 고정되어있고 용수철의 아랫 부분에는 질량이 m인 물체가 매달려 있으며, 그 아래에는 그림 4.3과 같이 제동장치가 연결되어 있다고 하자. 이 용수철 운동을 나타내는 미분방정식을 만들어 보자.

우선 물체가 아래쪽으로 y만큼 움직이면 용수철이 물체에 주는 힘은 앞에서와 마찬가지로 후크의 법칙에 의하여

$$F_1 = -ky$$

이다. 또 제동장치에 의한 **감쇠력(damping force)**은

$$F_2 = -cy'$$

임이 알려져 있다. 여기서 c는 **감쇠상수(damping constant)**라고 하는데 양수이다.

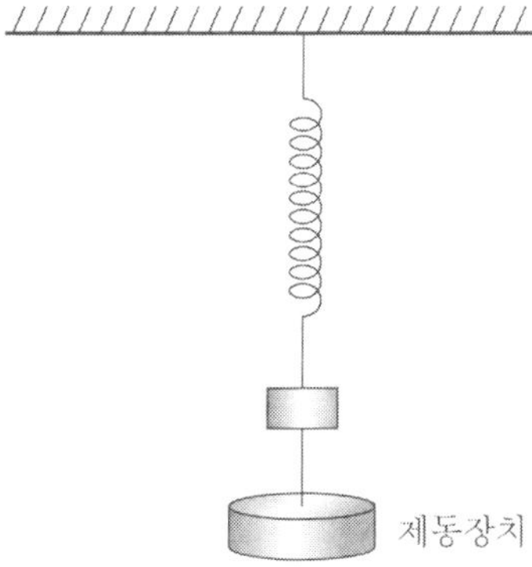

그림 4.3. 감쇠운동

따라서 이 용수철 운동에서 물체에 작용하는 힘은

$$F = F_1 + F_2 = -cy' - ky$$

이다. 앞에서와 마찬가지로 물체에 작용하는 힘을 뉴턴의 제2법칙으로 구하면

$$F = my''$$

이다. 따라서 이 두 힘이 같다고 놓으면

$$my'' + cy' + ky = 0 \tag{4.8}$$

이다. 이 운동을 **감쇠운동(damped vibration)**이라고 한다.

미분방정식 (4.8)의 특성방정식은

$$m\lambda^2 + c\lambda + k = 0$$

이므로 서로 다른 두 실근을 갖거나, 중근을 갖거나, 켤레복소근을 갖는다. 각각의 경우에 다음과 같이 부른다.

(1) $c^2 > 4mk$(서로 다른 두 실근)일 때, **과감쇠(over damping)**

(2) $c^2 = 4mk$(중근)일 때, **임계감쇠(critical damping)**

(3) $c^2 < 4mk$(켤레복소근)일 때, **저감쇠(under damping)**

다음 세 예제에서 각각의 경우를 살펴보자. 먼저 과감쇠일 경우를 보자.

[예제 2] 용수철 상수가 1N/m인 용수철의 아랫 부분에 질량이 9kg인 물체가 매달려 있고, 그 아래에 감쇠상수가 10kg/sec인 제동장치가 달려있다. 이 물체를 아래로 4m 잡아당긴 상태에서 초기속도 0m/sec로 놓았을 때, t초 후의 물체의 운동을 나타내는 미분방정식을 구하고 풀어라.

풀이. 미분방정식 (4.8)에 의하여

$$9y'' + 10y' + y = 0$$

이고, 초기조건은 $y(0) = 4,\ y'(0) = 0$이다. 특성방정식은 $9\lambda^2 + 10\lambda + 1 = (\lambda+1)(9\lambda+1) = 0$ 이므로 일반해는

$$y = c_1 e^{-t} + c_2 e^{-t/9}$$

이다. 초기조건에 의하여

$$y(0) = c_1 + c_2 = 4, \quad y'(0) = -c_1 - \frac{1}{9}c_2 = 0$$

이므로 $c_1 = -\frac{1}{2},\ c_2 = \frac{9}{2}$이고, 따라서 t초 후의 운동방정식은

$$y(t) = -\frac{1}{2}e^{-t} + \frac{9}{2}e^{-t/9}$$

이다. □

√문제 **2.** 용수철 상수가 10N/m인 용수철의 아랫 부분에 질량이 10kg인 물체가 매달려 있고, 그 아래에 감쇠상수가 29kg/sec인 제동장치가 달려있다. 이 물체를 아래로 3m 잡아당긴 상태에서 초기속도 0m/sec로 놓았을 때, t초 후의 물체의 운동을 나타내는 미분방정식을 구하고 풀어라.

예제 2와 문제 2의 해는 $t \to \infty$일 때 0으로 접근하며 그래프는 다음과 같다. 즉, 시간이 지나면 용수철은 점차 정지상태에 이르게 된다.

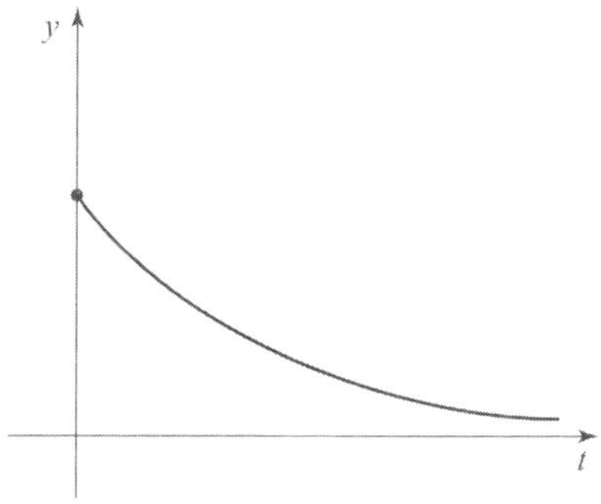

그림 4.4. 과감쇠일 때 해의 그래프

다음 예제에서는 임계감쇠일 경우를 보자.

[예제 3] 용수철 상수가 1N/m인 용수철의 아랫 부분에 질량이 9kg인 물체가 매달려 있고, 그 아래에 감쇠상수가 6kg/sec인 제동장치가 달려있다. 이 물체를 아래로 4m 잡아당긴 상태에서 초기속도 0m/sec로 놓았을 때, t초 후의 물체의 운동을 나타내는 미분방정식을 구하고 풀어라.

풀이. 미분방정식 (4.8)에 의하여

$$9y'' + 6y' + y = 0$$

이고, 초기조건은 $y(0) = 4,\ y'(0) = 0$이다. 특성방정식은 $9\lambda^2 + 6\lambda + 1 = (3\lambda + 1)^2 = 0$이므로 일반해는

$$y = (c_1 + c_2 t)e^{-t/3}$$

이다. 초기조건에 의하여

$$y(0) = c_1 = 4, \quad y'(0) = c_2 - \frac{1}{3}c_1 = 0$$

이므로 $c_1 = 4$, $c_2 = \frac{4}{3}$이고, 따라서 t초 후의 운동방정식은

$$y(t) = \left(4 + \frac{4}{3}t\right)e^{-t/3}$$

이다. □

✓문제 **3.** 용수철 상수가 10N/m인 용수철의 아랫 부분에 질량이 10kg인 물체가 매달려 있고, 그 아래에 감쇠상수가 20kg/sec인 제동장치가 달려있다. 이 물체를 아래로 3m 잡아당긴 상태에서 초기속도 0m/sec로 놓았을 때, t초 후의 물체의 운동을 나타내는 미분방정식을 구하고 풀어라.

예제 3과 문제 3의 해도 $t \to \infty$일 때 0으로 접근하며 그래프는 다음과 같다. 이 그래프는 예제 2와 문제 3의 과감쇠일 때의 그래프와 비슷해 보이는데, $t \to \infty$일 때 0으로 접근하는 속도가 예제 2나 문제 2보다 더 빠르다.

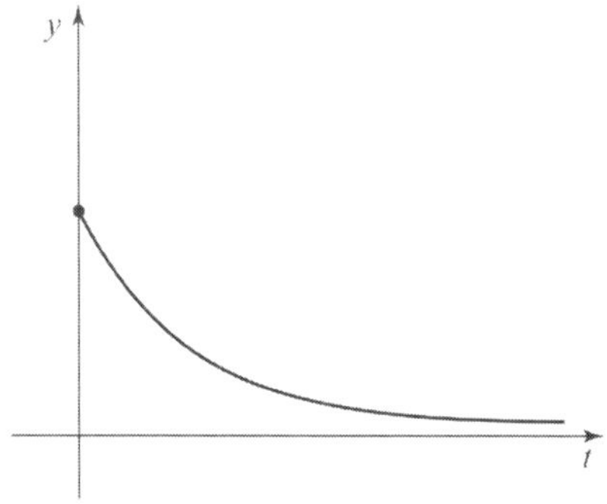

그림 4.5. 임계감쇠일 때 해의 그래프

다음 예제에서는 저감쇠일 경우를 보자.

[예제 4] 용수철 상수가 27N/m인 용수철의 아랫 부분에 질량이 3kg인 물체가 매달려 있고, 그 아래에 감쇠상수가 12kg/sec인 제동장치가 달려있다. 이 물체를 아래로 4m 잡아당긴 상태에서 초기속도 0m/sec로 놓았을 때, t초 후의 물체의 운동을 나타내는 미분방정식을 구하고 풀어라.

풀이. 미분방정식 (4.8)에 의하여

$$3y'' + 12y' + 27y = 0$$

이고, 초기조건은 $y(0)=4$, $y'(0)=0$이다. 특성방정식은 $\lambda^2+4\lambda+9=0$이므로 $\lambda=-2\pm\sqrt{5}i$ 이고, 일반해는

$$y=e^{-2t}(c_1\cos\sqrt{5}t+c_2\sin\sqrt{5}t)$$

이다. 초기조건에 의하여

$$y(0)=c_1=4, \quad y'(0)=-2c_1+\sqrt{5}c_2=0$$

이므로 $c_1=4$, $c_2=\frac{8}{\sqrt{5}}$이고, 따라서 t초 후의 운동방정식은

$$y(t)=e^{-2t}\left(4\cos\sqrt{5}t+\frac{8}{\sqrt{5}}\sin\sqrt{5}t\right)$$

이다. □

√문제 **4.** 용수철 상수가 10 N/m인 용수철의 아랫 부분에 질량이 10 kg인 물체가 매달려 있고, 그 아래에 감쇠상수가 12 kg/sec인 제동장치가 달려있다. 이 물체를 아래로 4 m 잡아당긴 상태에서 초기속도 0 m/sec로 놓았을 때, t초 후의 물체의 운동을 나타내는 미분방정식을 구하고 풀어라.

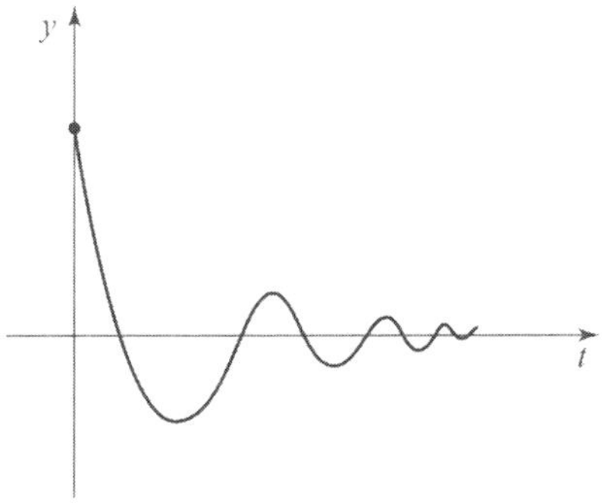

그림 4.6. 저감쇠일 때 해의 그래프

예제 4와 문제 4의 해도 $t\to\infty$일 때 0으로 접근하는데, 예제 2나 예제 3의 그래프와는 다르게 진동하면서 점차 0으로 접근한다. 이러한 운동을 **감쇠진동(damped oscillation)**이라고 한다.

연습문제 4.3

[1-2] 용수철 운동에서 용수철 상수, 물체의 질량, 초기위치와 초기속도가 각각 다음과 같을 때, t초 후의 물체의 운동을 나타내는 미분방정식을 구하고 풀어라.

1. $k = 25\,\text{N/m},\ m = 1\,\text{kg},\ y(0) = 5\,\text{m},\ v(0) = 3\,\text{m/sec}$

2. $k = 1000\,\text{N/m},\ m = 10\,\text{kg},\ y(0) = 4\,\text{m},\ v(0) = 0\,\text{m/sec}$

[3-5] 감쇠운동에서 용수철 상수, 물체의 질량, 감쇠상수, 초기위치와 초기속도가 각각 다음과 같을 때, t초 후의 물체의 운동을 나타내는 미분방정식을 구하고 풀어라.

3. $k = 25\,\text{N/m},\ m = 1\,\text{kg},\ c = 26\,\text{kg/sec},\ y(0) = 9\,\text{m},\ v(0) = 15\,\text{m/sec}$

4. $k = 25\,\text{N/m},\ m = 1\,\text{kg},\ c = 10\,\text{kg/sec},\ y(0) = 5\,\text{m},\ v(0) = 0\,\text{m/sec}$

5. $k = 25\,\text{N/m},\ m = 1\,\text{kg},\ c = 8\,\text{kg/sec},\ y(0) = 5\,\text{m},\ v(0) = -2\,\text{m/sec}$

[심화 프로젝트]

6. 길이가 l인 끈에 질량이 m인 물체가 매달려 있다고 하자. 수직선과의 초기 각도가 θ_0인 위치에서 초기 각속도 v로 아래 그림과 같이 진자운동 한다고 하자.

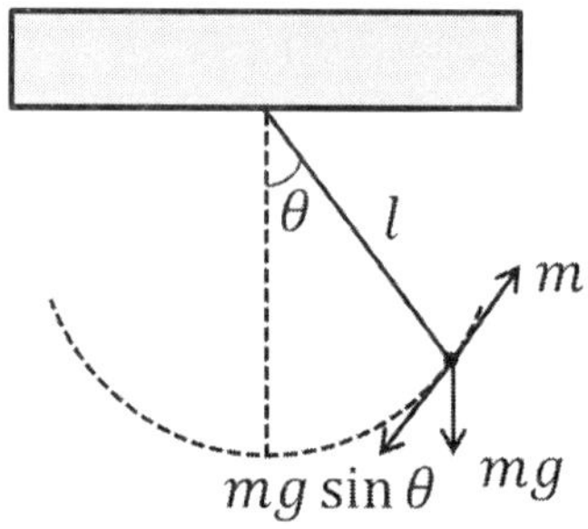

그림 4.7. 진자운동

공기저항을 무시할 때 진자의 접선가속도는 $l\frac{d^2\theta}{dt^2}$이다.

(1) 이 진자의 운동방정식은 다음과 같음을 보여라.

$$\frac{d^2\theta}{dt^2} + \frac{g}{l}\sin\theta = 0, \quad \theta(0) = \theta_0, \quad \theta'(0) = v$$

(2) 초기각도 θ_0가 0에 가까운 값이면 $\sin\theta \approx \theta$이므로 이 진자운동은 다음과 같이 표현할 수 있다.

$$\frac{d^2\theta}{dt^2} + \frac{g}{l}\theta = 0, \quad \theta(0) = \theta_0, \quad \theta'(0) = v$$

$l = 1\,\mathrm{m}$, $\theta_0 = 0.2\,\mathrm{rad}$, $v = 1\,\mathrm{rad/sec}$일 때 진자의 운동 $\theta(t)$를 구하여라. ($g \approx 10\,\mathrm{m/sec^2}$으로 계산하여라.)

(3) 진자가 수직축으로부터 가장 멀어졌을때의 θ를 구하여라. (필요한 삼각함수의 값은 계산기를 이용하여라.)

(4) 이 진자운동의 주기를 구하여라.

4.4 계수가 상수인 고계제차미분방정식

4.3절에서는 이계미분방정식으로 설명할 수 있는 물리 현상에 대하여 공부하였다. 물리 현상 중에는 모델링 하는데 삼계 이상의 미분방정식이 필요한 경우도 있다.

아래의 그림 4.8에서와 같이 용수철 상수가 k_2인 용수철과 감쇠상수가 c인 제동장치가 바닥에 세워져있고, 그 위에 질량 m_2인 물체가 놓여 있다. 또 그 위에 용수철 상수가 k_1인 용수철이 있고 제일 위에는 질량이 m_1인 물체가 아래 그림과 같이 놓여 있다.

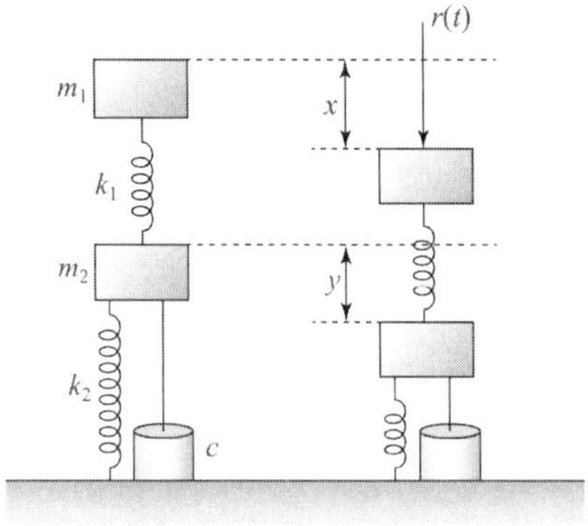

그림 4.8. 두 개의 용수철

질량이 m_1인 물체에 외력 $r(t)$를 가하여 위의 물체는 x만큼 아래로 내려가고 아래의 물체는 y만큼 내려갔다고 하자. 아래의 물체가 y만큼 내려가는 것과 관련된 힘을 알아보자. 먼저 위의 용수철을 $y-x$만큼 줄어들었으므로 후크의 법칙에 의하여

$$F_1 = -k_1(y-x)$$

이고, 아래의 용수철은 y만큼 줄어들었으므로

$$F_2 = -k_2 y$$

이다. 또 제동장치에 의한 감쇠력은

$$F_3 = -cy'$$

이고 외력은

$$F_4 = r$$

이다. 따라서 아래쪽의 물체에 작용하는 힘은

$$F = F_1 + F_2 + F_3 + F_4 = -k_1(y - x) - k_2 y - cy' + r$$

이다. 이 물체에 작용하는 힘을 뉴턴의 제 2법칙으로 구하면

$$F = m_2 y''$$

이다. 따라서 이 두 힘이 같다고 놓으면

$$m_2 y'' = -k_1(y - x) - k_2 y - cy' + r \tag{4.9}$$

이다. 한편, 위의 용수철에서의 복원력은

$$F_5 = -k_1(x - y)$$

이고 뉴턴의 제 2법칙에 의하면

$$F = m_1 x''$$

이므로,

$$m_1 x'' = -k_1(x - y) \tag{4.10}$$

이다. 식 (4.9)와 (4.10)에서 x를 소거해보자. 식 (4.9)를 t에 관하여 두 번 미분하면

$$m_2 y^{(4)} = -k_1(y'' - x'') - k_2 y'' - cy''' + r''$$

이고, 이 식에 식 (4.10)을 대입하면

$$m_2 y^{(4)} = -k_1 y'' - \frac{k_1^2}{m_1}(x - y) - k_2 y'' - cy''' + r''$$

이다. 마지막으로 식 (4.9)를 $x - y$에 대하여 풀어서 위의 식에 대입하고 정리하면

$$m_2 y^{(4)} + cy''' + \left(k_1 + \frac{m_2}{m_1}k_1 + k_2\right)y'' + \frac{ck_1}{m_1}y' + \frac{k_1 k_2}{m_1}y = \frac{k_1}{m_1}r + r''$$

으로 사계미분방정식을 얻을 수 있다.

■ 계수가 상수인 고계제차미분방정식

4.2절에서 공부한 미분방정식의 풀이법은 삼계 이상의 미분방정식으로 자연스럽게 확장된다. 이 절에서는 고계선형미분방정식 중에서 계수가 상수이고 제차인 경우의 풀이법에 대하여 알아보자.

먼저 계수가 상수인 n계 제차선형미분방정식

$$y^{(n)} + a_{n-1}y^{(n-1)} + \cdots + a_1 y' + a_0 y = 0 \tag{4.11}$$

의 해를 구해보자. 이계일 경우와 마찬가지로 $y = e^{\lambda x}$가 해라고 하고 미분방정식 (4.11)에 대입하면 특성방정식

$$\lambda^n + a_{n-1}\lambda^{n-1} + \cdots + a_1\lambda + a_0 = 0$$

을 얻을 수 있다. 이 특성방정식의 해의 형태에 따라 미분방정식 (4.11)의 일반해는 어떤 모양인지 살펴보자.

■ 서로 다른 실근을 가질 경우

특성방정식이 서로 다른 n개의 실근 $\lambda_1, \ldots, \lambda_n$을 가지면

$$y_1 = e^{\lambda_1 x}, \quad \ldots, \quad y_n = e^{\lambda_n x}$$

는 미분방정식 (4.11)의 해가 된다. 이제 $y_1, \ldots, y_n$이 일차독립임을 보이면 일반해는

$$y = c_1 e^{\lambda_1 x} + \cdots + c_n e^{\lambda_n x}$$

이다. 함수 $y_1, \ldots, y_n$의 론스키안을 구하면

$$W = \begin{vmatrix} e^{\lambda_1 x} & \cdots & e^{\lambda_n x} \\ \lambda_1 e^{\lambda_1 x} & \cdots & \lambda_n e^{\lambda_n x} \\ \vdots & & \vdots \\ \lambda_1^{n-1} e^{\lambda_1 x} & \cdots & \lambda_n^{n-1} e^{\lambda_n x} \end{vmatrix} = e^{(\lambda_1 + \cdots + \lambda_n)x} \begin{vmatrix} 1 & \cdots & 1 \\ \lambda_1 & \cdots & \lambda_n \\ \vdots & & \vdots \\ \lambda_1^{n-1} & \cdots & \lambda_n^{n-1} \end{vmatrix}$$

이다. 이 식의 우변의 행렬식은 **반데르몽드 행렬식(Vandermonde determinant)**이라고 부르는데 행렬식의 성질을 이용하여 계산하면

$$W = e^{(\lambda_1+\cdots+\lambda_n)x} \prod_{1\le j<k\le n} (\lambda_k - \lambda_j)$$

임을 알 수 있다(연습문제 2.2의 6번 참조). 그런데 $\lambda_1, \ldots, \lambda_n$은 서로 다른 값이므로 $W \neq 0$이고 따라서 4.1절의 정리 4.3에 의하여 $y_1, \ldots, y_n$은 일차독립이다.

연습문제 8번에서는 또 다른 방법으로 $e^{\lambda_1 x}, \ldots, e^{\lambda_n x}$가 일차독립임을 보인다.

[예제 1] 미분방정식 $y''' - 6y'' + 11y' - 6y = 0$의 일반해를 구하여라.

풀이. 특성방정식은

$$\lambda^3 - 6\lambda^2 + 11\lambda - 6 = (\lambda - 1)(\lambda - 2)(\lambda - 3) = 0$$

이므로 $\lambda = 1, 2, 3$이다. 따라서 일반해는

$$y = c_1 e^x + c_2 e^{2x} + c_3 e^{3x}$$

이다. □

✓문제 **1.** 미분방정식 $y^{(4)} - 5y'' + 4y = 0$의 일반해를 구하여라.

■ 실 중근을 가질 경우

4.2절에서 계수가 상수인 이계제차미분방정식의 경우 특성방정식의 실근 λ가 중근이면 일차독립인 두 개의 해는

$$y_1 = e^{\lambda x}, \quad y_2 = xe^{\lambda x}$$

임을 알았다. 일반적으로 λ가 특성방정식의 m중근이면, m개의 일차독립인 해는 다음과 같음을 보일 수 있다.

$$y_1 = e^{\lambda x}, \quad y_2 = xe^{\lambda x}, \quad y_3 = x^2 e^{\lambda x}, \quad \ldots, \quad y_m = x^{m-1} e^{\lambda x}$$

또 특성방정식의 실근이 일부는 서로 다른 실근이고 일부는 중근일 경우는 각각에 대하여 위의 방법으로 일차독립인 해를 구하여 더하면 일반해를 구할 수 있다. 다음 예제에서 살펴보자.

[예제 2] 미분방정식 $y^{(5)}-3y^{(4)}+3y'''-y''=0$의 일반해를 구하여라.

풀이. 특성방정식은

$$\lambda^5-3\lambda^4+3\lambda^3-\lambda^2=\lambda^2(\lambda-1)^3=0$$

이므로 해는 $\lambda=0,0$과 $\lambda=1,1,1$이다. $\lambda=0,0$에 대한 해는 $y=c_1+c_2x$이고, $\lambda=1,1,1$에 대한 해는 $y=(c_3+c_4x+c_5x^2)e^x$이므로 일반해는

$$y=c_1+c_2x+(c_3+c_4x+c_5x^2)e^x$$

이다. □

✓문제 **2.** 미분방정식 $y^{(4)}-2y''+y=0$의 일반해를 구하여라.

■ 복소 중근을 가질 경우

계수가 실수인 다항식에서 한 복소수가 근일 경우는 그 켤레복소수도 근이다. 따라서 $\lambda=\alpha+i\omega$가 특성방정식의 이중근이면 $\bar{\lambda}=\alpha-i\omega$도 이중근이다. 이때 일차독립인 해들은 다음과 같음을 보일 수 있다.

$$e^{\alpha x}\cos\omega x,\quad e^{\alpha x}\sin\omega x,\quad xe^{\alpha x}\cos\omega x,\quad xe^{\alpha x}\sin\omega x$$

4.2절에서 특성방정식이 복소근을 가질 경우와 앞에서 실 중근을 가질 경우를 생각하면 위의 결과를 예측할 수 있다.

같은 방법으로, $\lambda=\alpha+i\omega$가 특성방정식의 삼중근이면 일차독립인 해들은 다음과 같다.

$$e^{\alpha x}\cos\omega x,\quad e^{\alpha x}\sin\omega x,\quad xe^{\alpha x}\cos\omega x,\quad xe^{\alpha x}\sin\omega x,\quad x^2e^{\alpha x}\cos\omega x,\quad x^2e^{\alpha x}\sin\omega x$$

[예제 3] 미분방정식 $y^{(4)}-4y'''+8y''-8y'+4y=0$의 일반해를 구하여라.

풀이. 특성방정식은

$$\lambda^4 - 4\lambda^3 + 8\lambda^2 - 8\lambda + 4 = (\lambda^2 - 2\lambda + 2)^2 = 0$$

이므로 해는 $\lambda = 1+i, 1+i, 1-i, 1-i$이다. 따라서 일반해는

$$y = c_1 e^x \cos x + c_2 e^x \sin x + c_3 x e^x \cos x + c_4 x e^x \sin x$$

이다. □

✓문제 **3.** 미분방정식 $y^{(5)} - y^{(4)} + 2y''' - 2y'' + y' - y = 0$의 일반해를 구하여라.

연습문제 4.4

[1-8] 다음 미분방정식의 일반해를 구하여라.

1. $y^{(4)} - 4y'' + 3y = 0$
2. $y''' - 3y'' - y' + 3y = 0$
3. $y''' - 2y'' + y' = 0$
4. $y^{(5)} - y^{(4)} - 2y''' + 2y'' + y' - y = 0$
5. $y''' - y'' + 100y' - 100y = 0$
6. $y^{(4)} - 2y''' + 2y'' - 2y' + y = 0$
7. $y^{(4)} - 4y''' + 7y'' - 4y' + 6y = 0$
8. $y''' - y'' + y' - y = 0$

[심화 프로젝트]

9. $\lambda_1, \ldots, \lambda_n$이 서로 다른 실수일 때 $e^{\lambda_1 x}, \ldots, e^{\lambda_n x}$가 일차독립임을 다음 순서에 따라 보여 보자.

(1) $e^{\lambda_1 x}, \ldots, e^{\lambda_n x}$의 일차결합이 0이라고 하자. 즉,

$$c_1 e^{\lambda_1 x} + \cdots + c_n e^{\lambda_n x} = 0$$

이라고 하자. 이 식의 양 변에 $e^{-\lambda_1 x}$를 곱하고 x에 관하여 미분하여라.

(2) (1)에서 얻어진 식의 양 변에 $e^{-(\lambda_2-\lambda_1)x}$를 곱하고 x에 관하여 미분하여라.

(3) (1), (2)의 과정을 반복하였을 때 얻게되는 식을 구하고, $c_n = 0$임을 보여라.

(4) 위의 과정을 반복하여 $e^{\lambda_1 x}, \ldots, e^{\lambda_n x}$가 일차독립임을 보여라.

4.5 오일러-코시 방정식

다음과 같은 형태의 미분방정식을 **오일러-코시 방정식(Euler-Cauchy equation)**이라고 한다.

$$x^2y'' + axy' + by = r(x)$$

여기서 a와 b는 상수이다. 이 절에서는 제차 오일러-코시 방정식

$$x^2y'' + axy' + by = 0 \tag{4.12}$$

의 해를 구해보자. 계수가 상수인 미분방정식의 해를 구할 때와 같이 $y = e^{\lambda x}$를 미분방정식 (4.12)에 대입해보면 오일러-코시 방정식은 $y = e^{\lambda x}$ 형태의 해를 갖지 않음을 알 수 있다. 여기에서는

$$y = x^m$$

이 미분방정식 (4.12)의 해라고 해보자. 미분하면

$$y' = mx^{m-1}, \quad y'' = m(m-1)x^{m-2}$$

이므로 미분방정식 (4.12)에 대입하면

$$m(m-1)x^m + amx^m + bx^m = 0$$

이다. 따라서 m이

$$m(m-1) + am + b = 0$$

즉,

$$m^2 + (a-1)m + b = 0 \tag{4.13}$$

을 만족하면 $y = x^m$은 미분방정식 (4.12)의 해가된다. 이때 식 (4.13)을 오일러-코시 방정식 (4.12)의 **특성방정식(characteristic equation)**이라고 한다.

계수가 상수인 이계 제차미분방정식과 마찬가지로 특성방정식 (4.13)은 상수 a, b의 값에 따라 서로 다른 두 실근을 갖거나, 중근을 갖거나, 두 복소근을 갖는다. 각각의 경우에 오일러-코시 방정식 (4.12)의 일반해는 어떻게 되는지 알아보자.

■ 서로 다른 두 실근을 가질 경우

특성방정식 (4.13)의 서로 다른 두 실근을 m_1, m_2라고 하면

$$y_1 = x^{m_1}, \quad y_2 = x^{m_2}$$

는 미분방정식 (4.12)의 해가되고 $\frac{y_1}{y_2} = x^{m_1 - m_2}$는 상수가 아니므로 y_1과 y_2는 일차독립이다. 따라서 일반해는

$$y = c_1 x^{m_1} + c_2 x^{m_2}$$

이다.

[예제 1] 미분방정식 $x^2 y'' + 2xy' - 6y = 0$의 일반해를 구하여라.

풀이. 특성방정식은 $m^2 + m - 6 = (m+3)(m-2) = 0$이므로 $m = 2, -3$이다. 따라서 일반해는

$$y = c_1 x^2 + c_2 x^{-3}$$

이다. □

✓문제 **1.** 미분방정식 $x^2 y'' + 4xy' + 2y = 0$의 일반해를 구하여라.

■ 중근을 가질 경우

특성방정식 (4.13)에서 중근은 $m = \frac{1-a}{2}$임을 알 수 있다. 이 때 하나의 근은

$$y_1 = x^{(1-a)/2}$$

이다. y_1과 일차독립인 두 번째 해를 얻기 위해 계수축소법을 이용하자. 즉, $y_2 = uy_1$이라 놓고 y_2가 해가되는 상수 아닌 u를 찾아보자. y_2를 미분하여

$$y_2' = u'y_1 + uy_1', \quad y_2'' = u''y_1 + 2u'y_1' + uy_1''$$

을 미분방정식 (4.12)에 대입하면

$$x^2(u''y_1 + 2u'y_1' + uy_1'') + ax(u'y_1 + uy_1') + buy_1 = 0$$

이고, 이것을 u를 미분한 횟수에 따라 정리하면

$$u''(x^2y_1)+u'(2x^2y_1'+axy_1)+u(x^2y_1''+axy_1'+by_1)=0$$

이다. 그런데 y_1은 미분방정식 (4.12)의 해이므로 $x^2y_1'+axy_1'+by_1=0$이고

$$2x^2y_1'+axy_1=2x^2\{x^{(1-a)/2}\}'+ax\cdot x^{(1-a)/2}=x^{(3-a)/2}$$

이며

$$x^2y_1=x^{(5-a)/2}$$

이므로

$$u''x+u'=0$$

이 된다. 여기서 $U=u'$이라고 하면

$$U'x+U=0$$

으로 간단히 된다. 변수분리하면

$$\frac{dU}{U}=-\frac{dx}{x}$$

이므로 $\ln|U|=-\ln|x|$이고 $u'=U=\frac{1}{x}$로 택할 수 있다. 따라서 $u=\ln x$로 택하면

$$y_2=y_1\ln x$$

이다. 이때 $\frac{y_2}{y_1}=\ln x$는 상수가 아니므로 y_1과 y_2는 일차독립이고 따라서 일반해는

$$y=(c_1+c_2\ln x)x^{(1-a)/2}$$

이다.

[예제 2] 미분방정식 $x^2y''-3xy'+4y=0$의 일반해를 구하여라.

풀이. 특성방정식은 $m^2-4m+4=(m-2)^2=0$이므로 해는 $m=2,2$이다. 따라서 일반해는

$$y=(c_1+c_2\ln x)x^2$$

이다. □

✓문제 **2.** 미분방정식 $4x^2y'' + 8xy' + y = 0$의 일반해를 구하여라.

■ 복소근을 가질 경우

특성방정식 (4.13)의 두 복소근이

$$m_1 = \alpha + i\beta, \quad m_2 = \alpha - i\beta$$

라고 하자. 그러면 x^{m_1}과 x^{m_2}가 미분방정식 (4.12)의 해이긴 하지만, 지수에 복소수가 포함된 복소지수 함수이다. 4.2절에서와 마찬가지로 여기에서도 실수함수인 해를 구해보자. 오일러(Euler)공식을 이용하면

$$x^{m_1} = x^{\alpha+i\beta} = x^{\alpha}e^{i\beta \ln x} = x^{\alpha}\{\cos(\beta \ln x) + i\sin(\beta \ln x)\},$$
$$x^{m_2} = x^{\alpha-i\beta} = x^{\alpha}e^{-i\beta \ln x} = x^{\alpha}\{\cos(\beta \ln x) - i\sin(\beta \ln x)\}$$

이다. 오일러-코시 방정식은 제차선형미분방정식이므로

$$y_1 = \frac{1}{2}(x^{m_1} + x^{m_2}) = x^{\alpha}\cos(\beta \ln x)$$
$$y_2 = \frac{1}{2i}(x^{m_1} - x^{m_2}) = x^{\alpha}\sin(\beta \ln x)$$

는 미분방정식 (4.12)의 해가 된다. 또 $\frac{y_1}{y_2} = \tan(\beta \ln x)$는 상수가 아니므로 y_1과 y_2는 일차독립이다. 따라서 일반해는

$$y = x^{\alpha}\{c_1\cos(\beta \ln x) + c_2\sin(\beta \ln x)\}$$

이다.

[예제 3] 미분방정식 $x^2y'' + 3xy' + 3y = 0$의 일반해를 구하여라.

풀이. 특성방정식은 $m^2 + 2m + 3 = 0$이므로 해는 $m = -1 \pm \sqrt{2}i$이다. 따라서 일반해는

$$y = x^{-1}\{c_1\cos(\sqrt{2}\ln x) + c_2\sin(\sqrt{2}\ln x)\}$$

이다. □

✓문제 **3.** 미분방정식 $x^2y'' - xy' + 3y = 0$의 일반해를 구하여라.

계수가 상수인 제차미분방정식과 마찬가지로 오일러-코시 방정식의 풀이법도 삼계 이상의 미분방정식으로 자연스럽게 확장된다. 다음 예제에서 풀어 보자.

[예제 4] 미분방정식 $x^3y''' + x^2y'' - 2xy' + 2y = 0$의 일반해를 구하여라.

풀이. $y = x^m$ 형태의 해를 갖는다고 하자.

$$y' = mx^{m-1}, \quad y'' = m(m-1)x^{m-2}, \quad y''' = m(m-1)(m-2)x^{m-3}$$

을 대입하면 특성방정식

$$m(m-1)(m-2) + m(m-1) - 2m + 2 = 0$$

을 얻는다. 인수분해하면

$$(m-1)(m-2)(m+1) = 0$$

이므로 $m = 1, 2, -1$이다. 따라서 일반해는

$$y = c_1x + c_2x^2 + c_3x^{-1}$$

이다. □

✓문제 **4.** 미분방정식 $x^3y''' + 3x^2y'' = 0$의 일반해를 구하여라.

연습문제 4.5

[1-8] 다음 미분방정식의 일반해를 구하여라.

1. $x^2y'' - 4xy' + 6y = 0$
2. $x^2y'' - xy' - 8y = 0$

3. $x^2y'' + 7xy' + 9y = 0$

4. $4x^2y'' + y = 0$

5. $x^2y'' - 3xy' + 2y = 0$

6. $2x^2y'' + 6xy' + 3y = 0$

7. $x^3y''' + 2x^2y'' - 2xy' = 0$

8. $x^4y^{(4)} + x^3y''' - 3x^2y'' + 6xy' - 6y = 0$

[9-12] 다음 초기값문제를 풀어라.

9. $4x^2y'' - 4xy' + 3y = 0, \quad y(1) = 0, \quad y'(1) = 1$

10. $x^2y'' + 5xy' + 4y = 0, \quad y(1) = 1, \quad y'(1) = 3$

11. $x^2y'' + 2xy' - 12y = 0, \quad y(1) = 1, \quad y'(1) = 10$

12. $x^2y'' - 3xy' + 6y = 0, \quad y(1) = 0, \quad y'(1) = 2\sqrt{2}$

[심화 프로젝트]

13. 오일러-코시 방정식

$$x^2y'' + axy' + by = 0$$

에서 적절히 치환하면 계수가 상수인 미분방정식으로 변환할 수 있다. 다음 순서로 풀어 보자.

(1) $z = \ln x$라 치환하고 연쇄법칙을 이용하여

$$\frac{dy}{dx} = \frac{1}{x}\frac{dy}{dz}, \quad \frac{d^2y}{dx^2} = \frac{1}{x^2}\left(\frac{d^2y}{dz^2} - \frac{dy}{dz}\right)$$

임을 보여라.

(2) 위의 오일러-코시 방정식은

$$\frac{d^2y}{dz^2} + (a-1)\frac{dy}{dz} + by = 0$$

으로 변환됨을 보여라.

(3) 이 방법으로 오일러-코시 방정식 $x^2y'' + 2xy' - 6y = 0$을 풀어라.

4.6 비제차미분방정식과 미정계수법

이 절에서는 비제차미분방정식

$$y'' + p(x)y' + q(x)y = r(x) \tag{4.14}$$

의 해를 구하는 방법을 알아보자. 비제차미분방정식 (4.14)의 일반해는 이 방정식에 대응되는 제차미분방정식

$$y'' + p(x)y' + q(x)y = 0 \tag{4.15}$$

의 해를 이용하여 구할 수 있다.

■ 비제차미분방정식의 일반해

먼저 비제차미분방정식의 일반해는 어떤 형태인지 알아보자.

> **정리 4.5.** 비제차미분방정식 (4.14)의 해와 제차미분방정식 (4.15)의 해의 합은 비제차미분방정식 (4.14)의 해가 된다.

증명. y_1이 비제차미분방정식 (4.14)의 해이고 y_2는 제차미분방정식 (4.15)의 해라고 하면

$$y_1'' + p(x)y_1' + q(x)y_1 = r(x)$$

이고

$$y_2'' + p(x)y_2' + q(x)y_2 = 0$$

이다. 따라서 $y_1 + y_2$를 비제차미분방정식 (4.14)에 대입하면

$$\begin{aligned}
&(y_1 + y_2)'' + p(x)(y_1 + y_2)' + q(x)(y_1 + y_2) \\
&= \{y_1'' + p(x)y_1' + q(x)y_1\} + \{y_2'' + p(x)y_2' + q(x)y_2\} \\
&= r(x)
\end{aligned}$$

이므로 $y_1 + y_2$는 비제차미분방정식 (4.14)의 해가 된다. □

따라서 비제차미분방정식 (4.14)의 일반해는 다음과 같은 형태라고 할 수 있다.

$$y = y_h + y_p$$

여기서 y_h는 제차미분방정식 (4.15)의 일반해이고, y_p는 비제차미분방정식 (4.14)의 상수를 포함하지 않는 임의의 해이다.

계수가 상수인 제차미분방정식과 제차 오일러-코시 방정식의 일반해 y_h를 구하는 방법은 이제까지 공부하였다. 따라서 계수가 상수인 비제차미분방정식이나 비제차 오일러-코시 방정식의 일반해를 구하기 위해서는 이 방정식들의 특수해 y_p를 구할 수 있어야 한다. $r(x)$의 형태에 따라 y_p를 구할 수 있는 미정계수법에 대하여 알아보자.

■ 계수가 상수인 미분방정식에서 미정계수법

예를 들어, 미분방정식

$$y'' - 3y' + 2y = 4e^{3x}$$

에서 y_p를 구하는 방법을 생각해보자. 이 미분방정식의 우변에 e^{3x}가 있으므로

$$y_p = Ce^{3x}$$

형태라고 추측할 수 있다. 왜냐하면 $y_p = Ce^{3x}$를 주어진 미분방정식에 대입하면

$$9Ce^{3x} - 9Ce^{3x} + 2Ce^{3x} = 4e^{3x}$$

이므로

$$2Ce^{3x} = 4e^{3x}$$

가 되어 양 변에서 e^{3x}을 나누어주면 $C = 2$임을 알 수 있기 때문이다. 즉, $y_p = 2e^{3x}$이다.

이와 같이, 계수가 상수인 비제차미분방정식에서 $r(x)$의 형태를 보고 y_p를 추측한 후 주어진 미분방정식에 대입하여 상수를 결정하는 방법을 **미정계수법(method of undetermined coefficients)**이라고 한다.

y_p를 추측할 때는 다음에서 설명하는 세 가지 법칙, 즉, 기본법칙, 합과 곱의법칙 그리고 변형법칙을 이용하면 된다.

1. 기본법칙

$r(x)$의 형태에 따라 다음과 같이 y_p를 선택한다.

(1) $r(x)$가 n차 다항식이면, $y_p = A_n x^n + A_{n-1}x^{n-1} + \cdots + A_1 x + A_0$

(2) $r(x) = ke^{\alpha x}$이면, $y_p = Ce^{\alpha x}$

(3) $r(x) = k_1 \cos \omega x + k_2 \sin \omega x$이면, $y_p = A\cos \omega x + B \sin \omega x$

[예제 1] 미분방정식 $y'' + y = 3x^2$의 일반해를 구하여라.

풀이. 제차미분방정식 $y'' + y = 0$의 특성방정식은 $\lambda^2 + 1 = 0$이므로 $\lambda = \pm i$이고

$$y_h = c_1 \cos x + c_2 \sin x$$

이다. $r(x) = 3x^2$이므로 $y_p = A_2 x^2 + A_1 x + A_0$라 하면

$$y_p' = 2A_2 x + A_1, \quad y_p'' = 2A_2$$

이므로 주어진 미분방정식에 대입하면

$$2A_2 + A_2 x^2 + A_1 x + A_0 = 3x^2$$

이다. 양변의 계수를 비교하면

$$A_2 = 3, \quad A_1 = 0, \quad 2A_2 + A_0 = 0$$

이므로 $A_2 = 3$, $A_1 = 0$, $A_0 = -6$이다. 따라서

$$y_p = 3x^2 - 6$$

이고 일반해는

$$y = y_h + y_p = c_1 \cos x + c_2 \sin x + 3x^2 - 6$$

이다. □

√문제 **1.** 미분방정식 $y'' - 3y' + 2y = 6e^{3x}$의 일반해를 구하여라.

2. 합과 곱의법칙

$r(x)$가 함수들의 합이면 y_p는 대응되는 함수들의 합으로 선택하고, $r(x)$가 함수들의 곱이면 y_p는 대응되는 함수들의 곱으로 선택한다. 예를 들어, $r(x) = e^{\alpha x} + x^3$이면

$$y_p = Ce^{\alpha x} + A_3x^3 + A_2x^2 + A_1x + A_0$$

로 선택하고, $r(x) = e^{\alpha x}\cos\omega x$이면

$$y_p = e^{\alpha x}(A\cos\omega x + B\sin\omega x)$$

로 선택한다.

[예제 2] 미분방정식 $y'' - 4y' + 3y = 3e^{2x} + 15\cos 3x$의 일반해를 구하여라.

풀이. 제차미분방정식의 특성방정식은 $\lambda^2 - 4\lambda + 3 = (\lambda - 1)(\lambda - 3) = 0$이므로 $\lambda = 1, 3$이고 제차미분방정식의 일반해는

$$y_h = c_1e^x + c_2e^{3x}$$

이다. 우변의 $3e^{2x}$에 대응되는 특수해는 Ce^{2x} 형태이고, $15\cos 3x$에 대응되는 특수해는 $A\cos 3x + B\sin 3x$ 형태이므로

$$y_p = Ce^{2x} + A\cos 3x + B\sin 3x$$

라고 놓자. 미분하면

$$y_p' = 2Ce^{2x} - 3A\sin 3x + 3B\cos 3x, \quad y_p'' = 4Ce^{2x} - 9A\cos 3x - 9B\sin 3x$$

이므로 주어진 미분방정식에 대입하여 정리하면

$$-Ce^{2x} - (6A + 12B)\cos 3x + (12A - 6B)\sin 3x = 3e^{2x} + 15\cos 3x$$

이다. 양변의 계수를 비교하면 $C=-3, A=-\frac{1}{2}, B=-1$이고

$$y_p = -3e^{2x} - \frac{1}{2}\cos 3x - \sin 3x$$

이다. 따라서 일반해는

$$y = y_h + y_p = c_1 e^x + c_2 e^{3x} - 3e^{2x} - \frac{1}{2}\cos 3x - \sin 3x$$

이다. □

✓문제 **2.** 미분방정식 $y'' + y = 25xe^{2x}$의 일반해를 구하여라.

3. 변형법칙

y_p로 선택한 항이 대응되는 제차미분방정식의 해라면 선택한 y_p에 x를 곱한다.

[예제 **3]** 다음 초기값문제의 해를 구하여라.

$$y'' - \frac{5}{2}y' + y = 6e^{x/2}, \quad y(0) = 0, \quad y'(0) = -1$$

풀이. 제차미분방정식 $y'' - \frac{5}{2}y' + y = 0$의 특성방정식은 $\lambda^2 - \frac{5}{2}\lambda + 1 = (\lambda - \frac{1}{2})(\lambda - 2) = 0$이므로 $\lambda = \frac{1}{2}, 2$이고 제차미분방정식의 일반해는

$$y_h = c_1 e^{x/2} + c_2 e^{2x}$$

이다. $r(x) = 6e^{x/2}$이므로 기본법칙에 의하면 y_p를 $Ce^{x/2}$로 택하면 되지만, 여기에서는 $e^{x/2}$가 제차미분방정식의 해가되므로 $y_p = Cxe^{x/2}$로 택하자. 미분하면

$$y_p' = Ce^{x/2} + \frac{C}{2}xe^{x/2}, \quad y_p'' = Ce^{x/2} + \frac{C}{4}xe^{x/2}$$

이므로 대입하면

$$Ce^{x/2} + \frac{C}{4}xe^{x/2} - \frac{5}{2}\left(Ce^{x/2} + \frac{C}{2}xe^{x/2}\right) + Cxe^{x/2} = 6e^{x/2}$$

를 얻는다. 양변의 계수를 비교하면 $C=-4$이다. 따라서 $y_p=-4xe^{x/2}$이고 일반해는

$$y=y_h+y_p=c_1e^{x/2}+c_2e^{2x}-4xe^{x/2}$$

이다. 이제 첫 번째 초기조건을 이용하면 $y(0)=c_1+c_2=0$이다. 또

$$y'=\frac{1}{2}c_1e^{x/2}+2c_2e^{x/2}-4e^{x/2}-2xe^{x/2}$$

이므로 두 번째 초기조건으로부터

$$y'(0)=\frac{1}{2}c_1+2c_2-4=-1$$

을 얻는다. 따라서 $c_1=-2$, $c_2=2$이므로 해는

$$y=-2e^{x/2}+2e^{2x}-xe^{x/2}$$

이다. □

✓문제 **3.** 다음 초기값문제의 해를 구하여라.

$$y''+y=2\cos x,\quad y(0)=2,\quad y'(0)=-3$$

예제 1, 2, 3에서는 모두 이계미분방정식을 다루었다. 그러나 이 절에서 설명한 미정계수법은 삼계 이상의 미분방정식에 대해서도 성립한다.

[예제 4] 미분방정식 $y'''-2y''+y'-2y=5e^{2x}+12\cos 2x$의 일반해를 구하여라.

풀이. 제차미분방정식의 특성방정식은 $\lambda^3-2\lambda^2+\lambda-2=(\lambda-2)(\lambda^2+1)=0$이므로 $\lambda=2,i,-i$이고 제차미분방정식의 일반해는

$$y_h=c_1e^{2x}+c_2\cos x+c_3\sin x$$

이다. 우변의 $5e^{2x}$에 대응되는 특수해는 e^{2x}가 y_h에 이미 있으므로 Cxe^{2x}이고, $12\cos 2x$에 대응되는 특수해는 $A\cos 2x + B\sin 2x$이다. 따라서

$$y_p = Cxe^{2x} + A\cos 2x + B\sin 2x$$

라고 놓자. 미분하면

$$\begin{aligned} y_p' &= Ce^{2x} + 2Cxe^{2x} - 2A\sin 2x + 2B\cos 2x \\ y_p'' &= 4Ce^{2x} + 4Cxe^{2x} - 4A\cos 2x - 4B\sin 2x \\ y_p''' &= 12Ce^{2x} + 8Cxe^{2x} + 8A\sin 2x - 8B\cos 2x \end{aligned}$$

이므로 주어진 미분방정식에 대입하여 정리하면

$$5Ce^{2x} + 6(A+B)\sin 2x + 6(A-B)\cos 2x = 5e^{2x} + 12\cos 2x$$

이다. 따라서 $C = 1, A = 1, B = -1$이므로

$$y_p = xe^{2x} + \cos 2x - \sin 2x$$

이고, 일반해는

$$y = y_h + y_p = c_1 e^{2x} + c_2\cos x + c_3\sin x + xe^{2x} + \cos 2x - \sin 2x$$

이다. □

✓문제 **4.** 미분방정식 $y''' - 4y'' + 4y' = x^2 e^x$의 일반해를 구하여라.

■ 오일러-코시 방정식에서 미정계수법

오일러-코시 방정식도 $r(x)$의 형태에 따라 미정계수법을 적용할 수 있는 경우도 있다. 그러나 이때 y_p를 택하는 방법은 계수가 상수인 미분방정식의 경우와는 다르다.

4.5절 연습문제 13에서 $z = \ln x$라 치환하면 오일러-코시 방정식은 계수가 상수인 미분방정식으로 변환됨을 알았다. 이 사실과 계수가 상수인 미분방정식에서 미정계수법의 법칙을 생각하면 다음 법칙이 성립함을 알 수 있다.

오일러-코시 방정식

$$x^2y'' + axy' + by = r(x), \quad x > 0$$

는 $r(x)$의 형태에 따라 다음과 같은 특수해 y_p를 갖는다.

(1) $r(x)$가 $\ln x$의 n차 다항식, 즉,

$$r(x) = a_n(\ln x)^n + \cdots + a_1 \ln x + a_0$$

이면, $y_p = A_n(\ln x)^n + \cdots + A_1 \ln x + A_0$

(2) $r(x) = kx^\alpha$, $\alpha \in \mathbb{R}$이고 α가 특성방정식의 해가 아니면, $y_p = Cx^\alpha$

(3) $r(x) = k_1 \cos(\omega \ln x) + k_2 \sin(\omega \ln x)$이면, $y_p = A\cos(\omega \ln x) + B \sin(\omega \ln x)$

(4) $r(x)$가 함수들의 합이면 y_p도 대응되는 함수들의 합으로 선택하고, $r(x)$가 함수들의 곱이면 y_p도 대응되는 함수들의 곱으로 선택한다.

(5) y_p로 선택한 항이 대응되는 제차미분방정식의 해라면 선택한 y_p에 $\ln x$를 곱한다.

[예제 5] 미분방정식 $x^2y'' - 2xy' + 2y = 3x^2$의 일반해를 구하여라.

풀이. 제차미분방정식의 특성방정식은 $m^2 - 3m + 2 = (m-1)(m-2) = 0$이므로 제차미분방정식의 일반해는

$$y_h = c_1 x + c_2 x^2$$

이다. $r(x) = 3x^2$이고 2는 특성방정식의 근이므로 $y_p = Cx^2 \ln x$라고 하면

$$y_p' = 2Cx \ln x + Cx, \quad y_p'' = 2C \ln x + 3C$$

이므로 주어진 미분방정식에 대입하여 정리하면

$$Cx^2 = 3x^2$$

이다. 따라서 $C = 3$이고 $y_p = 3x^2 \ln x$이며, 일반해는

$$y = y_h + y_p = c_1 x + c_2 x^2 + 3x^2 \ln x$$

이다. □

✓문제 **5.** 미분방정식 $x^2y'' - 4xy' + 4y = 4x^2(\ln x)^2$의 일반해를 구하여라.

미정계수법이 편리하긴 하지만 모든 비제차미분방정식의 특수해 y_p를 구할 수 있는것은 아니다. 예를 들어, 계수가 상수인 미분방정식에서 $r(x) = \frac{1}{x}$ 또는 $r(x) = \tan x$일 때는 미정계수법을 적용할 수 없다. 또 오일러-코시 방정식에서도 $r(x) = e^x$ 또는 $r(x) = \tan x$일 때는 미정계수법을 적용할 수 없다. 이럴 경우에는 4.7절에서 공부하게되는 매개변수변환법을 이용하여 y_p를 구할 수 있다.

연습문제 4.6

[1-8] 다음 미분방정식의 일반해를 구하여라.

1. $y'' - 4y = 3e^{3x}$
2. $y'' + 4y' + 3y = 3x^2 + 2x$
3. $y'' - 3y' + 2y = 4e^x$
4. $y'' + y' = 2\cos x + 3\sin x$
5. $y''' - 3y'' + 3y' - y = 6e^x$
6. $y^{(4)} + 3y'' - 4y = 6\sin x$
7. $x^2y'' - xy' + y = 6x$
8. $x^2y'' + 7xy' + 9y = 5\cos(2\ln x) - 12\sin(2\ln x)$

[심화 프로젝트]

9. 계수가 상수인 제차미분방정식 $y'' + ay' + by = 0$의 일차독립인 두 해가 $y_1 = e^{\lambda_1 x}$와 $y_2 = e^{\lambda_2 x}$일 때, 비제차미분방정식 $y'' + ay' + by = ce^{\lambda_1 x}$의 특수해 y_p를 계수축소법과 같은 방법으로 다음과 같이 구할 수 있다.

   (1) $y_p = uy_1$이 해가 되도록 u에 관한 미분방정식을 구하여라.

(2) $U = u'$이라 하고 U를 구하여라.

(3) y_p를 구하여라.

(4) 위의 방법으로 미분방정식 $y'' - 2y' - 3y = 4e^{-x}$의 일반해를 구하여라.

10. a, b, c, d, α가 상수일 때 이계미분방정식

$$ay'' + by' + cy = de^{\alpha x}$$

의 제차미분방정식의 특성방정식은

$$a\lambda^2 + b\lambda + c = 0$$

이다. 이 비제차미분방정식의 특수해를 다음과 같이 같이 구할 수 있다.

(1) α가 특성방정식의 해가 아니면 $y_p = ce^{\alpha x}$임을 보여라. 여기서 $c = \frac{d}{a\alpha^2 + b\alpha + c}$이다.

(2) α가 특성방정식의 해이지만 중근이 아니면 $y_p = cxe^{\alpha x}$임을 보여라. 여기서 $c = \frac{d}{2a\alpha + b}$이다.

(3) α가 특성방정식의 중근이면 $y_p = cx^2 e^{\alpha x}$임을 보여라. 여기서 $c = \frac{d}{2a}$이다.

(4) 위의 방법으로 미분방정식

$$2y'' + 3y' - 2y = 15e^{-2x}$$

의 일반해를 구하여라.

4.7 매개변수변환법

계수가 상수인 비제차미분방정식에서 $r(x)$가 x^n, $e^{\alpha x}$, $\cos\omega x$, $\sin\omega x$등이거나 오일러-코시 방정식에서 $r(x)$가 x^α, $(\ln x)^n$등이면 4.6절에서 미정계수법으로 특수해 y_p를 구할 수 있었다. 그러나 $r(x)$가 위와 같은 함수가 아닐 때에는 미정계수법을 적용할 수가 없다. 이때 적용할 수 있는 방법이 라그랑지(Lagrange)의 **매개변수변환법(method of variation of parameter)**이다.

먼저 이계 비제차미분방정식

$$y'' + p(x)y' + q(x)y = r(x) \tag{4.16}$$

에 대한 매개변수변환법을 알아보자.

y_1과 y_2가 제차미분방정식

$$y'' + p(x)y' + q(x)y = 0 \tag{4.17}$$

의 일차독립인 해일 때 제차미분방정식 (4.17)의 일반해는

$$y_h(x) = c_1 y_1(x) + c_2 y_2(x)$$

형태이고 여기서 c_1, c_2는 상수이다. 비제차미분방정식 (4.16)의 일반해를 구할 때 특수해 y_p는 y_h와는 다른 형태의 해여야 한다. 그러므로

$$y_p = u_1(x)y_1(x) + u_2(x)y_2(x) \tag{4.18}$$

가 비제차미분방정식 (4.16)의 해가되는 상수 아닌 $u_1(x)$와 $u_2(x)$가 존재하는지 찾아보자. y_p를 미분하면

$$y_p' = u_1' y_1 + u_1 y_1' + u_2' y_2 + u_2 y_2'$$

이다. 그런데 식 (4.18)의 y_p가 미분방정식 (4.16)의 해가 된다는 조건만으로는 $u_1(x)$와 $u_2(x)$를 찾기가 너무 어려우므로 하나의 조건을 더 주어

$$u_1' y_1 + u_2' y_2 = 0 \tag{4.19}$$

까지 만족하는 $u_1(x)$와 $u_2(x)$를 찾아보자. 식 (4.19)에 의하여

$$y_p' = u_1 y_1' + u_2 y_2'$$

이다. 한번 더 미분하면

$$y_p'' = u_1' y_1' + u_1 y_1'' + u_2' y_2' + u_2 y_2''$$

이다. 미분방정식 (4.16)에 대입하여 정리하면

$$u_1(y_1'' + p y_1' + q y_1) + u_2(y_2'' + p y_2' + q y_2) + u_1' y_1' + u_2' y_2' = r$$

이다. 그런데 y_1과 y_2는 제차미분방정식의 해이므로 $y_1'' + p y_1' + q y_1 = 0$과 $y_2'' + p y_2' + q y_2 = 0$ 이고, 따라서

$$u_1' y_1' + u_2' y_2' = r \tag{4.20}$$

로 간단히 된다. 이제 식 (4.19)와 식 (4.20)을 연립하여 풀면

$$u_1' = -\frac{y_2 r}{W}, \quad u_2' = \frac{y_1 r}{W}$$

이다. 여기서 W는 y_1과 y_2의 **론스키안(Wronskian)**, 즉,

$$W = W(y_1, y_2) = \begin{vmatrix} y_1 & y_2 \\ y_1' & y_2' \end{vmatrix}$$

이다. 따라서

$$u_1 = -\int \frac{y_2 r}{W}\,dx, \quad u_2 = \int \frac{y_1 r}{W}\,dx$$

이고

$$y_p = -y_1 \int \frac{y_2 r}{W}\,dx + y_2 \int \frac{y_1 r}{W}\,dx$$

임을 알 수 있다.

여기서 u_1과 u_2는 위의 조건을 만족하는 임의의 함수를 구하면 되므로 y_p를 정적분을 이용

하여 다음과 같이 나타낼 수도 있다.

$$y_p = -y_1 \int_a^x \frac{y_2 r}{W}\,dx + y_2 \int_a^x \frac{y_1 r}{W}\,dx$$

여기서 a는 임의의 상수이다.

[예제 1] 미분방정식 $y'' + y = \cos x \sin x$의 일반해를 구하여라.

풀이. 제차미분방정식 $y'' + y = 0$의 특성방정식은 $\lambda^2 + 1 = 0$이므로 일차독립인 해는 $y_1 = \cos x$와 $y_2 = \sin x$이고

$$y_h = c_1 \cos x + c_2 \sin x$$

이다. 론스키안을 구하면

$$W(\cos x, \sin x) = \begin{vmatrix} \cos x & \sin x \\ -\sin x & \cos x' \end{vmatrix} = 1$$

이므로

$$\begin{aligned} y_p &= -\cos x \int \sin^2 x \cos x\,dx + \sin x \int \cos^2 x \sin x\,dx \\ &= -\frac{1}{3}\cos x \sin^3 x - \frac{1}{3}\sin x \cos^3 x \\ &= -\frac{1}{3}\cos x \sin x \end{aligned}$$

이다. 따라서 일반해는

$$y = y_h + y_p = c_1 \cos x + c_2 \sin x - \frac{1}{3}\cos x \sin x$$

이다. □

✓문제 **1.** 미분방정식 $y'' + y = \csc x$의 일반해를 구하여라.

매개변수변환법은 오일러-코시 방정식에 대해서도 적용할 수 있다. 그러나 이때 주의할 점은 $r(x)$를 구할때는 주어진 미분방정식을 (4.16)의 형태로 변형하여야 한다는 점이다. 즉, y''의 계수가 1이 되도록 식을 변형하여야 한다.

[예제 2] 미분방정식 $x^2y''+2xy'-12y=7$의 일반해를 구하여라.

풀이. 제차 오일러-코시방정식의 특성방정식은 $m^2+m-12=(m+4)(m-3)=0$이므로 $m=3,-4$이다. 따라서 $y_1=x^3$, $y_2=x^{-4}$이고, 제차미분방정식의 일반해는

$$y_h=c_1x^3+c_2x^{-4}$$

이다. 론스키안을 구하면

$$W(x^3,x^{-4})=\begin{vmatrix} x^3 & x^{-4} \\ 3x^2 & -4x^{-5} \end{vmatrix}=-\frac{7}{x^2}$$

이다. 주어진 미분방정식을 (4.16)의 형태로 쓰면

$$y''+\frac{2}{x}y'-\frac{12}{x^2}y=\frac{7}{x^2}$$

이므로 $r(x)=7x^{-2}$이고, 따라서 y_p는

$$\begin{aligned} y_p &= -x^3\int\frac{x^{-4}\cdot 7x^{-2}}{-7x^{-2}}\,dx+x^{-4}\int\frac{x^3\cdot 7x^{-2}}{-7x^{-2}}\,dx \\ &= x^3\int x^{-4}\,dx-x^{-4}\int x^3\,dx \\ &= -\frac{7}{12} \end{aligned}$$

이고 일반해는

$$y=y_h+y_p=c_1x^3+c_2x^{-4}-\frac{7}{12}$$

이다. □

✓**문제 2.** 미분방정식 $x^2y''+3xy'-15y=x^{-1}$의 일반해를 구하여라.

미정계수법과 마찬가지로 매개변수변환법도 삼계 이상의 미분방정식에 대한 것으로 확장할 수 있다. n계미분방정식에 대한 매개변수변환법을 증명없이 소개하면 다음과 같다.

비제차미분방정식

$$y^{(n)} + p_{n-1}(x)y^{(n-1)} + \cdots + p_1(x)y' + p_0(x)y = r(x) \tag{4.21}$$

의 특수해 y_p는 다음과 같다.

$$y_p = y_1 \int \frac{W_1 r}{W}\, dx + \cdots + y_n \int \frac{W_n r}{W}\, dx$$

여기서 $y_1, \ldots, y_n$은 비제차미분방정식 (4.21)에 대응하는 제차미분방정식

$$y^{(n)} + p_{n-1}(x)y^{(n-1)} + \cdots + p_1(x)y' + p_0(x)y = 0$$

의 일차독립인 해이고, $W = W(y_1, \ldots, y_n)$은 $y_1, \ldots, y_n$의 론스키안이며, W_j, $j = 1, \ldots, n$은 W의 j번째 열을 열벡터

$$\begin{pmatrix} 0 \\ \vdots \\ 0 \\ 1 \end{pmatrix}$$

로 바꾼 행렬식이다.

[예제 3] 미분방정식 $y''' + 4y' = 4\cos 2x \sin 2x$의 일반해를 구하여라.

풀이. 제차미분방정식의 특성방정식은 $\lambda^3 + 4\lambda = \lambda(\lambda^2 + 4) = 0$이므로 일차독립인 해는 $y_1 = 1$, $y_2 = \cos 2x$, $y_3 = \sin 2x$이고, 일반해는

$$y_h = c_1 + c_2 \cos 2x + c_3 \sin 2x$$

이다. 론스키안을 구하면

$$W(1, \cos 2x, \sin 2x) = \begin{vmatrix} 1 & \cos 2x & \sin 2x \\ 0 & -2\sin 2x & 2\cos 2x \\ 0 & -4\cos 2x & -4\sin 2x \end{vmatrix} = 8$$

이다. 또 W_1, W_2, W_3를 구하면 각각 다음과 같다.

$$W_1 = \begin{vmatrix} 0 & \cos 2x & \sin 2x \\ 0 & -2\sin 2x & 2\cos 2x \\ 1 & -4\cos 2x & -4\sin 2x \end{vmatrix} = 2$$

이고

$$W_2 = \begin{vmatrix} 1 & 0 & \sin 2x \\ 0 & 0 & 2\cos 2x \\ 0 & 1 & -4\sin 2x \end{vmatrix} = -2\cos 2x$$

이며

$$W_3 = \begin{vmatrix} 1 & \cos 2x & 0 \\ 0 & -2\sin 2x & 0 \\ 0 & -4\cos 2x & 1 \end{vmatrix} = -2\sin 2x$$

이다. 따라서

$$\begin{aligned} y_p &= \int \cos 2x \sin 2x \, dx - \cos 2x \int \cos^2 2x \sin 2x \, dx - \sin 2x \int \cos 2x \sin^2 2x \, dx \\ &= \frac{1}{4}\sin^2 2x + \frac{1}{6}\cos^4 2x - \frac{1}{6}\sin^4 2x \end{aligned}$$

이고, 일반해는

$$y = y_h + y_p = c_1 + c_2 \cos 2x + c_3 \sin 2x + \frac{1}{4}\sin^2 2x + \frac{1}{6}\cos^4 2x - \frac{1}{6}\sin^4 2x$$

이다. □

✓문제 **3.** 미분방정식 $x^3 y''' - 3x^2 y'' + 6xy' - 6y = x^2$의 일반해를 구하여라.

연습문제 4.7

[1-9] 다음 미분방정식을 풀어라.

1. $y'' + y = \sec x$
2. $y'' + y = \tan x$
3. $y'' - 4y' + 4y = \frac{e^{2x}}{1+x}$
4. $y'' - y = 8xe^{x}$
5. $x^2y'' + xy' - 4y = x^{-2}$
6. $x^2y'' - 4xy' + 6y = 21x^{-4}$
7. $x^2y'' + 2xy' - 12y = \sqrt{x}$
8. $y''' + y' = \sin^2 x$
9. $x^3y''' - 3x^2y'' + 6xy' - 6y = x^4 \cos x$

[심화 프로젝트]

10. (1) 매개변수변환법을 이용하여 $y_p = \int_0^x r(t)\sin(x-t)\,dt$는 비제차미분방정식 $y'' + y = r(x)$의 특수해임을 보여라.

    (2) 위의 방법을 이용하여 미분방정식 $y'' + y = x + e^{-x}$의 일반해를 구하여라.

4.8 모델링: 비제차미분방정식

이 절에서는 비제차미분방정식으로 표현되는 모델링 문제들에 대하여 알아보자.

■ 용수철 운동-강제운동

4.3절에서는 조화진동 또는 감쇠운동을 하는 용수철 문제에 대하여 공부하였다. 즉, 다음 미분방정식으로 표현되는 용수철 운동에 대하여 공부하였다.

$$my'' + cy' + ky = 0$$

여기에서는 외력 $r(t)$가 작용하여 미분방정식이

$$my'' + cy' + ky = r(t) \tag{4.22}$$

형태로 표현되는 용수철 운동에 대하여 알아보자. 이때 $r(t)$를 강제함수(forcing function)라 하고, 이 운동을 **강제운동(forcing motion)**이라고 한다. 특히 제동장치가 없어서 $c = 0$인 경우를 **비감쇠강제진동(undamped forced oscillation)**이라 하고, 제동장치가 있어서 $c > 0$인 경우를 **감쇠강제진동(damped forced oscillation)**이라고 한다.

감쇠강제진동의 경우 일반해는

$$y = y_h + y_p$$

로 주어지는데, 4.3절의 예제 2, 3, 4를 보면 제차미분방정식의 일반해 y_h는 $t \to \infty$이면 항상 0으로 접근함을 알 수 있다. 따라서 감쇠강제진동의 일반해 $y = y_h + y_p$는 $t \to \infty$이면 y_p로 접근한다. 이때 y_p를 **정상상태 해(steady state solution)**라고 한다.

[예제 1] 용수철 상수가 90N/m인 용수철의 아랫 부분에 질량이 10kg인 물체가 매달려 있고, 그 아래에 감쇠상수가 100kg/sec인 제동장치가 달려있다. 이 물체를 아래로 2m 잡아당긴 상태에서 초기속도 −12m/sec로 놓았다고 하고, 외력 $r(t) = 850 \sin 2t$가 작용한다고 하자. 이때 물체의 운동방정식 $y(t)$를 구하여라. 또 정상상태 해를 구하여라.

풀이. 미분방정식 (4.22)에 의하여

$$10y'' + 100y' + 90y = 850 \sin 2t, \quad y(0) = 2, \quad y'(0) = -12$$

이다. 제차미분방정식의 특성방정식은 $10\lambda^2 + 100\lambda + 90 = 10(\lambda + 1)(\lambda + 9) = 0$이므로

$$y_h = c_1 e^{-t} + c_2 e^{-9t}$$

이다. y_p를 구하기 위하여

$$y_p = A\cos 2t + B\sin 2t$$

라고 하자. 미분하면

$$y_p' = -2A\sin 2t + 2B\cos 2t, \quad y_p'' = -4A\cos 2t - 4B\sin 2t$$

이므로 미분방정식에 대입하여 정리하면

$$(50A + 200B)\cos 2t + (-200A + 50B)\sin 2t = 850\sin 2t$$

이다. 좌우변을 비교하면

$$-200A + 50B = 850, \quad 50A + 200B = 0$$

이므로 $A = -4$, $B = 1$이다. 따라서 일반해는

$$y = c_1 e^{-t} + c_2 e^{-9t} - 4\cos 2t + \sin 2t$$

이다. 초기조건에 의하여

$$y(0) = c_1 + c_2 - 4 = 2, \quad y'(0) = -c_1 - 9c_2 + 2 = -12$$

이므로 $c_1 = 5$, $c_2 = 1$이고, 따라서 t초 후의 운동방정식은

$$y(t) = 5e^{-t} + e^{-9t} - 4\cos 2t + \sin 2t$$

이다. 또 정상상태 해는

$$y(t) = -4\cos 2t + \sin 2t$$

이다. □

√문제 **1.** 용수철 상수가 16N/m인 용수철의 아랫 부분에 질량이 1kg인 물체가 매달려 있고, 그 아래에 감쇠상수가 10kg/sec인 제동장치가 달려있다. 이 물체를 아래로 4m 잡아당긴 상태에서 초기속도 0m/sec로 놓았다고 하고, 외력 $r(t) = 80\sin 4t$가 작용한다고 하자. 이때 물체의 운동방정식 $y(t)$를 구하여라. 또 정상상태 해를 구하여라.

■ 모델링: 전기회로

3.4절에서는 RL회로와 RC회로 문제를 풀어보았다. 여기에서는 저항과 인덕터와 축전기가 모두 연결되어있는 RLC회로 문제를 풀어보자. 편의상 R, L, C가 모두 상수라고 하자. RLC 회로에서는 키르히요프 법칙에 의하면

$$LI' + RI + \frac{Q}{C} = E(t) \tag{4.23}$$

이다. 양변을 t로 미분하면 $Q' = I$이므로

$$LI'' + RI' + \frac{1}{C}I = E'(t) \tag{4.24}$$

이다. 이 미분방정식은 미정계수법이나 매개변수변환법으로 풀 수 있다.

$E(t)$가 미분가능하지 않거나, 전하에 대한 미분방정식을 구할 때는 $I = Q'$, $I' = Q''$을 이용하면 방정식 (4.23)은 다음과 같이 변형된다.

$$LQ'' + RQ' + \frac{Q}{C} = E(t)$$

이때에는 전하 Q를 먼저 구하고 이를 이용하여 전류 I를 구할 수도 있다.

[예제 **2]** $R = 110\Omega$, $L = 1\text{H}$, $C = 10^{-3}\text{F}$이고 $E(t) = 2020\sin 10t\text{V}$인 RLC회로에서 전류 $I(t)$를 구하여라. 단, $I(0) = Q(0) = 0$이라고 하자.

풀이. 미분방정식 (4.24)에 의하여 이 전기회로의 미분방정식은 다음과 같다.

$$I'' + 110I' + 1000I = 20200\cos 10t$$

제차미분방정식의 특성방정식은 $\lambda^2+110\lambda+1000=(\lambda+10)(\lambda+100)=0$이므로

$$I_h(t)=c_1e^{-10t}+c_2e^{-100t}$$

이다. 미정계수법에 의하여 I_p가 다음과 같다고 하자.

$$I_p(t)=A\cos 10t+B\sin 10t$$

미분하면

$$I_p'=-10A\sin 10t+10B\cos 10t,\quad I_p''=-100A\cos 10t-100B\sin 10t$$

이므로 대입하여 정리하면

$$(900A+1100B)\cos 10t+(-1100A+900B)\sin 10t=20200\cos 10t$$

이다. 따라서

$$900A+1100B=20200,\quad -1100A+900B=0$$

이어야 하므로 $A=9$, $B=11$이다. 즉,

$$I_p(t)=9\cos 10t+11\sin 10t$$

이고

$$I(t)=c_1e^{-10t}+c_2e^{-100t}+9\cos 10t+11\sin 10t$$

이다. 이제 초기조건을 이용하여 c_1과 c_2를 구하자. $I(0)=0$이므로 $c_1+c_2+9=0$이다. 미분방정식 (4.23)에서

$$I'(0)+110I(0)+1000Q(0)=0$$

인데 $I(0)=0$, $Q(0)=0$이므로 $I'(0)=0$이다.

$$I'(t)=-10c_1e^{-10t}-100c_2e^{-100t}-90\sin 10t+110\cos 10t$$

이므로

$$I'(0) = -10c_1 - 100c_2 + 110 = 0$$

이다. 따라서

$$c_1 = -\frac{102}{9}, \quad c_2 = \frac{21}{9}$$

이고, 해는

$$I(t) = -\frac{102}{9}e^{-10t} + \frac{21}{9}e^{-100t} + 9\cos 10t + 11\sin 10t$$

이다. □

√문제 **2.** $R = 4\Omega$, $L = 1\text{H}$, $C = 10^{-1}\text{F}$이고 $E(t) = 97\cos t\text{V}$인 RLC회로에서 전류 $I(t)$를 구하여라. 단, $I(0) = I'(0) = 0$이라고 하자.

연습문제 4.8

[1-3] 다음 용수철 운동에서 물체의 운동방정식 $y(t)$를 구하여라.

1. $m = 10\text{kg}$, $c = 20\text{kg/sec}$, $k = 10\text{N/m}$, $y(0) = 0\text{m}$, $v(0) = 1\text{m/sec}$, $r(t) = \sin t$

2. $m = 2\text{kg}$, $c = 5\text{kg/sec}$, $k = 2\text{N/m}$, $y(0) = -6\text{m}$, $v(0) = 1\text{m/sec}$, $r(t) = 5\sin t$

3. $m = 1\text{kg}$, $c = 8\text{kg/sec}$, $k = 25\text{N/m}$, $y(0) = 0\text{m}$, $v(0) = 3\text{m/sec}$, $r(t) = \sin 3t$

[4-6] 다음 RLC회로에서 전류 $I(t)$를 구하여라. 단, $I(0) = I'(0) = 0$이라 하자.

4. $R = 11\Omega$, $L = 0.1\text{H}$, $C = 10^{-2}\text{F}$, $E(t) = 202\sin 10t\text{V}$

5. $R = 10\Omega$, $L = 5\text{H}$, $C = 0.1\text{F}$, $E(t) = 25\sin t\text{V}$

6. $R = 8\Omega$, $L = 2\text{H}$, $C = 0.125\text{F}$, $E(t) = 50\sin t\text{V}$

[심화 프로젝트]

7. 건축물에 이용되는 보(beam)는 하중이나 외력의 영향으로 시간이 지나면 휘게 된다. 재질이 균일하고 단면의 넓이가 일정하며 길이가 L인 보가 휜 곡선 $y(x)$, $0 \le x \le L$

를 처짐곡선(deflection curve)이라고 한다. 탄성이론에 따르면, 보의 x지점에서의 휨 모멘트를 $M(x)$라 하고 하중을 $F(x)$라고 하면

$$\frac{d^2M}{dx^2}=F(x)$$

를 만족한다. 또 처짐곡선의 곡률을 $\kappa(x)$라고 하면

$$M(x)=EI\kappa(x)$$

이다. 여기서 E는 보의 재질의 탄성계수이고, I는 보의 수평축에 대한 관성모멘트이다.

(1) 곡선 $y(x)$의 곡률은 $\kappa(x)=\frac{y''}{[1+(y')^2]^{3/2}}$임을 미적분학에서 배웠다. 처짐 $y(x)$가 작으면 $y'\approx 0$이므로 근사적으로 $\kappa=y''$이라고 할 수 있다. 이를 이용하여 처짐이 작을 때 처짐곡선 $y(x)$는 미분방정식

$$EIy^{(4)}=F(x)$$

를 만족함을 보여라.

(2) 양 끝이 고정되어 있고 양 끝점에서의 처짐곡선의 기울기가 0이며 하중이 w로 일정한 보의 처짐곡선 y를 구하여라.

제 5 장

라플라스 변환

5.1 라플라스 변환의 정의

5.2 도함수와 적분의 라플라스 변환

5.3 평행이동 정리

5.4 디랙 델타함수와 주기함수

5.5 합성곱과 적분방정식

5.6 연립미분방정식과 라플라스 변환

5.1 라플라스 변환의 정의

두께가 0.1 mm인 종이를 50번 반복하여 접으면 두께가 어느 정도가 될지 생각해보자.

한 번 접으면 두께는 $2 \times 0.1\,\mathrm{mm} = 0.2\,\mathrm{mm}$

두 번 접으면 두께는 $2^2 \times 0.1\,\mathrm{mm} = 0.4\,\mathrm{mm}$

세 번 접으면 두께는 $2^3 \times 0.1\,\mathrm{mm} = 0.8\,\mathrm{mm}$

이므로 50번 접으면 두께는 $2^{50} \times 0.1\,\mathrm{mm}$이다. 이 두께는 어느 정도 될까?

우리는 고등학교 과정에서 로그를 이용하여 큰 수를 쉽게 계산할 수 있음을 공부하였다. 2^{50}이 몇 자리 수인지 알기 위해서 이 수를 상용로그를 취하고 $\log 2 = 0.3010$임을 이용하면

$$\log 2^{50} = 50 \log 2 = 15.0500$$

이다. 지표가 15이므로 2^{50}은 16자리 수이고, 가수가 0.0500이므로 로그표를 이용하면 2^{50}의 앞자리 숫자는 112임을 알 수 있다.

따라서

$$\begin{aligned} 2^{50} \times 0.1\,\mathrm{mm} &\approx 112,000,000,000,000\,\mathrm{mm} \\ &= 112,000,000\,\mathrm{km}, \end{aligned}$$

즉, 약 1억 1천 2백만km이다. 지구에서 태양까지의 거리가 약 1억 5천만km이므로 두께가 0.1 mm인 종이를 50번 반복하여 접으면 그 두께는 지구에서 태양까지 거리의 약 $\frac{3}{4}$ 정도가 된다.

위에서와 같이 로그를 이용하여 큰 수를 계산하는 과정을 단계별로 설명하면 다음과 같다.

- 1단계 : 계산하고자 하는 큰 수의 로그를 취한다.
- 2단계 : 로그의 성질과 로그표를 이용하여 이 값을 계산한다.
- 3단계 : 지표에 의하여 몇 자리 수인지 알 수 있고, 가수와 로그표를 이용하여 앞자리 수를 알 수 있다.

미분방정식 풀이에서 로그와 비슷한 역할을 하는 것이 라플라스 변환이다. 즉, 라플라스 변환을 이용하여 다음과 같은 방법으로 미분방정식을 풀 수 있다.

- 1단계 : 미분방정식을 라플라스 변환하여 보조방정식을 구한다.
- 2단계 : 보조방정식을 푼다.
- 3단계 : 역 라플라스 변환하여 미분방정식의 해를 구한다.

■ 라플라스 변환의 정의

먼저 라플라스 변환과 역 라플라스 변환의 정의부터 알아보자.

함수 $f(t)$가 $t \geq 0$에서 정의될 때, 이상적분

$$F(s) = \int_0^\infty e^{-st} f(t)\,dt$$

가 존재하면 $F(s)$를 $f(t)$의 **라플라스 변환(Laplace transform)**이라 하고, $\mathscr{L}(f)(s)$라고 나타내기도 한다. 또 이때 $f(t)$를 $F(s)$의 **역 라플라스 변환(inverse Laplace transform)**이라 하고 다음과 같이 나타낸다.

$$f(t) = \mathscr{L}^{-1}(F(s))(t)$$

일반적으로, 라플라스 변환하기 이전의 함수는 소문자로 나타내고 변수는 t를 쓰며, 라플라스 변환한 함수는 대문자로 나타내고 변수는 s를 쓴다. 즉, 함수 $f(t)$의 라플라스 변환은 $F(s)$로 나타내고, 함수 $y(t)$의 라플라스 변환은 $Y(s)$로 나타낸다.

[예제 1] 함수 $f(t) = e^{at}$, $t \geq 0$의 라플라스 변환을 구하여라.

풀이. 라플라스 변환의 정의에 의하여

$$\mathscr{L}(e^{at})(s) = \int_0^\infty e^{-st} e^{at}\,dt = \left[\frac{1}{-s+a} e^{-(s-a)t}\right]_{t=0}^{t=\infty} = \frac{1}{s-a}, \quad s > a$$

이다. □

✓문제 **1.** 함수 $f(t) = 1$, $t \geq 0$의 라플라스 변환을 구하여라.

위의 예제 1에서 보듯이, 일반적으로 어떤 함수의 라플라스 변환이 존재하기 위해서는 변수 s의 범위를 적당히 제한할 필요가 있다. 그러나 앞으로는 라플라스 변환이 존재하도록 변수 s가 충분히 제한되었다고 가정하고 s의 범위를 표시하지 않기로 하자.

[예제 2] $\mathscr{L}(t^n)(s) = \frac{n!}{s^{n+1}},\ n = 0, 1, 2, \ldots$임을 보여라.

풀이. 수학적 귀납법으로 보이자. 먼저 $n = 0$일 때는 문제 1에서

$$\mathscr{L}(1)(s) = \frac{1}{s}$$

임을 보일 수 있다. 이제 n일 때 성립한다고 하고 n+1일 때 성립함을 보이자. 즉, $\mathscr{L}(t^n)(s) = \frac{n!}{s^{n+1}}$이라 하고

$$\mathscr{L}(t^{n+1})(s) = \frac{(n+1)!}{s^{n+2}}$$

임을 보이자. 부분적분하면

$$\mathscr{L}(t^{n+1})(s) = \int_0^\infty e^{-st} t^{n+1}\, dt = \left[-\frac{1}{s} e^{-st} t^{n+1}\right]_{t=0}^{t=\infty} + \frac{n+1}{s} \int_0^\infty e^{-st} t^n\, dt$$

이다. s가 양수라면 $t \to \infty$일 때 $e^{-st} t^{n+1} \to 0$이므로

$$\mathscr{L}(t^{n+1})(s) = \frac{n+1}{s} \mathscr{L}(t^n)(s)$$

이다. 귀납가정에 의하여

$$\mathscr{L}(t^{n+1})(s) = \frac{n+1}{s} \frac{n!}{s^{n+1}} = \frac{(n+1)!}{s^{n+2}}$$

이므로 증명된다. □

✓문제 **2.** $\mathscr{L}(\cos at)(s) = \frac{s}{s^2+a^2}$임을 보여라.

■ 라플라스 변환의 선형성

라플라스 변환은 적분을 이용하여 정의하였으므로 적분과 마찬가지로 선형변환이다. 이 성질은 여러 가지 함수의 라플라스 변환을 구할 때 편리하게 이용된다.

> 정리 **5.1.** 함수 $f(t)$와 $g(t)$의 라플라스 변환이 존재하고 a, b가 상수이면
>
> $$\mathscr{L}\{af(t) + bg(t)\} = a\mathscr{L}(f(t)) + b\mathscr{L}(g(t))$$
>
> 이다. 즉, 라플라스 변환은 선형변환이다.

증명. 라플라스 변환의 정의에 의해서

$$\begin{aligned}\mathscr{L}(af(t)+bg(t))(s) &= \int_0^\infty e^{-st}(af(t)+bg(t))\,dt \\ &= a\int_0^\infty e^{-st}f(t)\,dt + b\int_0^\infty e^{-st}g(t)\,dt \\ &= a\mathscr{L}(f(t))(s) + b\mathscr{L}(g(t))(S)\end{aligned}$$

이므로 증명된다. □

[예제 3] 함수 $\cosh at$의 라플라스 변환을 구하여라.

풀이. $\cosh at = \frac{e^{at}+e^{-at}}{2}$이므로

$$\mathscr{L}(\cosh at)(s) = \frac{1}{2}\{\mathscr{L}(e^{at})(s) + \mathscr{L}(e^{-at})(s)\} = \frac{1}{2}\Big(\frac{1}{s-a} + \frac{1}{s+a}\Big) = \frac{s}{s^2-a^2}$$

이다. □

√문제 **3.** 함수 $\sinh at$의 라플라스 변환을 구하여라.

우리는 복소함수의 라플라스 변환은 공부하지는 않지만, 실수함수의 라플라스 변환과 유사하다. 예를 들어, e^{iat}의 라플라스 변환은 e^{at}의 라플라스 변환과 같이

$$\mathscr{L}(e^{iat})(s) = \frac{1}{s-ia}$$

이다.

앞의 문제 2에서는 라플라스 변환의 정의를 이용하여 $\cos at$의 라플라스 변환을 구하였다. 그러나 복소함수 e^{iat}의 라플라스 변환을 이용하면 $\cos at$와 $\sin at$의 라플라스 변환을 다음과 같이 구할 수도 있다.

$$e^{iat} = \cos at + i\sin at$$

이므로 양변을 라플라스 변환하면

$$\mathscr{L}(e^{iat})(s) = \mathscr{L}(\cos at)(s) + i\mathscr{L}(\sin at)(s)$$

이다. 그런데

$$\mathscr{L}(e^{iat})(s) = \frac{1}{s-ia} = \frac{s}{s^2+a^2} + i\frac{a}{s^2+a^2}$$

이므로 위의 두 식의 실수부분과 허수부분을 비교하면

$$\mathscr{L}(\cos at)(s) = \frac{s}{s^2+a^2}, \quad \mathscr{L}(\sin at)(s) = \frac{a}{s^2+a^2}$$

임을 알 수 있다.

지금까지 공부한 함수들의 라플라스 변환은 기억해 두는 것이 좋다. 이것을 요약하면 다음과 같다.

정리 5.2.

$$\mathscr{L}(t^n)(s) = \frac{n!}{s^{n+1}}, \quad n = 0, 1, 2, \ldots \qquad \mathscr{L}(e^{at})(s) = \frac{1}{s-a}$$

$$\mathscr{L}(\cos at)(s) = \frac{s}{s^2+a^2} \qquad \mathscr{L}(\sin at)(s) = \frac{a}{s^2+a^2}$$

■ 역 라플라스 변환의 선형성

정리 5.1에서 라플라스 변환이 선형변환임을 보였다. 다음 정리는 역 라플라스 변환도 선형변환임을 보여준다.

정리 5.3. 함수 f와 g의 라플라스 변환이 각각 F와 G이고 a, b가 상수이면 다음이 성립한다.

$$\mathscr{L}^{-1}\{aF(s) + bG(s)\} = a\mathscr{L}^{-1}(F(s)) + b\mathscr{L}^{-1}(G(s))$$

증명. 우변을 라플라스 변환하면 라플라스 변환의 선형성에 의해 다음과 같다.

$$\begin{aligned}\mathscr{L}\{a\mathscr{L}^{-1}(F(s)) + b\mathscr{L}^{-1}(G(s))\}(s) &= a\mathscr{L}(\mathscr{L}^{-1}(F(s)))(s) + b\mathscr{L}(\mathscr{L}^{-1}(G(s)))(s) \\ &= aF(s) + bG(s)\end{aligned}$$

따라서 정리가 증명되고 역 라플라스 변환도 선형변환임을 알 수 있다. □

[예제 4] $\mathscr{L}^{-1}(\frac{s^2+s-2}{s^2(s-2)})(t)$를 구하여라.

풀이. 부분분수로 나누면

$$\frac{s^2+s-2}{s^2(s-2)} = \frac{1}{s^2} + \frac{1}{s-2}$$

이므로

$$\mathscr{L}^{-1}\Big(\frac{s^2+s-2}{s^2(s-2)}\Big)(t) = \mathscr{L}^{-1}\Big(\frac{1}{s^2}\Big)(t) + \mathscr{L}^{-1}\Big(\frac{1}{s-2}\Big)(t) = t + e^{2t}$$

이다. □

✓문제 4. $\mathscr{L}^{-1}(\frac{s+1}{s^2+9})(t)$를 구하여라.

■ 라플라스 변환의 존재성

모든 함수의 라플라스 변환이 존재하는 것은 아니다. 예를 들면, $\mathscr{L}(\frac{1}{t})(s)$나 $\mathscr{L}(e^{t^2})(s)$는 존재하지 않는다. 왜냐하면, $0 \le t \le 1$에 대해서 K를

$$K = \min\{e^{-st} : 0 \le t \le 1\} \ge \begin{cases} 1, & s < 0 \\ e^{-s}, & s > 0 \end{cases}$$

이라고 하면

$$\int_0^\infty \frac{1}{t} e^{-st}\, dt \ge \int_0^1 \frac{1}{t} e^{-st}\, dt \ge K \int_0^1 \frac{1}{t}\, dt$$

이다. 그런데 $\int_0^1 \frac{1}{t}\, dt = \infty$이므로

$$\mathscr{L}\Big(\frac{1}{t}\Big)(s) = \int_0^\infty \frac{1}{t} e^{-st}\, dt \ge \infty$$

이기 때문에 $\mathscr{L}(\frac{1}{t})(s)$는 존재하지 않는다.

그러나 우리가 필요로 하는 대부분의 함수는 라플라스 변환이 존재한다. 라플라스 변환이 존재하기 위한 조건을 증명없이 소개하면 아래의 정리 5.4와 같다.

이 정리를 소개하기 위하여 먼저 용어를 하나 설명하자. 함수 $f(t)$가 닫힌구간 $[a,b]$에서 정의되어 있을 때, $[a,b]$가 유한개의 부분구간으로 나누어지고 각 부분구간에서 $f(t)$가 연속이고 양 끝점에서 극한값을 가지면 $f(t)$는 닫힌구간 $[a,b]$에서 **조각연속(piecewise continuous)** 이라고 한다.

정리 5.4. 함수 $f(t)$가 구간 $[0,\infty)$의 모든 유한 구간에서 조각연속이고, 적당한 상수 M과 k에 대하여

$$|f(t)| \le Me^{kt}$$

를 만족한다고 하자. 그러면 $s>k$에 대하여 $\mathscr{L}(f(t))(s)$는 존재한다.

그러나 정리 5.4의 조건은 어떤 함수의 라플라스 변환이 존재하기위한 충분조건이지 필요조건은 아니다. 즉, 이 조건을 만족하면 반드시 라플라스 변환이 존재하지만, 이 조건을 만족하지 않는다고 해서 라플라스 변환이 존재하지 않는다고 할 수는 없다.

예를 들면, $f(t)=\frac{1}{\sqrt{t}}$은 $t\to 0$일 때 $f(t)\to\infty$이므로

$$f(t) < Me^{kt}$$

를 만족하는 상수 M과 k가 없다. 하지만

$$\mathscr{L}\Big(\frac{1}{\sqrt{t}}\Big)(s) = \int_0^\infty e^{-st}t^{-1/2}\,dt$$

에서 $s>0$일 때 $v^2=st$라 치환하면

$$\mathscr{L}\Big(\frac{1}{\sqrt{t}}\Big)(s) = \frac{2}{\sqrt{s}}\int_0^\infty e^{-v^2}\,dv$$

이다. 그런데 $\int_{-\infty}^{\infty} e^{-v^2}\,dv=\sqrt{\pi}$이므로

$$\mathscr{L}\Big(\frac{1}{\sqrt{t}}\Big)(s) = \sqrt{\frac{\pi}{s}}$$

로 라플라스 변환이 존재한다.

연습문제 5.1

[1-4] 라플라스 변환의 성질과 정리 5.2의 공식을 이용하여 다음 함수의 라플라스 변환을 구하여라.

1. $f(t)=3+4t^2$

2. $f(t) = 5t - 3e^{-2t}$

3. $f(t) = 2\sin t + 3\cos 3t$

4. $f(t) = (1 - e^{3t})^2$

[5-6] 라플라스 변환의 정의를 이용하여 다음 함수의 라플라스 변환을 구하여라.

5. $f(t) = \begin{cases} 1-t, & 0 \le t \le 1 \\ 0, & t \ge 1 \end{cases}$

6. $f(t) = \begin{cases} \cos t, & 0 \le t \le \frac{\pi}{2} \\ 0, & t \ge \frac{\pi}{2} \end{cases}$

[7-8] 다음 함수의 역 라플라스 변환을 구하여라.

7. $\frac{1}{s^4}$

8. $\frac{4s^2-3s+4}{s^3}$

[심화 프로젝트]

9. $\alpha > 0$에 대하여 $\Gamma(\alpha) = \int_0^\infty t^{\alpha-1}e^{-t}\,dt$를 **감마함수(gamma function)**라고 한다.

   (1) $\Gamma(\alpha+1) = \alpha\Gamma(\alpha)$임을 보여라.

   (2) n이 자연수일 때 $\Gamma(n+1) = n!$임을 보여라.

   (3) $\alpha > 0$일 때 $\mathscr{L}(t^\alpha)(s) = \frac{\Gamma(\alpha+1)}{s^{\alpha+1}}$임을 보여라.

   (4) $\Gamma(\frac{1}{2}) = \sqrt{\pi}$와 (3)의 결과를 이용하여 $\mathscr{L}(t^{3/2})(s)$를 구하여라.

5.2 도함수와 적분의 라플라스 변환

라플라스 변환을 이용하여 미분방정식을 풀기 위해서는 도함수의 라플라스 변환을 구할 수 있어야 한다. 이 절에서는 도함수와 적분의 라플라스 변환을 공부해보자.

■ 도함수의 라플라스 변환

정리 **5.5 (도함수의 라플라스 변환).** 함수 $f(t)$가 구간 $[0,\infty)$에서 연속이고 적당한 상수 k와 M에 대하여 다음 부등식을 만족한다고 하자.

$$|f(t)| \le Me^{kt}$$

또 $f'(t)$가 구간 $[0,\infty)$의 모든 유한 구간에서 조각연속이라고 하자. 그러면 $s>k$일 때 $f'(t)$의 라플라스 변환은 존재하고 다음 성질이 성립한다.

$$\mathscr{L}(f')(s) = s\mathscr{L}(f)(s) - f(0)$$

증명. 좀 더 강한 조건 아래에서 증명해 보자. $f'(t)$가 구간 $[0,\infty)$에서 연속이면 부분적분법에 의해

$$\mathscr{L}(f')(s) = \int_0^\infty e^{-st} f'(t)\,dt = \left[e^{-st}f(t)\right]_{t=0}^{t=\infty} + s\int_0^\infty e^{-st} f(t)\,dt$$

이다. 그런데 $|f(t)| \le Me^{kt}$이므로 $s>k$이면

$$\lim_{t\to\infty} e^{-st} f(t) = 0$$

이다. 따라서

$$\mathscr{L}(f')(s) = s\mathscr{L}(f)(s) - f(0)$$

이다. □

정리 5.5를 이용하면 f''의 라플라스 변환을 다음과 같이 구할 수 있다. f가 적당한 조건을

만족한다고 하고 $f''(t)=(f')'(t)$에 대하여 정리 5.5를 반복적용하면

$$\begin{aligned}\mathscr{L}(f'')(s) &= s\mathscr{L}(f')(s)-f'(0)\\ &= s\{s\mathscr{L}(f)(s)-f(0)\}-f'(0)\\ &= s^2\mathscr{L}(f)(s)-sf(0)-f'(0)\end{aligned}$$

이다. 이 과정을 일반화하면 다음 정리를 얻을 수 있다.

정리 **5.6.** 함수 $f(t)$와 $f'(t), f''(t), \ldots, f^{(n-1)}(t)$가 구간 $[0,\infty)$에서 연속이고 적당한 상수 k와 M에 대하여 다음 부등식을 만족한다고 하자.

$$|f(t)|\le Me^{kt},\quad |f^{(i)}(t)|\le Me^{kt},\quad i=1,2,\ldots,n-1$$

또 $f^{(n)}(t)$가 구간 $[0,\infty)$의 모든 유한 구간에서 조각연속이라고 하자. 그러면 $s>k$일 때 $f^{(n)}(t)$의 라플라스 변환은 존재하고 다음 성질이 성립한다.

$$\mathscr{L}(f^{(n)})(s)=s^n\mathscr{L}(f)(s)-s^{n-1}f(0)-s^{n-2}f'(0)-\cdots-f^{(n-1)}(0)$$

[예제 **1]** $f(t)=te^{3t}$의 라플라스 변환을 구하여라.

풀이**.** 미분하면

$$f'(t)=e^{3t}+3te^{3t}=e^{3t}+3f(t)$$

이므로

$$\mathscr{L}(f')(s)=\frac{1}{s-3}+3\mathscr{L}(f)(s)$$

이다. 그런데 $f(0)=0$이므로 정리 5.5에 의하여

$$\mathscr{L}(f')(s)=s\mathscr{L}(f)(s)$$

이다. 따라서

$$\frac{1}{s-3}+3\mathscr{L}(f)(s)=s\mathscr{L}(f)(s)$$

이고, 정리하면

$$\mathscr{L}(te^{3t})(s) = \frac{1}{(s-3)^2}$$

이다. □

✓문제 **1.** $f(t) = t\sin 5t$의 라플라스 변환을 구하여라.

■ 미분방정식의 풀이

이제 라플라스 변환을 이용하여 미분방정식을 풀어보자.

[예제 2] 다음 초기값문제의 해를 구하여라.

$$y' + y = 2\sin t, \quad y(0) = 4$$

풀이. 양변을 라플라스 변환하고 $Y = \mathscr{L}(y)$라고 놓으면

$$sY - 4 + Y = \frac{2}{s^2+1}$$

이다. 이 식을 Y에 대하여 풀면

$$Y = \frac{2}{(s+1)(s^2+1)} + \frac{4}{s+1}$$

이다. 역변환 하기 위하여 첫째항을 부분분수로 만들자. 즉,

$$\frac{2}{(s+1)(s^2+1)} = \frac{A}{s+1} + \frac{Bs+C}{s^2+1}$$

라고 하자. 우변을 정리하여 양변의 분자를 비교하면

$$A(s^2+1) + (s+1)(Bs+C) = 2$$

이다. $s = -1$을 대입하면 $A = 1$이고, $s = 0$을 대입하면 $A + C = 2$이므로 $C = 1$이다. 또 s의 계수를 비교하면 $B + C = 0$이므로 $B = -1$이다. 따라서

$$Y = \frac{5}{s+1} + \frac{-s+1}{s^2+1}$$

이다. 이제 역 라플라스 변환하면

$$\begin{aligned} y(t) &= \mathscr{L}^{-1}\Big(\frac{5}{s+1}\Big)(t) - \mathscr{L}^{-1}\Big(\frac{s}{s^2+1}\Big)(t) + \mathscr{L}^{-1}\Big(\frac{1}{s^2+1}\Big)(t) \\ &= 5e^{-t} - \cos t + \sin t \end{aligned}$$

이다. □

✓문제 **2.** 다음 초기값문제의 해를 구하여라.

$$y'' - 9y = 0, \quad y(0) = 1, \quad y'(0) = 9$$

초기조건이 $t=0$일 때가 아니라 $t=t_0$일 때의 값으로 주어지는 초기값문제도 라플라스 변환을 이용하여 풀 수 있다.

[예제 3] 다음 초기값문제의 해를 구하여라.

$$y'' + 4y = 8t, \quad y\Big(\frac{\pi}{2}\Big) = 2\pi, \quad y'\Big(\frac{\pi}{2}\Big) = 1$$

풀이**.** 양변을 라플라스 변환하고 $c_1 = y(0)$, $c_2 = y'(0)$라고 하면

$$s^2Y - c_1s - c_2 + 4Y = \frac{8}{s^2}$$

이다. 이 식을 Y에 대하여 풀면

$$Y = \frac{8}{s^2(s^2+4)} + \frac{c_1s + c_2}{s^2+4}$$

이고, 부분분수로 만들면

$$Y = 2\Big(\frac{1}{s^2} - \frac{1}{s^2+4}\Big) + \frac{c_1s}{s^2+4} + \frac{c_2}{s^2+4}$$

이므로 역 라플라스 변환하면

$$y(t) = 2t + \Big(\frac{c_2}{2} - 1\Big)\sin 2t + c_1\cos 2t$$

이다. 이제 초기조건을 이용하면

$$y\left(\frac{\pi}{2}\right) = \pi - c_1 = 2\pi$$

이므로 $c_1 = -\pi$이고,

$$y'(t) = 2 + (c_2 - 2)\cos 2t - 2c_1 \sin 2t$$

로부터

$$y'\left(\frac{\pi}{2}\right) = 2 - (c_2 - 2) = 1$$

이므로 $c_2 = 3$이다. 따라서

$$y(t) = 2t + \frac{1}{2}\sin 2t - \pi \cos 2t$$

이다. □

예제 3에서 $\tau = t - \frac{\pi}{2}$, $z(\tau) = y(t)$로 치환하면 미분방정식은 다음과 같이 변형된다.

$$\frac{d^2 z}{d\tau^2} + 4z = 8\tau + 4\pi, \quad z(0) = 2\pi, \quad \frac{dz}{d\tau}(0) = 1$$

이 방정식을 푼 다음 원래의 변수 t와 y로 다시 치환하여도 같은 결과를 얻을 수 있다.

✓문제 **3.** 다음 초기값문제의 해를 구하여라.

$$4y'' + y = 0, \quad y(\pi) = 2, \quad y'(\pi) = \frac{3}{2}$$

■ 적분의 라플라스 변환

적분은 미분의 역과정이므로 도함수의 라플라스 변환을 이용하면 적분으로 표현된 함수의 라플라스 변환을 구할 수 있다.

정리 5.7 (적분의 라플라스 변환). 함수 $f(t)$가 구간 $[0,\infty)$에서 조각연속이고, 적당한 상수 k와 M에 대하여 $|f(t)| \le Me^{kt}$를 만족한다고 하자. $\mathscr{L}(f(t)) = F(s)$라고 하면

$$\mathscr{L}\Big(\int_0^t f(\tau)\,d\tau\Big)(s) = \frac{1}{s}F(s)$$

이다. 역 라플라스 변환으로 나타내면 다음과 같다.

$$\mathscr{L}^{-1}\Big(\frac{1}{s}F(s)\Big)(t) = \int_0^t f(\tau)\,d\tau$$

증명. 함수 $f(t)$가 $|f(t)| \le Me^{kt}$를 만족하므로 $f(t)$의 라플라스 변환 $F(s)$가 존재한다. $g(t) = \int_0^t f(\tau)\,d\tau$라고 하면 $g(t)$는 연속이고

$$|g(t)| \le \int_0^t |f(\tau)|\,d\tau \le M\int_0^t e^{k\tau}\,d\tau = \frac{M}{k}(e^{kt}-1) \le \frac{M}{k}e^{kt}$$

이므로 정리 5.4에 의하여 $g(t)$의 라플라스 변환도 존재하고, 정리 5.5를 이용하여 $g'(t)$의 라플라스 변환도 구할 수 있다. 그런데 $g'(t) = f(t)$이고 $g(0) = 0$이므로

$$F(s) = \mathscr{L}(f(t))(s) = \mathscr{L}(g'(t))(s) = s\mathscr{L}(g(t))(s) = s\mathscr{L}\Big(\int_0^t f(\tau)\,d\tau\Big)(s)$$

가 된다. 즉,

$$\mathscr{L}\Big(\int_0^t f(\tau)\,d\tau\Big)(s) = \frac{1}{s}F(s)$$

이다. □

[예제 4] 적분의 라플라스 변환을 이용하여 $\frac{1}{s(s^2+4)}$의 역 라플라스 변환을 구하여라.

풀이. 먼저 $\frac{1}{s^2+4}$의 역 라플라스 변환을 구하면

$$\mathscr{L}^{-1}\Big(\frac{1}{s^2+4}\Big)(t) = \frac{1}{2}\sin 2t$$

이므로

$$\mathscr{L}^{-1}\Big(\frac{1}{s(s^2+4)}\Big)(t)=\frac{1}{2}\int_0^t \sin 2\tau\, d\tau=\Big[-\frac{1}{4}\cos 2\tau\Big]_0^t=\frac{1}{4}(1-\cos 2t)$$

이다. □

✓문제 4. 적분의 라플라스 변환을 이용하여 $\frac{1}{s(s-a)}$, $a\neq 0$의 역 라플라스 변환을 구하여라.

■ 라플라스 변환의 미분

예제 1과 문제 1의 함수는 모두 $tf(t)$ 형태이다. 이런 형태의 함수는 다음 정리를 이용하여 라플라스 변환을 구할 수도 있다. 이 식은 라플라스 변환의 미분에 대한 공식이기도 하다.

> 정리 5.8 (**라플라스 변환의 미분**). $s>k$일 때 함수 $f(t)$의 라플라스 변환이 존재하면, $s>k$일 때 함수 $tf(t)$의 라플라스 변환이 존재하고 다음 성질이 성립한다.
>
> $$\mathscr{L}(tf(t))(s)=-\frac{d}{ds}\mathscr{L}(f(t))(s)$$

증명. 함수 $tf(t)$의 라플라스 변환의 존재성에 대한 증명은 생략하고 라플라스 변환식만 구해보기로 하자.

$$\frac{d}{ds}\mathscr{L}(f(t))(s)=\frac{d}{ds}\int_0^\infty e^{-st}f(t)\,dt$$

이다. 우변에서 미분과 적분의 순서를 바꾸면

$$\frac{d}{ds}\mathscr{L}(f(t))(s)=\int_0^\infty \frac{d}{ds}\Big\{e^{-st}f(t)\Big\}\,dt=-\int_0^\infty te^{-st}f(t)\,dt=-\mathscr{L}(tf(t))(s)$$

이므로 증명된다. □

정리 5.8을 반복하여 적용하면 자연수 n에 대하여 다음 관계식을 얻을 수 있다.

$$\mathscr{L}(t^n f(t))(s)=(-1)^n\frac{d^n}{ds^n}\mathscr{L}(f(t))(s)$$

[예제 5] 정리 5.8을 이용하여 $f(t)=te^{3t}$의 라플라스 변환을 구하여라.

풀이. 정리 5.8에 의하여

$$\mathscr{L}(te^{3t})(s) = -\frac{d}{ds}\mathscr{L}(e^{3t})(s) = -\frac{d}{ds}\left(\frac{1}{s-3}\right) = \frac{1}{(s-3)^2}$$

이다. □

✓문제 **5.** 정리 5.8을 이용하여 $f(t) = t^2 \sin at$의 라플라스 변환을 구하여라.

연습문제 5.2

[1-4] 다음 함수의 라플라스 변환을 구하여라.

1. $f(t) = \sin^2 3t$
2. $f(t) = \cos^2 t$
3. $f(t) = t\cos 2t$
4. $f(t) = t^2 e^{-t}$

[5-10] 라플라스 변환을 이용하여 다음 초기값문제를 풀어라.

5. $y'' - 4y = 0, \quad y(0) = 1, \quad y'(0) = 2$
6. $y'' + 4y = 0, \quad y(0) = 1, \quad y'(0) = 2$
7. $y'' - 3y' + 2y = 4t - 6, \quad y(0) = 1, \quad y'(0) = 3$
8. $y' + y = \sin t, \quad y(\pi) = \frac{3}{2}e^{-\pi} + \frac{1}{2}$
9. $y'' - 3y' + 2y = 3e^{-t}, \quad y(0) = 0, \quad y(\ln 2) = \frac{5}{4}$
10. $ty'' + ty' - y = 0, \quad y(0) = 0, \quad y'(0) = 3$

[심화 프로젝트]

11. $\mathscr{L}(f(t))(s) = F(s)$이고, 반복적분의 적분순서를 바꿀 수 있다고 하자.

(1) $\mathscr{L}(\frac{1}{t}f(t))(s) = \int_s^\infty F(v)\,dv$임을 보여라.

(2) $\frac{\sin 2t}{t}$의 라플라스 변환을 구하여라.

(3) $\ln(1+\frac{a^2}{s^2})$의 역 라플라스 변환을 구하여라.

5.3 평행이동 정리

어떤 함수의 라플라스 변환을 구할 때 정의를 이용하여 구하는 것은 불편할 때가 많다. 이 절에서는 라플라스 변환을 이미 알고 있는 함수를 이용하여 새로운 함수의 라플라스 변환을 쉽게 구할 수 있는 정리들을 공부해 보자.

■ s-이동 정리

> 정리 **5.9** (s-**이동 정리, 제1이동 정리**). $\mathscr{L}(f(t))(s) = F(s)$이고 a가 실수이면
>
> $$\mathscr{L}(e^{at}f(t))(s) = F(s-a)$$
>
> 이다. 역 라플라스 변환으로 나타내면 다음과 같다.
>
> $$\mathscr{L}^{-1}(F(s-a))(t) = e^{at}f(t)$$

증명. 라플라스 변환의 정의에 의하여

$$\mathscr{L}(e^{at}f(t))(s) = \int_0^\infty e^{-st}e^{at}f(t)\,dt = \int_0^\infty e^{-(s-a)t}f(t)\,dt = F(s-a)$$

이므로 증명된다. □

[예제 **1]** $\mathscr{L}(e^{2t}t^3)(s)$를 구하여라.

풀이. $\mathscr{L}(t^3)(s) = \frac{6}{s^4}$이므로

$$\mathscr{L}(e^{2t}t^3)(s) = \frac{6}{(s-2)^4}$$

이다. □

✓문제 **1.** $\mathscr{L}(e^{3t}\cos 2t)(s)$를 구하여라.

다음 예제에서는 s-이동정리를 이용하여 역 라플라스 변환을 구해보자.

[예제 2] 함수 $\frac{2s+1}{s^2+2s+5}$의 역 라플라스 변환을 구하여라.

풀이. 분모를 완전제곱꼴로 변형하면

$$\frac{2s+1}{s^2+2s+5} = \frac{2(s+1)-1}{(s+1)^2+4}$$

이므로

$$\begin{aligned}\mathscr{L}^{-1}\Big(\frac{2s+1}{s^2+2s+5}\Big)(t) &= 2\mathscr{L}^{-1}\Big(\frac{s+1}{(s+1)^2+4}\Big)(t) - \frac{1}{2}\mathscr{L}^{-1}\Big(\frac{2}{(s+1)^2+4}\Big)(t)\\ &= 2e^{-t}\cos 2t - \frac{1}{2}e^{-t}\sin 2t\end{aligned}$$

이다. □

✓문제 **2.** 함수 $\frac{5}{s^2+4s+29}$의 역 라플라스 변환을 구하여라.

다음 예제의 초기값문제를 라플라스 변환을 이용하여 풀기 위해서는 s-이동정리가 필요하다.

[예제 3] 다음 초기값문제의 해를 구하여라.

$$y'' - 4y' + 13y = 13 + 18e^{-t}, \quad y(0) = 0, \quad y'(0) = 0$$

풀이. 양변을 라플라스 변환하면

$$s^2Y - 4sY + 13Y = \frac{13}{s} + \frac{18}{s+1}$$

이므로

$$(s^2 - 4s + 13)Y = \frac{31s+13}{s(s+1)}$$

즉,

$$Y = \frac{31s+13}{s(s+1)(s^2-4s+13)}$$

이다. 부분분수로 분해하면

$$Y = \frac{1}{s} + \frac{1}{s+1} + \frac{-2s+9}{s^2-4s+13} = \frac{1}{s} + \frac{1}{s+1} + \frac{-2(s-2)+5}{(s-2)^2+9}$$

이므로 역변환하면

$$\begin{aligned} y(t) &= \mathscr{L}^{-1}\Big(\frac{1}{s}\Big)(t) + \mathscr{L}^{-1}\Big(\frac{1}{s+1}\Big)(t) - 2\mathscr{L}^{-1}\Big(\frac{s-2}{(s-2)^2+9}\Big)(t) + \frac{5}{3}\mathscr{L}^{-1}\Big(\frac{3}{(s-2)^2+9}\Big)(t) \\ &= 1 + e^{-t} - 2e^{2t}\cos 3t + \frac{5}{3}e^{2t}\sin 3t \end{aligned}$$

이다. □

✓문제 **3.** 다음 초기값문제의 해를 구하여라.

$$y'' - 6y' + 13y = 13, \quad y(0) = 1, \quad y'(0) = 9$$

■ 단위계단함수

함수 $f(t)$가 $t \ge 0$에서 정의되어 있을 때, 이 함수를 t축으로 $a > 0$만큼 평행이동 시킨 함수 $f(t-a)$의 라플라스 변환을 구하는 것을 생각해 보자. 함수 $f(t-a)$는 $t \ge a$에서 정의되는데, 라플라스 변환은 구간 $[0, \infty)$에서의 적분이므로 $f(t-a)$는 이 상태로는 라플라스 변환을 구할 수 없다. 따라서 새로운 개념이 필요하다.

다음과 같이 정의된 함수 $u(t-a)$를 **단위계단함수(unit step function)** 또는 **히비사이드 함수(Heaviside function)**라고 한다.

$$u(t-a) = \begin{cases} 0, & 0 \le t < a \\ 1, & t \ge a \end{cases}$$

아래 그림 5.1에 있는 $u(t-a)$의 그래프를 보면 왜 단위계단함수라고 부르는지 알 수 있다.

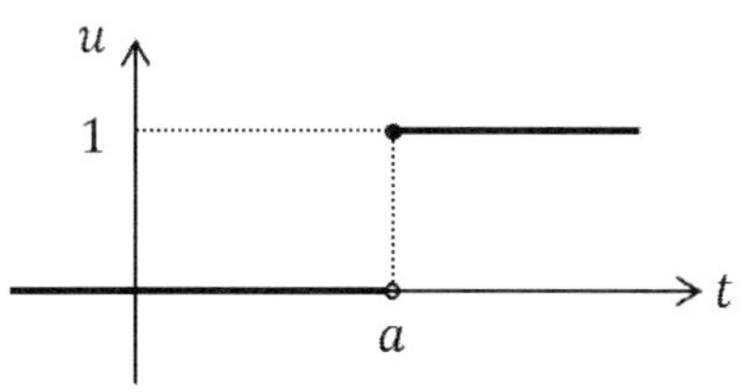

그림 5.1. 단위계단함수 $u(t-a)$

[예제 4] 다음 함수를 단위계단함수를 이용하여 표현하여라.

$$f(t)=\begin{cases}0, & 0\le t<1\\ t^2, & 1\le t<2\\ 0, & t\ge 2\end{cases}$$

풀이. 함수가 $t=1$과 $t=2$를 경계로하여 다르게 정의되어 있으므로 $u(t-1)$과 $u(t-2)$를 이용하자.

$$u(t-1)-u(t-2)=\begin{cases}0, & 0\le t<1\\ 1, & 1\le t<2\\ 0, & t\ge 2\end{cases}$$

이므로

$$f(t)=t^2\{u(t-1)-u(t-2)\}$$

이다. □

✓문제 **4.** 다음 함수를 단위계단함수를 이용하여 표현하여라.

$$f(t)=\begin{cases}3, & 0\le t<\pi\\ \cos t, & t\ge \pi\end{cases}$$

예제 4와 문제 4의 결과를 일반화하여

$$f(t)=\begin{cases}g(t), & 0\le t<a\\ h(t), & a\le t<b\\ k(t), & t\ge b\end{cases}$$

를 단위계단함수를 이용하여 표현해 보자. 함수 $f(t)$는 다음 세 함수의 합으로 나타낼 수 있다.

$$\begin{cases} g(t), & 0 \le t < a \\ 0, & t \ge a \end{cases}, \quad \begin{cases} 0, & 0 \le t < a \\ h(t), & a \le t < b \\ 0, & t \ge b \end{cases}, \quad \begin{cases} 0, & 0 \le t < b \\ k(t), & t \ge b \end{cases}$$

따라서 예제 4와 문제 4에서와 같은 방법으로

$$f(t) = g(t)\{1 - u(t-a)\} + h(t)\{u(t-a) - u(t-b)\} + k(t)u(t-b)$$

이다.

[예제 5] 단위계단함수 $u(t-a)$의 라플라스 변환을 구하여라.

풀이. 라플라스 변환과 단위계단함수의 정의에 의하여

$$\mathscr{L}(u(t-a))(s) = \int_0^\infty e^{-st}u(t-a)\,dt = \int_a^\infty e^{-st}\,dt = \Big[-\frac{e^{-st}}{s}\Big]_{t=a}^{t=\infty}$$

이다. 그런데 $s > 0$이라면 $t \to \infty$일 때 $e^{-st} \to 0$이므로

$$\mathscr{L}(u(t-a))(s) = \frac{e^{-as}}{s}$$

이다. □

✓문제 **5.** 단위계단함수를 이용하여 다음 함수의 라플라스 변환을 구하여라.

$$f(t) = \begin{cases} 0, & 0 \le t < 3 \\ 2, & t \ge 3 \end{cases}$$

■ t-이동 정리

$t \ge 0$에서 정의된 함수 $f(t)$를 t축으로 a만큼 평행 이동한 함수 $f(t-a)$는 구간 $[0,a)$에서는 정의되지 않았으므로 라플라스 변환을 구할 수는 없다. 따라서 구간 $[0,a)$에서는 0이고 $t \ge a$

일 때는 $f(t-a)$와 같은 함수, 즉,

$$f(t-a)u(t-a)=\begin{cases}0, & 0\le t<a\\ f(t-a), & t\ge a\end{cases}$$

의 라플라스 변환을 구해보자.

정리 5.10 (t-이동 정리, 제2이동 정리). $\mathscr{L}(f(t))(s)=F(s)$이고 $a>0$이면

$$\mathscr{L}(f(t-a)u(t-a))(s)=e^{-as}F(s)$$

이다. 역 라플라스 변환으로 나타내면 다음과 같다.

$$\mathscr{L}^{-1}(e^{-as}F(s))(s)=f(t-a)u(t-a)$$

증명. 라플라스 변환과 단위계단함수의 정의에 의하여

$$\begin{aligned}\mathscr{L}(f(t-a)u(t-a))(s)&=\int_0^\infty e^{-st}f(t-a)u(t-a)\,dt\\&=\int_0^a e^{-st}f(t-a)u(t-a)\,dt+\int_a^\infty e^{-st}f(t-a)u(t-a)\,dt\\&=\int_a^\infty e^{-st}f(t-a)\,dt\end{aligned}$$

이다. $v=t-a$라고 치환하면 $dv=dt$이고 $a\le t<\infty$일 때 $0\le v<\infty$이므로

$$\begin{aligned}\mathscr{L}(f(t-a)u(t-a))(s)&=\int_0^\infty e^{-s(v+a)}f(v)\,dv\\&=e^{-as}\int_0^\infty e^{-sv}f(v)\,dv\\&=e^{-as}\mathscr{L}(f(t))(s)\end{aligned}$$

이다. □

[예제 6] 다음 함수의 라플라스 변환을 구하여라.

$$g(t) = \begin{cases} 0, & 0 \le t < 4 \\ t^2, & t \ge 4 \end{cases}$$

풀이. 함수 $g(t)$를 단위계단함수를 이용하여 나타내면

$$g(t) = t^2 u(t-4)$$

이다. 정리 5.10은 $f(t-a)u(t-a)$ 형태의 함수의 라플라스 변환을 구하는 공식이므로 함수 $g(t)$를 다음과 같이 변형하자.

$$\begin{aligned} g(t) &= (t-4+4)^2 u(t-4) \\ &= \{(t-4)^2 + 8(t-4) + 16\} u(t-4) \end{aligned}$$

따라서 $g(t)$는 $f(t) = t^2 + 8t + 16$을 t축으로 4만큼 평행이동 시킨 함수이므로 정리 5.9에 의하여

$$\mathscr{L}(g(t))(s) = e^{-4s}\left(\frac{2}{s^3} + \frac{8}{s^2} + \frac{16}{s}\right)$$

이다. □

√문제 **6.** 다음 함수의 라플라스 변환을 구하여라.

$$g(t) = \begin{cases} 0, & 0 \le t < \pi \\ \cos t, & t \ge \pi \end{cases}$$

t-이동 정리를 이용하여 역 라플라스 변환을 구해보자.

[예제 7] 다음 함수의 역 라플라스 변환을 구하여라.

$$F(s) = \frac{2}{s-3} e^{-2s} + \frac{1}{s^2+4} e^{-\pi s}$$

풀이. 지수함수 부분이 없다면 두 항의 역변환은 각각 $2e^{3t}$와 $\frac{1}{2}\sin 2t$이다. 따라서 t-이동 정리에 의하여

$$f(t) = 2e^{3(t-2)}u(t-2) + \frac{1}{2}\sin\{2(t-\pi)\}u(t-\pi)$$

이다. t의 범위에 따라 나누어 정리하면

$$f(t) = \begin{cases} 0, & 0 \le t < 2 \\ 2e^{3(t-2)}, & 2 \le t < \pi \\ 2e^{3(t-2)} + \frac{1}{2}\sin(2t), & t \ge \pi \end{cases}$$

이다. □

✓문제 **7.** 다음 함수의 역 라플라스 변환을 구하여라.

$$F(s) = \frac{e^{-s}}{s^2 + \pi^2} + \frac{e^{-2s}}{(s+2)^3}$$

다음 예제에서는 단위계단함수와 t-이동 정리가 필요한 초기값 문제를 풀어보자.

[예제 8] 다음 초기값문제를 풀어라.

$$y'' + 2y' = \begin{cases} \cos t, & 0 \le t < \pi \\ 0, & t \ge \pi \end{cases}, \quad y(0) = 0, \quad y'(0) = 0$$

풀이. 우변의 함수는 단위계단함수를 이용하여 다음과 같이 변형할 수 있다.

$$\cos t\{1 - u(t-\pi)\} = \cos t + \cos(t-\pi)u(t-\pi)$$

따라서 주어진 미분방정식의 양 변을 라플라스 변환하면

$$s^2Y + 2sY = \frac{s}{s^2+1} + \frac{s}{s^2+1}e^{-\pi s}$$

이므로

$$Y = \frac{1}{(s+2)(s^2+1)}(1+e^{-\pi s})$$

이다. 부분분수로 변형하면

$$Y = \frac{1}{5}\Big(\frac{1}{s+2} + \frac{-s+2}{s^2+1}\Big)(1+e^{-\pi s})$$

이므로 역변환하면

$$\begin{aligned} y(t) &= \frac{1}{5}(e^{-2t} - \cos t + 2\sin t) + \frac{1}{5}\{e^{-2(t-\pi)} - \cos(t-\pi) + 2\sin(t-\pi)\}u(t-\pi) \\ &= \frac{1}{5}(e^{-2t} - \cos t + 2\sin t) + \frac{1}{5}\{e^{-2(t-\pi)} + \cos t - 2\sin t\}u(t-\pi) \end{aligned}$$

이다. t의 범위에 따라 나누어 정리하면

$$y(t) = \begin{cases} \frac{1}{5}(e^{-2t} - \cos t + 2\sin t), & 0 \le t < \pi \\ \frac{1}{5}(e^{-2t} + e^{-2(t-\pi)}), & t \ge \pi \end{cases}$$

이다. □

✓문제 **8.** 다음 초기값문제를 풀어라.

$$y'' + y' = \begin{cases} 1, & 0 \le t < 1 \\ 0, & t \ge 1 \end{cases}, \quad y(0) = 0, \quad y'(0) = 0$$

연습문제 5.3

[1-4] 다음 함수의 라플라스 변환을 구하여라.

1. $e^{2t}\sin 5t$

2. $t^2 e^{-t}$

3. $f(t)=\begin{cases} 1, & 0 \le t < \frac{\pi}{2} \\ \cos t, & t \ge \frac{\pi}{2} \end{cases}$

4. $f(t)=\cos at \cosh at$

[5-7] 다음 함수의 역 라플라스 변환을 구하여라.

5. $\frac{s}{s^2-4s+13}$

6. $\frac{2}{(s-2)^4}$

7. $\frac{s}{s^2+\pi^2}e^{-s}+\frac{1}{s^2+9}e^{-\pi s}$

[8-11] 다음 초기값문제를 풀어라.

8. $y''-3y'+4y=0, \quad y(0)=1, \quad y'(0)=5$

9. $y''+2y'+2y=t, \quad y(0)=1, \quad y'(0)=1$

10. $y'+y=\begin{cases} 0, & 0 \le t < \pi \\ 3\sin t, & t \ge \pi \end{cases}, \quad y(0)=5$

11. $y''+3y'+2y=\begin{cases} 6e^t, & 0 \le t < 1 \\ 0, & t \ge 1 \end{cases}, \quad y(0)=0, \quad y'(0)=0$

[심화 프로젝트]

12. 다음과 같은 형태의 방정식을 **라게르 방정식(Laguerre equation)**이라고 한다.

$$ty''+(1-t)y'+ny=0, \quad y(0)=1$$

여기서 n은 음 아닌 정수이다. 다음 순서로 라게르 방정식의 해를 구하여라.

(1) 양변을 라플라스 변환하고 연습문제 12를 이용하면 다음 방정식을 얻을 수 있음을 보여라.

$$(s-s^2)Y'+(n+1-s)Y=0$$

(2) (1)의 미분방정식을 풀어 Y를 구하여라.

(3) 다음 함수들을 순서대로 역변환을 계산하여 (2)에서 구한 Y의 역변환을 구하고 라게르 방정식의 해를 구하여라. 라게르 방정식의 해를 **라게르 다항식(Laguerre polynomial)**이라고 한다.

$$\frac{1}{s^{n+1}}, \quad \frac{1}{(s+1)^{n+1}}, \quad \frac{s^n}{(s+1)^{n+1}}, \quad \frac{(s-1)^n}{s^{n+1}}$$

5.4 디락 델타함수와 주기함수

역학계에서는 아주 짧은 시간 동안 매우 큰 힘이 가해지는 경우가 종종 있다. 예를 들면, 테니스공이나 탁구공을 라켓으로 치는 순간이나 축구공을 발로 차는 순간, 야구공을 배트로 치는 순간 등이다. 또 용수철 운동에서 용수철에 매달린 물체를 망치로 칠때도 아주 짧은 시간 동안 매우 큰 힘이 가해진다. 이러한 현상을 수학적으로 분석하려면 특별한 형태의 함수가 필요하다.

■ 디락 델타함수

k가 아주 작은 양수일 때 다음 함수를 생각해 보자.

$$\delta_k(t-a)=\begin{cases}\frac{1}{k}, & a\le t<a+k\\ 0, & \text{이외의 경우}\end{cases}$$

이 함수는 $t=a$부터 $t=a+k$까지 $\frac{1}{k}$의 크기를 갖는 힘을 나타내며, 그래프는 아래의 그림 5.2와 같다.

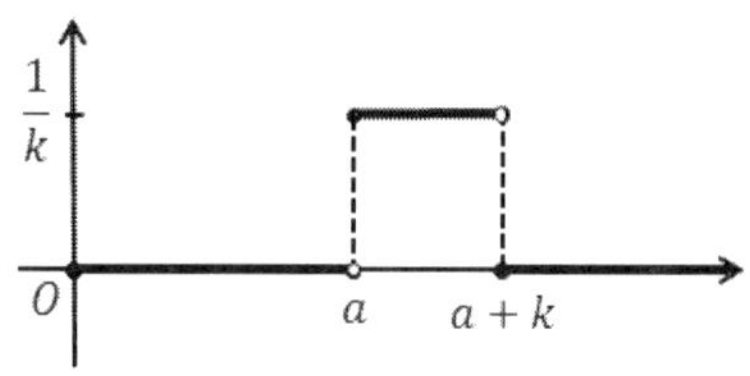

그림 5.2. $\delta_k(t-a)$

함수 $\delta_k(t-a)$는 다음과 같은 성질을 갖는다.

$$\int_0^\infty \delta_k(t-a)\,dt=\int_a^{a+k}\frac{1}{k}\,dt=1$$

k가 점점 작아져서 0으로 갈 때 $\delta_k(t-a)$의 극한을 **디락 델타함수(Dirac delta function)**라 하고 $\delta(t-a)$라고 나타낸다. 즉,

$$\delta(t-a)=\lim_{k\to 0}\delta_k(t-a)$$

이다.

$\delta_k(t-a)$의 정의를 생각하면 다음과 같이 나타낼 수 있다.

$$\delta(t-a)=\begin{cases}\infty, & t=a\\ 0, & t\neq a\end{cases}$$

디락 델타함수는 엄밀한 의미에서 함수는 아니다. 왜냐하면 $t=a$일 때 함수값이 실수로 정의되지 않기 때문이다. 디락 델타함수는 좀 더 어려운 과정에서 공부하게 되는 일반화된 함수(generalized function)이다.

앞에서 $\int_0^\infty \delta_k(t-a)\,dt=1$이었으므로

$$\int_0^\infty \delta(t-a)\,dt=\int_0^\infty \lim_{k\to 0}\delta_k(t-a)\,dt=\lim_{k\to 0}\int_0^\infty \delta_k(t-a)\,dt=1$$

이다. 그러나 엄밀히 따지면 위의 식은 수학적으로는 문제가 있다. 왜냐하면, 일반적으로 적분과 극한의 순서를 바꿔서 계산할 수 없으므로 위의 식에서 두 번째 등호가 성립하는가 하는것은 간단한 문제가 아니다.

■ 디락 델타함수의 라플라스 변환

디락 델타함수의 라플라스 변환에 대하여 알아보자.

정리 5.11. 디락 델타함수의 라플라스 변환은 다음과 같다.

$$\mathcal{L}(\delta(t-a))(s)=e^{-as}$$

증명. $\delta_k(t-a)$를 단위계단함수를 이용하여 나타내면 다음과 같다.

$$\delta_k(t-a)=\frac{1}{k}\{u(t-a)-u(t-a-k)\}$$

단위계단함수의 라플라스 변환을 구하는 공식을 이용하면

$$\mathcal{L}(\delta_k(t-a))(s)=\frac{1}{k}\Big(\frac{e^{-as}}{s}-\frac{e^{-(a+k)s}}{s}\Big)=e^{-as}\frac{1-e^{-ks}}{ks}$$

이다. 따라서 $\delta(t-a)$의 라플라스 변환은 다음과 같이 구할 수 있다.

$$\begin{aligned}\mathscr{L}(\delta(t-a))(s) &= \mathscr{L}\Big(\lim_{k\to 0}\delta_k(t-a)\Big)(s) \\ &= \lim_{k\to 0} e^{-as}\frac{1-e^{-ks}}{ks}\end{aligned}$$

여기서 두 번째 등호는 라플라스 변환과 극한의 순서를 바꿔서 계산한 것인데, 이것이 성립하는지 하는 문제는 이 책의 범위를 넘으므로 생략하기로 하자. 마지막의 극한은 로피탈의 법칙을 적용하여 분모와 분자를 각각 k에 대하여 미분하면

$$\mathscr{L}(\delta(t-a))(s) = e^{-as}\lim_{k\to 0}\frac{se^{-ks}}{s} = e^{-as}$$

를 얻을 수 있다. □

[예제 1] 다음 초기값문제의 해를 구하여라.

$$y'' - 5y' + 6y = \delta(t-1), \quad y(0) = 0, \quad y'(0) = 0$$

풀이. 라플라스 변환하면

$$s^2Y - 5sY + 6Y = e^{-s}$$

이므로

$$Y = \frac{e^{-s}}{(s-2)(s-3)} = \Big(\frac{1}{s-3} - \frac{1}{s-2}\Big)e^{-s}$$

이다. 그런데

$$\mathscr{L}^{-1}\Big(\frac{1}{s-3} - \frac{1}{s-2}\Big)(t) = e^{3t} - e^{2t}$$

이므로

$$\begin{aligned} y(t) &= \mathscr{L}^{-1}(Y)(t) = (e^{3(t-1)} - e^{2(t-1)})u(t-1) \\ &= \begin{cases} 0, & 0 \le t < 1 \\ e^{3(t-1)} - e^{2(t-1)}, & t \ge 1 \end{cases}\end{aligned}$$

이다. □

✓문제 **1.** 다음 초기값문제의 해를 구하여라.

$$y'' - y' - 6y = \delta(t-2), \quad y(0) = 1, \quad y'(0) = -2$$

■ 주기함수의 라플라스 변환

함수 $f(t)$가 모든 t에 대하여 $f(t+p) = f(t)$를 만족하는 양수 p가 있으면, f는 **주기함수**(**periodic function**)라 하고 p를 **주기**(**period**)라고 한다.

주기함수의 라플라스 변환을 간단히 계산할 수 있는 방법에 대하여 알아보자.

> 정리 **5.12.** $f(t)$가 주기가 p이고 닫힌구간 $[0,p]$에서 연속인 함수라고 하면 f의 라플라스 변환은 다음과 같다.
> $$\mathcal{L}(f)(s) = \frac{1}{1-e^{-ps}} \int_0^p e^{-st} f(t)\, dt$$

증명. 라플라스 변환의 정의에 의하여

$$\begin{aligned}\mathcal{L}(f)(s) &= \int_0^\infty e^{-st} f(t)\, dt \\ &= \int_0^p e^{-st} f(t)\, dt + \int_p^{2p} e^{-st} f(t)\, dt + \cdots \\ &= \sum_{n=0}^\infty \int_{np}^{(n+1)p} e^{-st} f(t)\, dt\end{aligned}$$

이다. 각 정적분에서 $u = t - np$라 치환하고 f의 주기가 p임을 이용하면

$$\int_{np}^{(n+1)p} e^{-st} f(t)\, dt = \int_0^p e^{-s(u+np)} f(u+np)\, du = e^{-psn} \int_0^p e^{-su} f(u)\, du$$

이므로

$$\mathcal{L}(f)(s) = \sum_{n=0}^\infty e^{-psn} \int_0^p e^{-su} f(u)\, du = \frac{1}{1-e^{-ps}} \int_0^p e^{-st} f(t)\, dt$$

이다. □

[예제 2] $f(t) = |\sin\omega t|$, $\omega > 0$의 라플라스 변환을 구하여라.

풀이. 함수 f의 주기는 $\frac{\pi}{\omega}$이므로

$$\mathscr{L}(|\sin\omega t|)(s) = \frac{1}{1-e^{-\pi s/\omega}}\int_0^{\pi/\omega} e^{-st}\sin\omega t\,dt$$

이다. 그런데 이 정적분은 부분적분하면

$$\int_0^{\pi/\omega} e^{-st}\sin\omega t\,dt = \frac{1}{\omega}(1+e^{-\pi s/\omega}) - \frac{s^2}{\omega^2}\int_0^{\pi/\omega} e^{-st}\sin\omega t\,dt$$

이므로

$$\mathscr{L}(|\sin\omega t|)(s) = \frac{\omega}{s^2+\omega^2}\frac{1+e^{-\pi s/\omega}}{1-e^{-\pi s/\omega}}$$

이다. □

√문제 **2.** 주기가 $\frac{2\pi}{\omega}$, $\omega > 0$인 다음 함수의 라플라스 변환을 구하여라.

$$f(t) = \begin{cases} \sin\omega t, & 0 < t < \frac{\pi}{\omega} \\ 0, & \frac{\pi}{\omega} < t < \frac{2\pi}{\omega} \end{cases}$$

주기함수가 포함된 미분방정식을 라플라스 변환을 이용하여 풀어보자.

[예제 3] $f(t)$는 주기가 2π일 때, 다음 초기값문제의 해를 구하여라.

$$y'' + 2y' + 5y = f(t) = \begin{cases} 1, & 0 < t < \pi \\ -1, & \pi < t < 2\pi \end{cases}, \quad y(0) = y'(0) = 0$$

풀이. 먼저 f를 라플라스 변환하면

$$\mathscr{L}(f(t))(s) = \frac{1}{1-e^{-2\pi s}}\left(\int_0^{\pi} e^{-st}\,dt - \int_{\pi}^{2\pi} e^{-st}\,dt\right) = \frac{1}{s}\frac{1-e^{-\pi s}}{1+e^{-\pi s}}$$

이므로

$$s^2Y+2sY+5Y=\frac{1}{s}\frac{1-e^{-\pi s}}{1+e^{-\pi s}}$$

이고

$$Y=\frac{1}{s(s^2+2s+5)}\frac{1-e^{-\pi s}}{1+e^{-\pi s}}$$

이다. 그런데

$$\begin{aligned}\frac{1-e^{-\pi s}}{1+e^{-\pi s}}&=(1-e^{-\pi s})(1-e^{-\pi s}+e^{-2\pi s}-+\cdots)\\&=1-2e^{-\pi s}+2e^{-2\pi s}-2e^{-3\pi s}+-\cdots\end{aligned}$$

이므로

$$Y=\frac{1}{5}\Big(\frac{1}{s}-\frac{s+2}{(s+1)^2+4}\Big)(1-2e^{-\pi s}+2e^{-2\pi s}-2e^{-3\pi s}+-\cdots)$$

이다. 5.3절의 s-이동 정리에 의하여

$$\mathscr{L}^{-1}\Big\{\frac{1}{5}\Big(\frac{1}{s}-\frac{s+2}{(s+1)^2+4}\Big)\Big\}(t)=\frac{1}{5}\Big\{1-e^{-t}\Big(\cos 2t+\frac{1}{2}\sin 2t\Big)\Big\}$$

이다. 여기서 $g(t)=e^{-t}(\cos 2t+\frac{1}{2}\sin 2t)$라고 하면

$$\begin{aligned}\mathscr{L}^{-1}\Big\{\frac{1}{5}\Big(\frac{1}{s}-\frac{s+2}{(s+1)^2+4}\Big)e^{-n\pi s}\Big\}(t)&=\frac{1}{5}\{1-g(t-n\pi)\}u(t-n\pi)\\&=\frac{1}{5}\{1-e^{n\pi}g(t)\}u(t-n\pi)\end{aligned}$$

이므로

$$\begin{aligned}y&=\frac{1}{5}\{1-g(t)\}-\frac{2}{5}\{1-e^{\pi}g(t)\}u(t-\pi)+\frac{2}{5}\{1-e^{2\pi}g(t)\}u(t-2\pi)-+\cdots\\&=\frac{1}{5}\{1-2u(t-\pi)+2u(t-2\pi)-+\cdots\}\\&\quad-\frac{1}{5}g(t)\{1-2e^{\pi}u(t-\pi)+2e^{2\pi}u(t-2\pi)-+\cdots\}\end{aligned}$$

이다. 그런데 $f(t)=1-2u(t-\pi)+2u(t-2\pi)-+\cdots$이므로

$$y=\frac{1}{5}f(t)-\frac{1}{5}g(t)\{1-2e^{\pi}u(t-\pi)+2e^{2\pi}u(t-2\pi)-+\cdots\}$$

이다. □

✓문제 **3.** $f(t)$는 주기가 2일 때, 다음 초기값문제의 해를 구하여라.

$$y' + y = f(t) = \begin{cases} 1, & 0 < t < 1 \\ 0, & 1 < t < 2 \end{cases}, \quad y(0) = 0$$

연습문제 5.4

[1-4] 다음 초기값문제를 풀어라.

1. $y'' - 2y' + 5y = \delta(t-2), \quad y(0) = 0, \quad y'(0) = 0$
2. $y'' - 4y' + 3y = 2\delta(t-2), \quad y(0) = 1, \quad y'(0) = 5$
3. $y'' + 2y' + 2y = t + \delta(t-1), \quad y(0) = 0, \quad y'(0) = 0$
4. $y'' + 4y = \delta(t-2\pi), \quad y(0) = 1, \quad y'(0) = 0$

[5-6] 다음 그래프의 함수의 라플라스 변환을 구하여라.

5. $f(t)$
6. $g(t)$

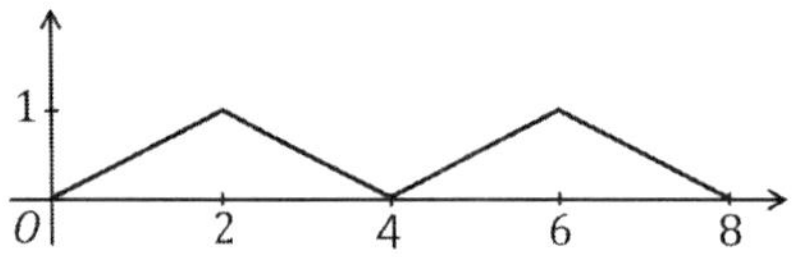

그림 5.3. $f(t)$

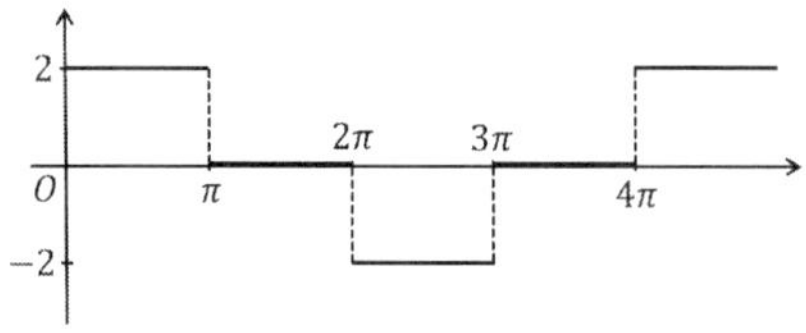

그림 5.4. $g(t)$

7 $f(t)$의 주기가 2일 때, 다음 초기값문제의 해를 구하여라.

$$y'' + y = f(t) = \begin{cases} 0, & 0 < t < 1 \\ 1, & 1 < t < 2 \end{cases}, \quad y(0) = 0, \quad y'(0) = 0$$

8. $f(t)$의 주기가 2일 때, 다음 초기값문제의 해를 구하여라.

$$y'' + y = f(t) = \begin{cases} 1, & 0 < t < 1 \\ 0, & 1 < t < 2 \end{cases}, \quad y(0) = 0, \quad y'(0) = 2$$

[심화 프로젝트]

9. 함수 $f(t)$가 아래 그림 5.5와 같은 주기함수라고 하자.

(1) 주기함수의 라플라스 변환을 이용하여 $\mathscr{L}(f)$를 구하여라.

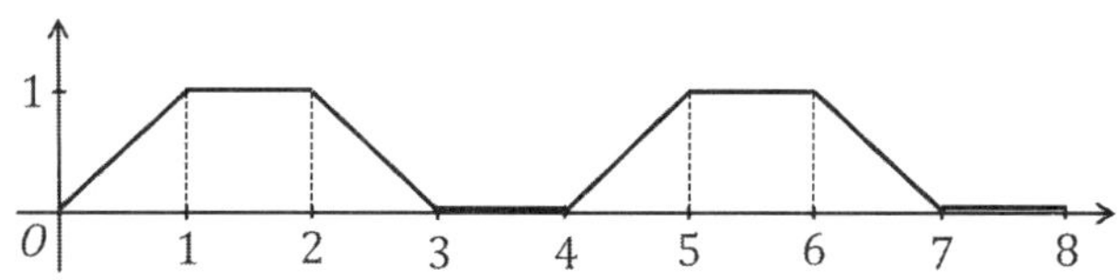

그림 5.5. $f(t)$

(2) 도함수 $f'(t)$를 구하고 f'도 주기함수임을 이용하여 $\mathscr{L}(f')$을 구하여라.

(3) 5.2절의 도함수의 라플라스 변환에 관한 성질과 (2)의 결과를 이용하여 $\mathscr{L}(f)$를 구하고, (1)에서의 결과와 같은지 비교하여라.

(4) (2)와 (3)의 아이디어를 이용하여 아래 그림 5.6의 함수 $g(t)$의 라플라스 변환을 구하여라.

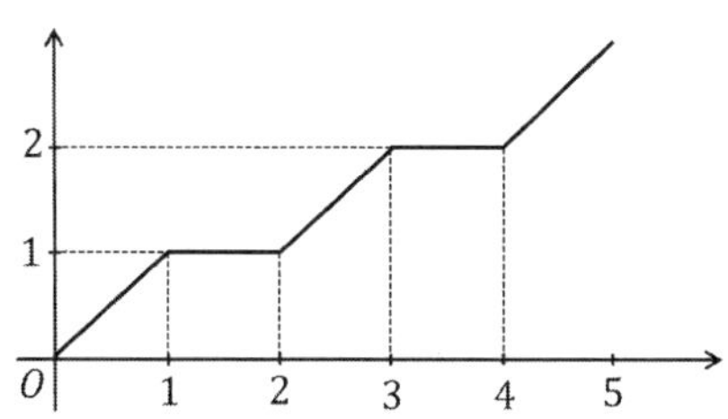

그림 5.6. $g(t)$

5.5 합성곱과 적분방정식

정리 5.1에서 라플라스 변환은 선형변환임을 보였다. 즉, 임의의 상수 a, b와 함수 f, g에 대하여

$$\mathscr{L}(af + bg) = a\mathscr{L}(f) + b\mathscr{L}(g)$$

가 성립한다. 그러나 일반적으로 두 함수의 곱의 라플라스 변환은 각 함수의 라플라스 변환의 곱과 같지 않다. 즉,

$$\mathscr{L}(fg) \neq \mathscr{L}(f)\mathscr{L}(g)$$

이다.

예를 들어, $f(t) = 1$이고 $g(t) = t$이면

$$\mathscr{L}(fg)(s) = \mathscr{L}(t)(s) = \frac{1}{s^2}$$

이지만

$$\mathscr{L}(f)(s)\mathscr{L}(g)(s) = \mathscr{L}(1)(s)\mathscr{L}(t)(s) = \frac{1}{s}\cdot\frac{1}{s^2} = \frac{1}{s^3}$$

이므로 같지 않다.

그러면 두 함수 f와 g를 어떻게 연산하여 라플라스 변환을 계산하면 $\mathscr{L}(f)\mathscr{L}(g)$와 같게 될까? 또는 $\mathscr{L}(f)\mathscr{L}(g)$의 역 라플라스 변환은 어떻게 될까? 하는 문제를 설명하는 것이 합성곱이다.

■ 합성곱

먼저 합성곱의 정의부터 소개하고, 왜 이렇게 정의하는지는 아래 정리 5.13에서 알아보기로 하자.

두 함수 $f(t)$와 $g(t)$의 라플라스 변환에 대한 **합성곱(convolution)** $f * g$는 다음과 같이 정의한다.

$$(f * g)(t) = \int_0^t f(u)g(t-u)\,du$$

합성곱은 교환 법칙이 성립한다. 즉, $f*g=g*f$이다. 왜냐하면 $v=t-u$라고 치환하면

$$\begin{aligned}(f*g)(t)&=\int_0^t f(u)g(t-u)\,du\\&=\int_t^0 f(t-v)g(v)(-dv)\\&=\int_0^t g(v)f(t-v)\,dv\\&=(g*f)(t)\end{aligned}$$

이기 때문이다.

다음 정리는 합성곱의 라플라스 변환은 각 함수의 라플라스 변환의 곱과 같음을 보여준다.

정리 5.13. 함수 $f(t)$와 $g(t)$가 라플라스 변환의 존재정리(5.1절 정리 5.4)에 있는 가정을 만족한다고 하자. 그러면

$$\mathscr{L}(f*g)=\mathscr{L}(f)\mathscr{L}(g)$$

이다. 이것을 역변환으로 나타내면 다음과 같다.

$$\mathscr{L}^{-1}(\mathscr{L}(f)\mathscr{L}(g))=f*g$$

증명. 라플라스 변환의 정의에 의하여

$$\mathscr{L}(f)(s)=\int_0^\infty e^{-su}f(u)\,du,\quad \mathscr{L}(g)(s)=\int_0^\infty e^{-sv}g(v)\,dv$$

이므로

$$\begin{aligned}\mathscr{L}(f)(s)\mathscr{L}(g)(s)&=\int_0^\infty\int_0^\infty e^{-s(u+v)}f(u)g(v)\,du\,dv\\&=\int_0^\infty f(u)\Big(\int_0^\infty e^{-s(u+v)}g(v)\,dv\Big)du\end{aligned}$$

이다. 안쪽의 적분에서 $t = u + v$라고 치환하면 $dt = dv$이므로

$$\begin{aligned}\mathscr{L}(f)(s)\mathscr{L}(g)(s) &= \int_0^\infty f(u)\Big(\int_u^\infty e^{-st}g(t-u)\,dt\Big)du \\ &= \int_0^\infty \int_u^\infty e^{-st}f(u)g(t-u)\,dt\,du\end{aligned}$$

이다. 이 반복적분은 tu-평면에서 아래의 그림 5.7의 영역에 대한 적분이다.

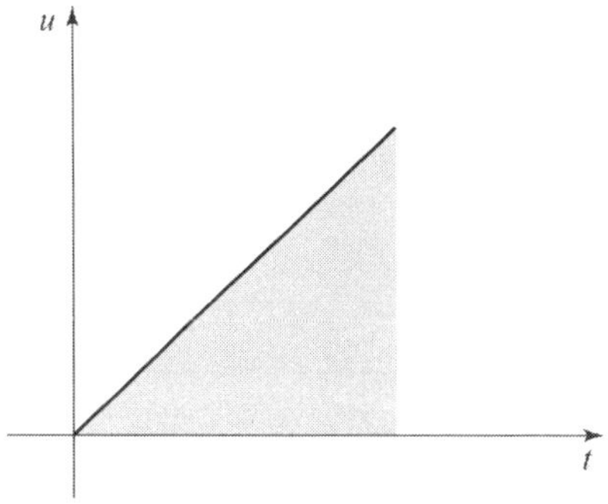

그림 5.7. 적분영역

반복적분의 순서를 바꾸어 표현하면

$$\begin{aligned}\mathscr{L}(f)(s)\mathscr{L}(g)(s) &= \int_0^\infty \int_0^t e^{-st}f(u)g(t-u)\,du\,dt \\ &= \int_0^\infty e^{-st}\Big(\int_0^t f(u)g(t-u)\,du\Big)dt\end{aligned}$$

이다. 이제 안쪽의 적분이 $(f*g)(t)$를 나타내므로

$$\mathscr{L}(f)(s)\mathscr{L}(g)(s) = \int_0^\infty e^{-st}(f*g)(t)\,dt = \mathscr{L}(f*g)(s)$$

이므로 증명된다. □

다른 적분변환, 예를 들면, 푸리에 변환에서의 합성곱도 라플라스 변환에서의 합성곱과 같은 아이디어로 정의한다. 즉, 두 함수 f와 g를 어떻게 연산하여 푸리에 변환하면 각 함수의 푸리에 변환의 곱과 같을까 하는 아이디어로부터 푸리에 변환의 합성곱을 정의한다.

[예제 1] $\int_0^t u^2 \sin(t-u)\,du$의 라플라스 변환을 구하여라.

풀이. 이 적분은 $f(t)=t^2$과 $g(t)=\sin t$의 합성곱이므로

$$\mathscr{L}\Big(\int_0^t u^2 \sin(t-u)\,du\Big)(s)=\mathscr{L}(f*g)(s)=\mathscr{L}(t^2)(s)\mathscr{L}(\sin t)(s)=\frac{2}{s^3(s^2+1)}$$

이다. □

✓문제 **1.** $e^t\int_0^t \cos u\, e^{-u}\,du$의 라플라스 변환을 구하여라.

■ 합성곱을 이용한 역 라플라스 변환

다음 예제에서는 합성곱을 이용하여 주어진 함수의 역 라플라스 변환을 구해보자.

[예제 2] $\frac{1}{(s^2+4)^2}$의 역 라플라스 변환을 구하여라.

풀이. $F(s)=G(s)=\frac{1}{s^2+4}$이라고 하면

$$f(t)=g(t)=\frac{1}{2}\mathscr{L}^{-1}\Big(\frac{2}{s^2+4}\Big)(t)=\frac{1}{2}\sin 2t$$

이다. 따라서

$$\begin{aligned}\mathscr{L}^{-1}\Big(\frac{1}{(s^2+4)^2}\Big)(t)&=\frac{1}{2}\sin 2t*\frac{1}{2}\sin 2t\\&=\frac{1}{4}\int_0^t \sin 2u\sin 2(t-u)\,du\end{aligned}$$

이다. 삼각함수의 곱을 합으로 바꾸는 공식

$$\sin A\sin B=\frac{1}{2}\{\cos(A-B)-\cos(A+B)\}$$

를 이용하면

$$\begin{aligned}\mathscr{L}^{-1}\Big(\frac{1}{(s^2+4)^2}\Big)(t) &= \frac{1}{8}\int_0^t \{\cos(4u-2t)-\cos 2t\}\,du \\ &= \frac{1}{8}\Big[\frac{1}{4}\sin(4u-2t)-u\cos 2t\Big]_{u=0}^{u=t} \\ &= \frac{1}{16}\sin 2t - \frac{t}{8}\cos 2t\end{aligned}$$

이다. □

✓문제 **2.** $\frac{s}{(s^2+1)^2}$의 역 라플라스 변환을 구하여라.

[예제 3] 다음 초기값문제의 해를 구하여라.

$$y'' + 2y' + 5y = 2e^{-t}\cos 2t, \quad y(0) = 1, \quad y'(0) = 0$$

풀이. 양변을 라플라스 변환하면

$$s^2Y - s + 2sY - 2 + 5Y = \frac{2(s+1)}{(s+1)^2+4}$$

이므로

$$Y = \frac{s+1}{(s+1)^2+4} + \frac{1}{(s+1)^2+4} + \frac{2(s+1)}{\{(s+1)^2+4\}^2}$$

이다. 그런데

$$\mathscr{L}^{-1}\Big(\frac{s+1}{(s+1)^2+4} + \frac{1}{(s+1)^2+4}\Big)(t) = e^{-t}\cos 2t + \frac{1}{2}e^{-t}\sin 2t$$

이고

$$\mathscr{L}^{-1}\Big(\frac{2(s+1)}{\{(s+1)^2+4\}^2}\Big)(t) = e^{-t}\cos 2t * e^{-t}\sin 2t$$
$$= \int_0^t e^{-u}\cos 2u \cdot e^{-(t-u)}\sin 2(t-u)\,du$$
$$= \frac{1}{2}e^{-t}\int_0^t \{\sin(2t-4u)+\sin 2t\}\,du$$
$$= \frac{1}{2}e^{-t}t\sin 2t$$

이므로

$$y = e^{-t}\Big(\cos 2t + \frac{1}{2}\sin 2t + \frac{1}{2}t\sin 2t\Big)$$

이다. □

✓문제 **3.** 다음 초기값문제의 해를 구하여라.

$$y'' + y = \begin{cases} \cos t, & 0 \le t \le \pi \\ 0, & t \ge \pi \end{cases}, \quad y(0)=1, \quad y'(0)=0$$

■ 볼테라 적분방정식

함수 $y(t)$의 미분이 포함된 방정식을 미분방정식이라고 부르듯이 $y(t)$의 적분이 포함된 방정식을 **적분방정식(integral equation)**이라고 부른다. 일반적으로 적분방정식은 풀기가 매우 어렵지만, 다음과 같은 형태의 적분방정식은 합성곱을 이용하여 비교적 쉽게 풀 수 있다.

$$f(t) + \int_0^t f(u)g(t-u)\,du = h(t),$$

즉,

$$f(t) + f(t) * g(t) = h(t)$$

이러한 형태의 방정식을 **볼테라 적분방정식(Volterra integral equation)**이라고 한다.

[예제 4] 다음 적분방정식을 풀어라.

$$y(t) - \int_0^t y(u)\sin(t-u)\,du = e^t$$

풀이. 합성곱을 이용하여 표현하면

$$y(t) - y(t) * \sin t = e^t$$

이다. 양변을 라플라스 변환하면

$$Y - Y\frac{1}{s^2+1} = \frac{1}{s-1}$$

이므로 정리하면

$$Y = \frac{s^2+1}{s^2(s-1)} = -\frac{1}{s} - \frac{1}{s^2} + \frac{2}{s-1}$$

이다. 따라서 역변환하면

$$y(t) = -1 - t + 2e^t$$

이다. □

✓문제 **4.** 다음 적분방정식을 풀어라.

$$y(t) = 2t - e^t \int_0^t y(u)e^{-u}\,du$$

연습문제 5.5

[1-2] 합성곱에 대한 다음 성질을 증명하여라.

1. $f * (g+h) = f * g + f * h$

2. $(f * g) * h = f * (g * h)$

[3-5] 합성곱을 이용하여 다음 함수의 역 라플라스 변환을 구하여라.

3. $\frac{1}{s^2(s^2+1)}$

4. $\frac{1}{s^3(s+2)}$

5. $\frac{s}{(s^2+4)^2}$

[6-7] 합성곱을 이용하여 다음 초기값문제를 풀어라.

6. $y''+9y=\cos 3t, \quad y(0)=-1, \quad y'(0)=1$

7. $y''-y'-2y=3f(t), \quad y(0)=3, \quad y'(0)=0$

[8-11] 다음 볼테라 적분방정식을 풀어라.

8. $y(t)-\int_0^t y(u)\cos(t-u)\,du=t^2$

9. $y(t)-\int_0^t e^u y(t-u)\,du=4t-3e^{-t}$

10. $y(t)+\int_0^t y(u)(t-u)\,du=t^2$

11. $y(t)+e^{-t}\int_0^t y(u)e^u\,du=\sin t$

[심화 프로젝트]

12. (1) 자연수 m,n에 대하여

$$t^m * t^n = t^{m+n+1}\int_0^1 x^m(1-x)^n\,dx$$

임을 보여라.

(2) (1)의 양변을 라플라스 변환하여 정적분 $\int_0^1 x^m(1-x)^n\,dx$의 값을 구하여라.

(3) a와 b가 양의 실수일 때 $t^a * t^b$을 (1)의 관계식과 같이 $\int_0^1 x^a(1-x)^b\,dx$를 포함한 식으로 나타내어라.

(4) (3)에서 구한 방정식을 라플라스 변환하여 $\int_0^1 x^a(1-x)^b\,dx$의 값을 구하여라.

13. 미분과 적분이 함께 포함된 방정식을 **미적분방정식**(**integro-differential equation**)이라고 한다. 미적분방정식

$$y'(t)-2\int_0^t y(u)(t-u)^2\,du=-2t, \quad y(0)=1$$

을 다음 두 가지 방법으로 풀어보자.

(1) 라플라스 변환을 이용하여 풀어라.

(2) 양변을 t로 미분하여 미분방정식과 초기조건을 유도하여라. (단, 미분과 적분의 연산 순서는 바꿀 수 있다고 가정한다.)

(3) (2)에서 구한 미분방정식을 풀어서 (1)에서 얻은 결과와 비교하여라.

5.6 연립미분방정식과 라플라스 변환

연립미분방정식에 대해서는 6장에서 공부하게 되겠지만, 이 절에서는 두 개의 함수에 대한 연립미분방정식

$$y_1' = ay_1 + by_2 + f(t)$$
$$y_2' = cy_1 + dy_2 + g(t)$$

을 라플라스 변환을 이용하여 풀어보자.

위의 연립미분방정식의 양변을 라플라스 변환하고 $Y_1 = \mathscr{L}(y_1)$, $Y_2 = \mathscr{L}(y_2)$, $F = \mathscr{L}(f)$, $G = \mathscr{L}(g)$라고 하면

$$sY_1 - y_1(0) = aY_1 + bY_2 + F$$
$$sY_2 - y_2(0) = cY_1 + dY_2 + G$$

이다. 이 연립방정식에서 Y_1과 Y_2를 대수적으로 풀고 역 라플라스 변환하면 $y_1 = \mathscr{L}^{-1}(Y_1)$과 $y_2 = \mathscr{L}^{-1}(Y_2)$를 구할 수 있다.

[예제 1] 다음 연립미분방정식을 풀어라.

$$y_1' = y_1 + 3y_2, \quad y_2' = 5y_1 + 3y_2$$
$$y_1(0) = 4, \quad y_2(0) = 4$$

풀이. 두 미분방정식을 라플라스 변환하면

$$sY_1 - 4 = Y_1 + 3Y_2$$
$$sY_2 - 4 = 5Y_1 + 3Y_2$$

이다. 두 식을 연립하여 풀면

$$Y_1 = \frac{4s}{(s+2)(s-6)} = \frac{1}{s+2} + \frac{3}{s-6}$$
$$Y_2 = \frac{4(s+4)}{(s+2)(s-6)} = -\frac{1}{s+2} + \frac{5}{s-6}$$

이다. 따라서 역 라플라스 변환하면

$$y_1 = e^{-2t} + 3e^{6t}, \quad y_2 = -e^{-2t} + 5e^{6t}$$

이다. □

✓문제 **1.** 다음 연립미분방정식을 풀어라.

$$y_1' = -y_1 + 6y_2, \quad y_2' = y_1 - 2y_2$$
$$y_1(0) = 5, \quad y_2(0) = 0$$

■ 이계연립미분방정식

이계 이상의 연립미분방정식이나 세 함수 이상의 연립미분방정식도 라플라스 변환을 이용하여 위와 같은 방법으로 풀 수 있다. 다음 예제에서 풀어보자.

[예제 2] 다음 연립미분방정식을 풀어라.

$$y_1'' + y_2 = 0, \quad y_1'' - y_2' = 2e^t$$
$$y_1(0) = 0, \quad y_1'(0) = 2, \quad y_2(0) = 0$$

풀이. 두 미분방정식을 라플라스 변환하면

$$s^2Y_1 - 2 + Y_2 = 0$$
$$s^2Y_1 - 2 - sY_2 = \frac{2}{s-1}$$

이다. 첫 번째 식을 Y_2에 대하여 풀면 $Y_2 = -s^2Y_1 + 2$이므로 이것을 두 번째 식에 대입하여 풀면

$$Y_1 = \frac{2}{(s-1)(s+1)} = \frac{1}{s-1} - \frac{1}{s+1}$$
$$Y_2 = \frac{-2}{(s-1)(s+1)} = \frac{1}{s+1} - \frac{1}{s-1}$$

이다. 따라서 이 두 식을 역 라플라스 변환하면

$$y_1 = e^t - e^{-t}, \quad y_2 = e^{-t} - e^t$$

이다. □

✓문제 **2.** 다음 연립미분방정식을 풀어라.

$$y_1'' + 2y_2' = 7e^t, \quad 2y_1' + y_2'' = 5e^t$$
$$y_1(0) = 1, \quad y_1'(0) = -1, \quad y_2(0) = 4, \quad y_2'(0) = 5$$

연립미분방정식으로 풀 수 있는 모델링 문제들을 살펴보자.

■ 혼합문제

3.7절에서 공부한 용액 혼합에 관한 모델링 문제를 탱크가 두 개인 경우로 확장하면 연립미분방정식을 이용하여 해결할 수 있다.

[예제 3] 탱크 T_1에는 순수한 물이 100L 들어있고, 탱크 T_2에는 100kg의 소금이 녹아있는 소금물이 100L 들어있다. 두 탱크의 액체를 분당 2L씩 맞바꾸어 고르게 섞어줄 때, t분 후 각 탱크의 소금의 양을 구하여라.

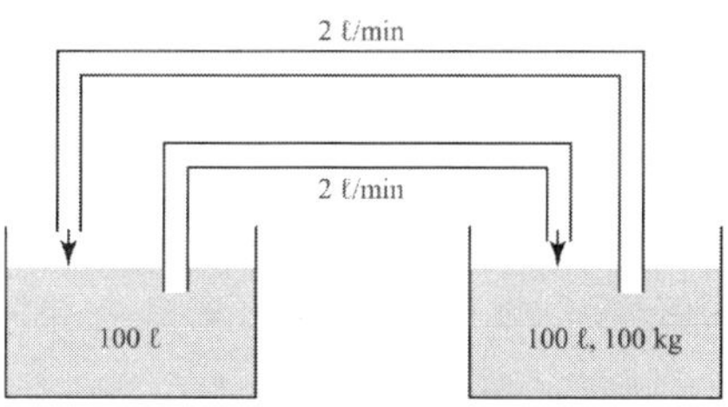

그림 5.8. 혼합문제

풀이. t분 후에 탱크 T_1과 탱크 T_2의 소금의 양을 각각 $y_1(t), y_2(t)$라고 하면

$$y_1' = \frac{2}{100}y_2 - \frac{2}{100}y_1$$
$$y_2' = \frac{2}{100}y_1 - \frac{2}{100}y_2$$

이고, 초기조건은 $y_1(0) = 0, y_2(0) = 100$이다. 두 미분방정식을 라플라스 변환하면

$$sY_1 = 0.02Y_2 - 0.02Y_1$$
$$sY_2 - 100 = 0.02Y_1 - 0.02Y_2$$

이다. 정리하면

$$(s+0.02)Y_1 = 0.02Y_2$$
$$(s+0.02)Y_2 = 0.02Y_1 + 100$$

이고, 연립하여 풀면

$$Y_1 = \frac{2}{s(s+0.04)} = \frac{50}{s} - \frac{50}{s+0.04}$$
$$Y_2 = \frac{100(s+0.02)}{s(s+0.04)} = \frac{50}{s} + \frac{50}{s+0.04}$$

이다. 따라서 역 라플라스 변환하면

$$y_1(t) = 50 - 50e^{-0.04t}$$
$$y_2(t) = 50 + 50e^{-0.04t}$$

이다. □

✓문제 **3.** 탱크 T_1에는 10kg의 소금이 녹아있는 소금물이 10L 들어있고, 탱크 T_2에는 순수한 물이 20L 들어있다. 탱크 T_1으로는 외부에서 순수한 물이 분당 2L씩 들어가고, 탱크 T_2에서 분당 2L씩 들어간다. 이 용액은 고르게 섞여서 분당 4L씩 탱크 T_2로 나간다. 탱크 T_2로는 탱크 T_1으로부터 분당 4L씩 들어가며, 고르게 섞여서 탱크 T_1으로 분당 2L씩 나가고 외부로 분당 2L씩 나간다. t분 후 각 탱크의 소금의 양을 구하여라.

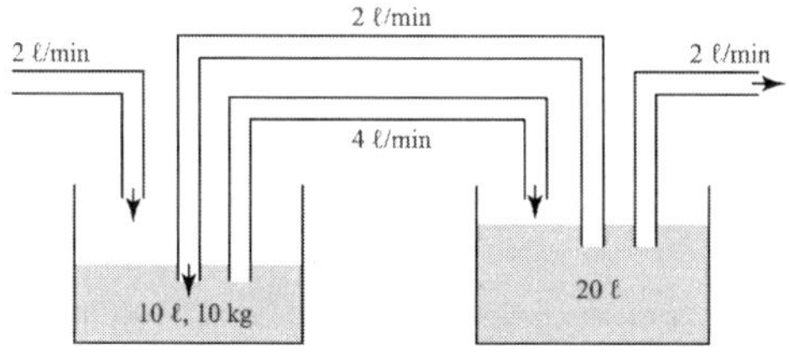

그림 5.9. 혼합문제

■ 용수철 문제

아래의 그림 5.10과 같이 용수철 상수가 k_1인 용수철 A가 천정에 매달려 있고 이 용수철의 아래 부분에는 질량이 m_1인 물체 M_1이 매달려 있다. 또 이 물체에는 용수철 상수가 k_2인 용수철 B가 매달려 있고 그 아래에 질량이 m_2인 물체 M_2가 매달려 있다.

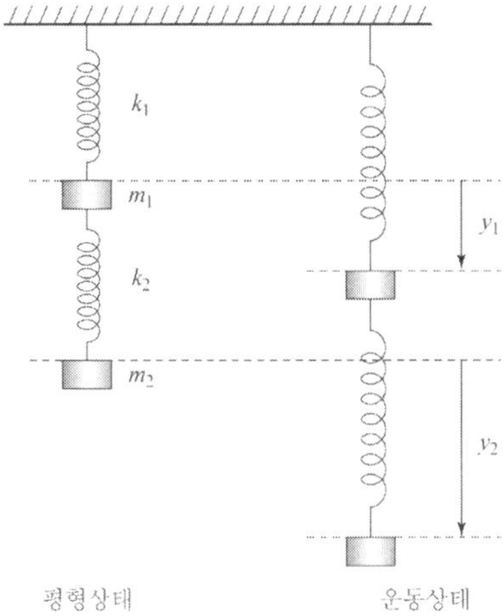

그림 5.10. 용수철운동

이 용수철의 운동을 나타내는 운동방정식을 유도해 보자. 계가 운동을 시작한지 t초 후에 평형 상태로부터 두 물체의 변위가 각각 $y_1(t), y_2(t)$라고 하자. 후크(Hooke)의 법칙에 의하면 용수철 A는 물체 M_1에 $-k_1y_1$의 힘을 가하고, 용수철 B는 물체 M_1에 $k_2(y_2-y_1)$의 힘을 가한다. 여기서 음의 부호는 위쪽 방향으로의 힘을 나타내고 양의 부호는 아래쪽 방향으로의 힘을 나타낸다. 따라서 물체 M_1에 작용하는 힘은 $-k_1y_1+k_2(y_2-y_1)$이다. 운동하는 물체에 작용하는 힘은 뉴턴(Newton)의 제2법칙으로도 구할 수 있다. 이에 따르면 물체 M_1에 작용하는 힘은 m_1y_1''이다. 두 힘은 같아야 하므로

$$m_1y_1''=-k_1y_1+k_2(y_2-y_1)$$

이다. 같은 방법으로 M_2에 작용하는 힘은 후크의 법칙에 따르면 $-k_2(y_2-y_1)$이고 뉴턴의 제2법칙에 따르면 m_2y_2''이므로

$$m_2y_2''=-k_2(y_2-y_1)$$

이다. 따라서 이 용수철의 운동은 다음과 같은 연립미분방정식으로 표현할 수 있다.

$$m_1 y_1'' = -k_1 y_1 + k_2(y_2 - y_1)$$
$$m_2 y_2'' = -k_2(y_2 - y_1)$$

[예제 4] 용수철 상수가 3인 용수철 A가 천정에 매달려 있고 그 아래에 질량이 1인 물체가 매달려 있다. 또 이 물체에는 용수철 상수가 2인 용수철 B가 매달려 있고 그 아래에 질량이 1인 물체가 매달려 있다. 계가 운동을 시작한지 t초 후에 평형상태로부터 두 물체의 변위가 각각 $y_1(t), y_2(t)$라고 하자. 또 $y_1(0)=0,\ y_2(0)=0,\ y_1'(0)=6,\ y_2'(0)=7$이라고 할 때 변위 $y_1(t)$와 $y_2(t)$를 구하여라.

풀이. 이 용수철의 운동방정식은

$$y_1'' = -3y_1 + 2(y_2 - y_1)$$
$$y_2'' = -2(y_2 - y_1)$$

이다. 두 미분방정식을 라플라스 변환하면

$$s^2 Y_1 - 6 = -5Y_1 + 2Y_2$$
$$s^2 Y_2 - 7 = 2Y_1 - 2Y_2$$

이므로 정리하면

$$(s^2+5)Y_1 - 2Y_2 = 6$$
$$-2Y_1 + (s^2+2)Y_2 = 7$$

이다. 이 연립방정식의 해를 구하면

$$Y_1 = \frac{6s^2+26}{(s^2+1)(s^2+6)} = \frac{4}{s^2+1} + \frac{2}{s^2+6}$$
$$Y_2 = \frac{7s^2+47}{(s^2+1)(s^2+6)} = \frac{8}{s^2+1} - \frac{1}{s^2+6}$$

이고, 역 라플라스 변환하면

$$y_1(t) = 4\sin t + \frac{2}{\sqrt{6}}\sin\sqrt{6}t$$
$$y_2(t) = 8\sin t - \frac{1}{\sqrt{6}}\sin\sqrt{6}t$$

이다. □

✓문제 **4.** 용수철 상수가 10인 용수철 A가 천정에 매달려 있고 그 아래에 질량이 4인 물체가 매달려 있다. 또 이 물체에는 용수철 상수가 6인 용수철 B가 매달려 있고 그 아래에 질량이 3인 물체가 매달려 있다. 계가 운동을 시작한지 t초 후에 평형상태로부터 두 물체의 변위가 각각 $y_1(t), y_2(t)$라고 하자. 또 $y_1(0)=0,\ y_2(0)=0,\ y_1'(0)=4,\ y_2'(0)=10$이라고 할 때 변위 $y_1(t)$와 $y_2(t)$를 구하여라.

연습문제 5.6

[1-4] 다음 연립미분방정식을 풀어라.

1. $y_1' = y_2 - t,\quad y_2' = -4y_1,\quad y_1(0)=1,\quad y_2(0)=-1$
2. $y_1'' = -y_1 - y_2,\quad y_2' = -y_1',\quad y_1(0)=0,\quad y_1'(0)=0,\quad y_2(0)=1$
3. $y_1' + y_2'' = \cos t,\quad y_1'' - y_2 = \sin t,\quad y_1(0)=1,\quad y_1'(0)=0,\quad y_2(0)=-1,\quad y_2'(0)=-1$
4. $y_1 + y_3' = \sin t,\quad y_1' - y_2 = e^t,\quad y_1 + y_2' + y_3 = 0,\quad y_1(0)=1,\quad y_2(0)=1,\quad y_3(0)=-1$
5. 탱크 T_1에는 50 kg의 소금이 녹아있는 소금물이 100 L 들어있고, 탱크 T_2에는 100 kg의 소금이 녹아있는 소금물이 100 L 들어있다. 두 탱크의 소금물을 분당 2 L씩 맞바꾸어 고르게 섞어줄 때 t분 후 각 탱크의 소금의 양을 구하여라.
6. 용수철 상수가 12인 용수철 A가 천정에 매달려 있고 그 아래에 질량이 8인 물체가 매달려 있다. 또 이 물체에는 용수철 상수가 4인 용수철 B가 매달려 있고 그 아래에 질량이 2인 물체가 매달려 있다. 계가 운동을 시작한지 t초 후에 평형상태로부터 두 물체의 변위가 각각 $y_1(t), y_2(t)$라고 하자. 또 $y_1(0)=0,\ y_2(0)=0,\ y_1'(0)=5,\ y_2'(0)=10$이라고 할 때 변위 $y_1(t)$와 $y_2(t)$를 구하여라.

[심화 프로젝트]

7. 지구 자전의 영향을 받는 발사체의 운동에 대하여 분석해 보자. 양의 x축이 남쪽, 양의 y축이 동쪽, 양의 z축이 중력가속도 g가 작용하는 반대쪽을 나타낸다고 하자. 독일의 물리학자인 플랑크(M. Plank)는 위도가 θ인 지점에서 물체를 발사하였을 때, 지구의 자전 각속도가 ω이고 물체의 질량을 무시할 수 있다면 발사체의 위치 $(x(t), y(t), z(t))$는 다음 연립미분방정식을 만족함을 보였다.

$$\begin{aligned}\frac{d^2x}{dt^2} &= 2\omega \sin\theta \frac{dy}{dt} \\ \frac{d^2y}{dt^2} &= -2\omega\left(\sin\theta \frac{dx}{dt} + \cos\theta \frac{dz}{dt}\right) \\ \frac{d^2z}{dt^2} &= 2\omega \cos\theta \frac{dy}{dt} - g\end{aligned}$$

(1) $\theta = \frac{\pi}{4}$일 때 발사체의 운동을 나타내는 연립미분방정식을 구하여라.

(2) 초기조건은 $x(0) = y(0) = z(0) = 0$, $\frac{dx}{dt}(0) = u$, $\frac{dy}{dt}(0) = v$, $\frac{dz}{dt}(0) = w$라고 할 때, (1)의 연립미분방정식을 라플라스 변환하고 X, Y, Z를 구하여라.

(3) (2)에서 구한 X, Y, Z를 라플라스 역변환하여 발사체의 운동방정식 $x(t)$, $y(t)$, $z(t)$를 구하여라.

(4) $\omega \to 0$일 때의 극한을 계산하여 지구 자전을 무시하였을 때 발사체의 운동방정식 $x(t)$, $y(t)$, $z(t)$를 구하여라.

제 6 장

연립미분방정식

6.1 소거법

다음과 같은 형태의 방정식을 **연립일계선형미분방정식**이라고 한다.

$$\begin{aligned} y_1'(t) &= a_{11}(t)y_1(t) + a_{12}(t)y_2(t) + \cdots + a_{1n}(t)y_n(t) + g_1(t) \\ &\vdots \\ y_n'(t) &= a_{n1}(t)y_1(t) + a_{n2}(t)y_2(t) + \cdots + a_{nn}(t)y_n(t) + g_n(t) \end{aligned}$$

이때 $i = 1, \ldots, n$에 대하여 $g_i(t) = 0$이면 **제차연립미분방정식**이라 하고, 그렇지 않으면 **비제차연립미분방정식**이라고 한다. 이 절에서는 일부의 함수를 소거하는 **소거법**으로 연립일계미분방정식을 풀어보자.

[예제 1] 다음 연립미분방정식을 풀어라.

$$\begin{aligned} y_1' &= 2y_2 \\ y_2' &= 4y_1 \end{aligned}$$

풀이. 첫 번째 미분방정식의 양변을 t로 미분하면

$$y_1'' = 2y_2'$$

이다. 이 방정식과 두 번째 미분방정식에서 y_2'을 소거하면

$$y_1'' = 8y_1$$

이므로 계수가 상수인 이계제차미분방정식이다. 특성방정식은 $\lambda^2 - 8 = 0$이므로 $\lambda = \pm 2\sqrt{2}$이고, 따라서

$$y_1 = c_1 e^{2\sqrt{2}t} + c_2 e^{-2\sqrt{2}t}$$

이다. 또 첫 번째 미분방정식에서

$$y_2 = \frac{1}{2} y_1' = \sqrt{2} c_1 e^{2\sqrt{2}t} - \sqrt{2} c_2 e^{-2\sqrt{2}t}$$

이다. □

위의 예제 1의 해 y_2에서 $\sqrt{2}c_1$과 $-\sqrt{2}c_2$가 상수라고 해서

$$y_2 = c_3 e^{2\sqrt{2}t} + c_4 e^{-2\sqrt{2}t}$$

라고 표현해서는 안 된다. 왜냐하면 y_1과 y_2의 상수는 서로 연관되어 있는데, 이렇게 c_3, c_4로 표현하면 y_1의 상수 c_1, c_2와는 독립적인 상수가 되기 때문이다.

✓문제 **1.** 다음 연립미분방정식을 풀어라.

$$y_1' = 3y_2$$
$$y_2' = 3y_1$$

하나의 함수를 소거하였을 때 다음 예제에서와 같이 오일러-코시 방정식이 생기는 경우도 있다.

[예제 2] 다음 연립미분방정식을 풀어라.

$$y_1' = \frac{5}{t}y_1 + \frac{2}{t}y_2$$
$$y_2' = -\frac{2}{t}y_1 + \frac{1}{t}y_2$$

풀이. 첫 번째 미분방정식의 양변에 t를 곱하면

$$ty_1' = 5y_1 + 2y_2$$

이다. 양변을 t로 미분하고, 두 번째 미분방정식을 이용하여 y_2'을 소거하면

$$ty_1'' + y_1' = 5y_1' + 2y_2' = 5y_1' + 2\left(-\frac{2}{t}y_1 + \frac{1}{t}y_2\right)$$

이다. 양변에 다시 t를 곱하고 정리하면

$$t^2y_1'' - 4ty_1' + 4y_1 = 2y_2 = ty_1' - 5y_1$$

이므로

$$t^2 y_1'' - 5t y_1' + 9y_1 = 0$$

이다. 이 미분방정식은 오일러-코시 방정식이고, 특성방정식은 $m^2 - 6m + 9 = (m-3)^2 = 0$ 이므로 해는

$$y_1 = c_1 t^3 + c_2 t^3 \ln t$$

이다. 또 첫 번째 미분방정식에서

$$y_2 = \frac{1}{2}(t y_1' - 5y_1) = \frac{1}{2}(-2c_1 + c_2)t^3 - c_2 t^3 \ln t$$

이다. □

✓문제 **2.** 다음 연립미분방정식을 풀어라.

$$t y_1' = 3y_1 + y_2$$
$$t y_2' = -4y_1 - y_2$$

비제차연립미분방정식에 대해서도 소거법을 적용할 수 있다.

[예제 3] 다음 비제차연립미분방정식을 풀어라.

$$y_1' = 4y_1 - 2y_2 + e^{-t}$$
$$y_2' = 3y_1 - y_2 + 3e^{-t}$$

풀이. 첫 번째 미분방정식을 미분하고 두 번째 미분방정식을 이용하면

$$\begin{aligned} y_1'' &= 4y_1' - 2y_2' - e^{-t} \\ &= 4y_1' - 2(3y_1 - y_2 + 3e^{-t}) - e^{-t} \end{aligned}$$

이므로 정리하면

$$y_1'' - 4y_1' + 6y_1 = 2y_2 - 7e^{-t}$$

이다. 첫 번째 미분방정식을 y_2에 대하여 풀어서 대입하면

$$y_1'' - 4y_1' + 6y_1 = -y_1' + 4y_1 + e^{-t} - 7e^{-t}$$

이므로

$$y_1'' - 3y_1' + 2y_1 = -6e^{-t}$$

이다. 제차미분방정식 $y_1'' - 3y_1' + 2y_1 = 0$의 특성방정식은

$$\lambda^2 - 3\lambda + 2 = (\lambda - 1)(\lambda - 2) = 0$$

이므로

$$y_h = c_1 e^t + c_2 e^{2t}$$

이다. 미정계수법에 의해 $y_p = Ce^{-t}$이라 하고 미분하여 대입하면

$$Ce^{-t} + 3Ce^{-t} + 2Ce^{-t} = -6e^{-t}$$

이므로 $C = -1$, 즉, $y_p = -e^{-t}$이다. 따라서

$$y_1 = c_1 e^t + c_2 e^{2t} - e^{-t}$$

이고, 첫 번째 미분방정식에서

$$y_2 = \frac{1}{2}(4y_1 - y_1' + e^{-t}) = \frac{3}{2}c_1 e^t + c_2 e^{2t} - 2e^{-t}$$

이다. □

✓문제 **3.** 다음 비제차연립미분방정식을 풀어라.

$$y_1' = 2y_1 + y_2 + 3e^{2t}$$
$$y_2' = -4y_1 - 2y_2 + te^{2t}$$

■ 혼합문제

다음 예제에서는 소거법을 이용하여 응용문제를 풀어보자.

[예제 4] 탱크 T_1에는 순수한 물이 100L 들어 있고, 탱크 T_2에는 100kg의 소금이 녹아있는 소금물이 100L 들어 있다. 두 탱크의 용액을 분당 3L의 속도로 맞바꾸어 고르게 섞어주면 t분 후 각 탱크의 소금의 양은 어떻게 되는지 구하여라.

풀이. t분 후 탱크 T_1과 T_2의 소금의 양을 각각 $y_1(t), y_2(t)$라고 하면

$$y_1' = -0.03y_1 + 0.03y_2$$
$$y_2' = 0.03y_1 - 0.03y_2$$

이고, 초기조건은 $y_1(0) = 0, y_2(0) = 100$이다. 첫 번째 식을 미분하고 두 번째 식을 이용하면

$$\begin{aligned} y_1'' &= -0.03y_1' + 0.03y_2' \\ &= -0.03y_1' + 0.03(0.03y_1 - 0.03y_2) \end{aligned}$$

이다. 첫 번째 식에서 y_2를 풀어서 대입하면

$$y_1'' = -0.03y_1' + (0.03)^2 y_1 - 0.03(y_1' + 0.03y_1)$$

이므로

$$y_1'' + 0.06y_1' = 0$$

이다. 이 미분방정식의 특성방정식은 $\lambda^2 + 0.06\lambda = \lambda(\lambda + 0.06) = 0$이므로 일반해는

$$y_1 = c_1 + c_2 e^{-0.06t}$$

이고, 첫 번째 방정식에서

$$y_2 = \frac{1}{0.03}(y_1' + 0.03y_1) = c_1 - c_2 e^{-0.06t}$$

이다. 초기조건에 의하여

$$y_1(0) = c_1 + c_2 = 0, \quad y_2(0) = c_1 - c_2 = 100$$

이므로 $c_1 = 50$, $c_2 = -50$이다. 따라서 t분 후 각 탱크의 소금의 양은

$$y_1(t) = 50 - 50e^{-0.06t}$$
$$y_2(t) = 50 + 50e^{-0.06t}$$

이다. □

√문제 **4.** 탱크 T_1에는 50 kg의 소금이 녹아있는 소금물이 100 L 들어 있고, 탱크 T_2에는 100 kg의 소금이 녹아있는 소금물이 150 L 들어 있다. 두 탱크의 용액을 분당 3 L의 속도로 맞바꾸어 고르게 섞어주면 t분 후 각 탱크의 소금의 양은 어떻게 되는지 구하여라.

연습문제 6.1

[1-6] 다음 연립미분방정식을 풀어라.

1. $y_1' = 3y_2, \quad y_2' = 2y_1$
2. $y_1' = -y_1 + y_2, \quad y_2' = -5y_1 + 3y_2$
3. $ty_1' = 4y_1 - 2y_2, \quad ty_2' = 3y_1 - y_2$
4. $ty_1' = -2y_1 - y_2, \quad ty_2' = y_1 - 4y_2$
5. $y_1' = 6y_1 + 4y_2 + t^2, \quad y_2' = -4y_1 - 2y_2 + 1$
6. $y_1' = 4y_1 - 2y_2 + 2e^t, \quad y_2' = 3y_1 - y_2 + e^t$

7. 탱크 T_1에는 100 kg의 소금이 녹아있는 소금물이 100 L 들어있고 탱크 T_2에는 순수한 물이 100 L 들어있다. 탱크 T_1으로 외부에서 분당 2 L의 순수한 물과 탱크 T_2에서 분당 1 L의 소금물이 유입되고, 탱크 T_2로는 T_1에서 분당 3 L의 소금물이 유입된다. 또 T_2에서 분당 2 L의 소금물이 외부로 유출된다. t분 후 각 탱크의 소금의 양은 어떻게 되는지 구하여라.

[심화 프로젝트]

8. 이계 이상의 연립미분방정식에 대해서도 소거법을 적용할 수 있다. 연립미분방정식

$$y_1'' - 2y_2' + 3y_1 = 0$$
$$y_2'' + 2y_1' + 3y_2 = 0$$
$$y_1(0) = 4, \quad y_2(0) = y_1'(0) = y_2'(0) = 0$$

을 다음 순서로 풀어보자.

(1) 첫 번째 미분방정식에서 y_2', y_2'', y_2'''을 y_1과 y_1의 도함수들을 이용하여 나타내어라.

(2) (1)에서 얻은 결과와 두 번째 미분방정식을 이용하여 y_1에 대한 미분방정식을 유도하여라.

(3) (2)에서 얻은 미분방정식을 풀어서 초기조건을 만족하는 y_1과 y_2를 구하여라.

참고. (3)에서 구한 해 (y_1, y_2)의 궤적을 수학 소프트웨어를 사용하여 그리면 아래 그림 6.1과 같다. 이 곡선은 반지름의 길이가 1인 작은 원이 반지름의 길이가 3인 큰 원 안에 내접하여 굴러갈 때 작은 원 위의 한 점이 그리는 궤적으로 **하이포 사이클로이드(hypocycloid)**라고 한다.

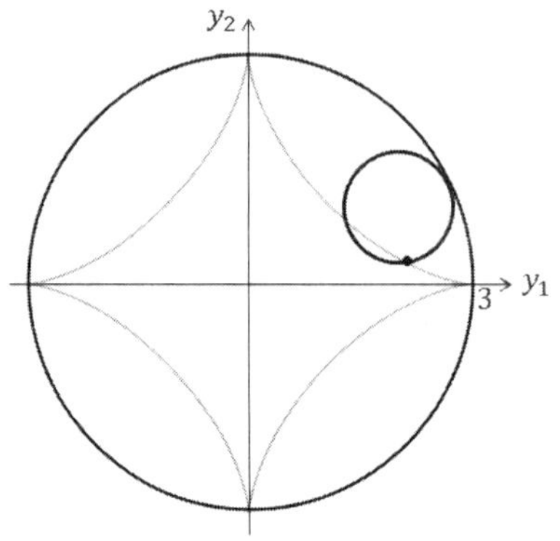

그림 6.1. 하이포 사이클로이드

6.2 행렬과 연립미분방정식

이제부터는 두 개의 함수에 대한 연립일계미분방정식을 행렬을 이용하여 나타내고, 행렬의 성질을 이용하여 해를 구하는 방법을 공부해보자. 연립미분방정식

$$\begin{aligned} y_1'(t) &= a(t)y_1(t) + b(t)y_2(t) + g_1(t) \\ y_2'(t) &= c(t)y_1(t) + d(t)y_2(t) + g_2(t) \end{aligned} \tag{6.1}$$

을 행렬의 곱을 이용하면

$$\mathbf{y}' = A\mathbf{y} + \mathbf{g} \tag{6.2}$$

로 나타낼 수 있다. 여기서

$$A = \begin{pmatrix} a(t) & b(t)) \\ c(t) & d(t) \end{pmatrix}, \quad \mathbf{y} = \begin{pmatrix} y_1(t)) \\ y_2(t) \end{pmatrix}, \quad \mathbf{g} = \begin{pmatrix} g_1(t)) \\ g_2(t) \end{pmatrix}$$

이다. 특히 제차일 경우는 $\mathbf{g} = \mathbf{0}$이므로

$$\mathbf{y}' = A\mathbf{y}$$

로 나타낼 수 있다. 또, 식 (6.1) 또는 식 (6.2)와 초기 조건

$$y_1(t_0) = x_1, \quad y_2(t_0) = x_2 \tag{6.3}$$

즉,

$$\mathbf{y}(t_0) = \mathbf{x}_0$$

가 주어졌을 때를 **초기값문제(initial value problem)**라고 한다.

연립미분방정식 (6.1)의 해가 $y_1(t), y_2(t)$일 때

$$\mathbf{y} = \begin{pmatrix} y_1(t) \\ y_2(t) \end{pmatrix}$$

를 연립미분방정식 (6.2)의 **해(solution)** 또는 **해벡터(solution vector)**라고 한다.

이 절에서는 두 개의 함수에 대한 제차연립미분방정식 $\mathbf{y}' = A\mathbf{y}$의 풀이법에 대하여 알아보자. 물론 이 절의 이론과 풀이법은 n개의 함수에 대한 연립일계미분방정식에 대해서도 자연스럽게 확장할 수 있다. 연립미분방정식에 대한 이론은 4.1절에서 공부한 고계미분방정식에 대한 이론과 거의 비슷하다.

■ 존재성과 유일성 정리

다음 정리는 연립미분방정식의 초기값 문제에 대한 해의 존재성과 유일성에 관한 정리이다.

> 정리 **6.1.** $a(t), b(t), c(t), d(t)$와 $g_1(t), g_2(t)$가 $t = t_0$를 포함하는 적당한 개구간에서 연속이면, 연립미분방정식 (6.1) 또는 (6.2)는 초기조건 (6.3)을 만족하는 유일한 해를 갖는다.

다음 정리는 연립선형미분방정식의 특별한 성질이다. 이 정리 덕분에 우리는 연립선형미분방정식의 일반해를 쉽게 구할 수 있다. 따라서 6장에서 다루는 연립미분방정식은 모두 연립선형미분방정식이다.

> 정리 **6.2.** $\mathbf{y}_1$과 $\mathbf{y}_2$가 제차연립미분방정식 $\mathbf{y}' = A\mathbf{y}$의 해이면, 임의의 상수 c_1, c_2에 대하여 $\mathbf{y} = c_1\mathbf{y}_1 + c_2\mathbf{y}_2$도 해가 된다.

연립미분방정식의 일반해를 구하려면 4장에서 공부한 고계미분방정식의 경우와 마찬가지로 해벡터의 일차독립과 일차종속의 개념이 필요하다.

$\mathbf{y}_1$과 $\mathbf{y}_2$가 제차연립미분방정식 $\mathbf{y}' = A\mathbf{y}$의 해라고 하자. 구간 I의 모든 t에 대하여

$$c_1\mathbf{y}_1(t) + c_2\mathbf{y}_2(t) = \mathbf{0}$$

이면 반드시 $c_1 = c_2 = 0$일 때, $\mathbf{y}_1$과 $\mathbf{y}_2$는 구간 I에서 **일차독립(linearly independent)**이라 하고, 일차독립이 아닐 때 **일차종속(linearly dependent)**이라고 한다.

■ 론스키안

해벡터들이 일차독립인지 아닌지 확인하는 방법은 4장에서와 마찬가지로 론스키안을 이용하는 것이다. 그러나 이때 론스키안의 정의는 4장에서의 정의와는 조금 다르다.

정리 6.3. 제차연립미분방정식 $\mathbf{y}' = A\mathbf{y}$의 두 개의 해가 다음과 같다고 하자.

$$\mathbf{y}_1 = \begin{pmatrix} y_{1,1} \\ y_{1,2} \end{pmatrix}, \quad \mathbf{y}_2 = \begin{pmatrix} y_{2,1} \\ y_{2,2} \end{pmatrix}$$

이 해들이 구간 I에서 일차독립일 필요충분조건은

$$W = W(\mathbf{y}_1, \mathbf{y}_2) = \begin{vmatrix} y_{1,1} & y_{2,1} \\ y_{1,2} & y_{2,2} \end{vmatrix} \neq 0$$

인 것이다. 여기서 $W(\mathbf{y}_1, \mathbf{y}_2)$를 $\mathbf{y}_1$과 $\mathbf{y}_2$의 **론스키안(Wronskian)**이라고 한다.

[예제 1] $\mathbf{y}_1 = \begin{pmatrix} 2 \\ -1 \end{pmatrix} e^{-4t}$와 $\mathbf{y}_2 = \begin{pmatrix} 3 \\ 1 \end{pmatrix} e^{t}$는 연립미분방정식 $\mathbf{y}' = \begin{pmatrix} -1 & 6 \\ 1 & -2 \end{pmatrix} \mathbf{y}$의 일차독립인 해임을 보여라.

풀이. $\mathbf{y}_1$을 미분하면

$$\mathbf{y}_1' = \begin{pmatrix} -8 \\ 4 \end{pmatrix} e^{-4t}$$

이고

$$\begin{pmatrix} -1 & 6 \\ 1 & -2 \end{pmatrix} \begin{pmatrix} 2 \\ -1 \end{pmatrix} e^{-4t} = \begin{pmatrix} -8 \\ 4 \end{pmatrix} e^{-4t}$$

이므로 $\mathbf{y}_1$은 해가 된다. 같은 방법으로, $\mathbf{y}_2$를 미분하면

$$\mathbf{y}_2' = \begin{pmatrix} 3 \\ 1 \end{pmatrix} e^{t}$$

이고

$$\begin{pmatrix} -1 & 6 \\ 1 & -2 \end{pmatrix} \begin{pmatrix} 3 \\ 1 \end{pmatrix} e^{t} = \begin{pmatrix} 3 \\ 1 \end{pmatrix} e^{t}$$

이므로 $\mathbf{y}_2$도 해가 된다. 두 해벡터가 일차독립임을 보이기 위하여 론스키안을 계산해보자.

$$W(\mathbf{y}_1, \mathbf{y}_2) = \begin{vmatrix} 2e^{-4t} & 3e^{t} \\ -e^{-4t} & e^{t} \end{vmatrix} = 5e^{-3t} \neq 0$$

이므로 $\mathbf{y}_1$과 $\mathbf{y}_2$는 일차독립이다. □

√문제 1. $\mathbf{y}_1 = \begin{pmatrix} 1 \\ 1 \end{pmatrix} e^{-2t}$와 $\mathbf{y}_2 = \begin{pmatrix} 1 \\ -1 \end{pmatrix} e^{-4t}$는 연립미분방정식 $\mathbf{y}' = \begin{pmatrix} -3 & 1 \\ 1 & -3 \end{pmatrix} \mathbf{y}$의 일차독립인 해임을 보여라.

■ 일반해

$\mathbf{y}_1$과 $\mathbf{y}_2$가 구간 I에서 제차연립미분방정식 $\mathbf{y}' = A\mathbf{y}$의 해이고 일차독립이면, **일반해(general solution)**는

$$\mathbf{y} = c_1 \mathbf{y}_1 + c_2 \mathbf{y}_2$$

이다. 여기서 c_1과 c_2는 임의의 상수이다.

[예제 2] 예제 1을 이용하여 연립미분방정식 $\mathbf{y}' = \begin{pmatrix} -1 & 6 \\ 1 & -2 \end{pmatrix} \mathbf{y}$의 일반해를 구하여라.

풀이. 예제 1에서

$$\mathbf{y}_1 = \begin{pmatrix} 2 \\ -1 \end{pmatrix} e^{-4t}, \quad \mathbf{y}_2 = \begin{pmatrix} 3 \\ 1 \end{pmatrix} e^{t}$$

는 일차독립인 해임을 보였다. 따라서 일반해는

$$\mathbf{y} = c_1 \begin{pmatrix} 2 \\ -1 \end{pmatrix} e^{-4t} + c_2 \begin{pmatrix} 3 \\ 1 \end{pmatrix} e^{t}$$

이다. □

√문제 2. 문제 1을 이용하여 연립미분방정식 $\mathbf{y}' = \begin{pmatrix} -3 & 1 \\ 1 & -3 \end{pmatrix} \mathbf{y}$의 일반해를 구하여라.

■ 고계미분방정식을 연립미분방정식으로 변환

고계미분방정식을 연립미분방정식으로 변환하여 해를 구할 수도 있다. 예를 들면, 이계미분방정식

$$y'' + p(x)y' + q(x)y = r(x)$$

에서 $y_1 = y$, $y_2 = y'$이라고 하면

$$y_1' = y' = y_2$$

이고,

$$y_2' = y'' = -p(x)y' - q(x)y + r(x) = -p(x)y_2 - q(x)y_1 + r(x)$$

이므로 연립미분방정식

$$\begin{aligned} y_1' &= y_2 \\ y_2' &= -p(x)y_2 - q(x)y_1 + r(x) \end{aligned}$$

을 얻을 수 있다.

일반적으로 아래 정리 6.4와 같이 n계미분방정식은 n개의 함수들의 연립일계미분방정식으로 변환할 수 있다.

> 정리 **6.4.** n계미분방정식
>
> $$y^{(n)} + p_1(x)y^{(n-1)} + \cdots + p_{n-1}(x)y' + p_n(x)y = r(x)$$
>
> 는 다음과 같은 n개의 함수들의 연립일계미분방정식으로 변환될 수 있다.
>
> $$\begin{aligned} y_1' &= y_2 \\ y_2' &= y_3 \\ &\vdots \\ y_{n-1}' &= y_n \\ y_n' &= -p_n(x)y_1 - p_{n-1}(x)y_2 - \cdots - p_1(x)y_n + r(x) \end{aligned}$$

[예제 3] 미분방정식 $y'' - 2xy' + y = \cos x$를 연립일계미분방정식으로 변환하여라.

풀이. $y_1 = y$, $y_2 = y'$이라고 하면

$$y_2' = y'' = 2xy' - y + \cos x = 2xy_2 - y_1 + \cos x$$

이므로 일계연립미분방정식

$$\begin{aligned} y_1' &= y_2 \\ y_2' &= 2xy_2 - y_1 + \cos x \end{aligned}$$

으로 변환된다. □

✓문제 **3.** 미분방정식 $y''' - y'' + (y')^2 = x$를 연립일계미분방정식으로 변환하여라.

연습문제 6.2

[1-4] 다음에서 함수 $\mathbf{y}_1$과 $\mathbf{y}_2$가 주어진 연립미분방정식의 일차독립인 해가 됨을 보이고 일반해를 구하여라.

1. $\mathbf{y}' = \begin{pmatrix} 1 & 3 \\ 5 & 3 \end{pmatrix}\mathbf{y};\quad \mathbf{y}_1 = \begin{pmatrix} 1 \\ -1 \end{pmatrix} e^{-2t},\quad \mathbf{y}_2 = \begin{pmatrix} 3 \\ 5 \end{pmatrix} e^{6t}$

2. $\mathbf{y}' = \begin{pmatrix} -2 & 1 \\ 3 & 0 \end{pmatrix}\mathbf{y};\quad \mathbf{y}_1 = \begin{pmatrix} 1 \\ 3 \end{pmatrix} e^{t},\quad \mathbf{y}_2 = \begin{pmatrix} 1 \\ -1 \end{pmatrix} e^{-3t}$

3. $\mathbf{y}' = \begin{pmatrix} -4 & -1 \\ 1 & -2 \end{pmatrix}\mathbf{y};\quad \mathbf{y}_1 = \begin{pmatrix} 1 \\ -1 \end{pmatrix} e^{-3t},\quad \mathbf{y}_2 = \left\{\begin{pmatrix} 1 \\ -1 \end{pmatrix} t + \begin{pmatrix} 0 \\ -1 \end{pmatrix}\right\} e^{-3t}$

4. $\mathbf{y}' = \begin{pmatrix} -2 & 5 \\ -2 & 4 \end{pmatrix}\mathbf{y};\quad \mathbf{y}_1 = \begin{pmatrix} 5 \\ 3 \end{pmatrix} e^{t}\cos t - \begin{pmatrix} 0 \\ 1 \end{pmatrix} e^{t}\sin t,\quad \mathbf{y}_2 = \begin{pmatrix} 0 \\ 1 \end{pmatrix} e^{t}\cos t + \begin{pmatrix} 5 \\ 3 \end{pmatrix} e^{t}\sin t$

[5-6] 다음 미분방정식을 연립일계미분방정식으로 변환하여라.

5. $y'' + 3y' + 2y = 0$

6. $y''' - 2y'' + y' - 3y = \cos x$

[심화 프로젝트]

7. $\mathbf{y}_1 = \begin{pmatrix} y_{11} \\ y_{12} \end{pmatrix}$과 $\mathbf{y}_2 = \begin{pmatrix} y_{21} \\ y_{22} \end{pmatrix}$가 구간 $a < t < b$에서 제차선형연립미분방정식 $\mathbf{y}' = A\mathbf{y}$의 해라면, 론스키안 $W(\mathbf{y}_1, \mathbf{y}_2)$는

   i) 모든 $a < t < b$에 대하여 항상 0이거나

   ii) 어떤 $a < t < b$에 대해서도 0이 아니다.

   다음 순서에 따라 이 사실을 증명해보자.

   (1) W를 t로 미분하면 다음과 같음을 보여라.

$$\frac{dW}{dt} = \begin{vmatrix} y'_{11} & y'_{21} \\ y_{12} & y_{22} \end{vmatrix} + \begin{vmatrix} y_{11} & y_{21} \\ y'_{12} & y'_{22} \end{vmatrix}$$

   (2) $A = \begin{pmatrix} a_{11} & a_{12} \\ a_{21} & a_{22} \end{pmatrix}$라고 할 때 $\mathbf{y}' = A\mathbf{y}$를 이용하여 $\frac{dW}{dt} = (a_{11} + a_{22})W$임을 보여라.

   (3) (2)의 미분방정식을 풀어 W를 구하여라.

   (4) W는 항상 0이거나, 어떤 $a < t < b$에 대해서도 0이 아님을 보여라.

6.3 계수가 상수인 제차연립미분방정식

이 절에서는 계수가 실수 상수인, 즉, A가 실수 상수행렬인 제차연립미분방정식

$$\mathbf{y}' = A\mathbf{y}$$

를 풀어보자.

일계미분방정식 $y' = ky$의 해는 $y = ce^{kt}$이었으므로 연립미분방정식 $\mathbf{y}' = A\mathbf{y}$의 해는

$$\mathbf{y} = \mathbf{x}e^{\lambda t}$$

형태일 수도 있다고 추측할 수 있다. 이 식을 미분하면

$$\mathbf{y}' = \lambda\mathbf{x}e^{\lambda t}$$

이므로 연립미분방정식 $\mathbf{y}' = A\mathbf{y}$에 대입하면

$$\lambda\mathbf{x}e^{\lambda t} = A\mathbf{x}e^{\lambda t}$$

이고, $e^{\lambda t} \neq 0$이므로

$$A\mathbf{x} = \lambda\mathbf{x}$$

이다. 즉, λ는 A의 고유값이고 $\mathbf{x}$는 대응되는 고유벡터이다. 따라서 계수행렬 A의 고유값과 고유벡터를 구하면 계수가 상수인 제차연립미분방정식의 해를 구할 수 있음을 알 수 있다.

아래에서는 편의상 두 함수의 연립미분방정식, 즉, A가 2×2 행렬일 때를 생각해보자.

■ 고유값이 서로 다른 실수일 경우

계수행렬 A의 고유값 λ_1과 λ_2가 서로 다른 실수이면 대응되는 고유벡터

$$\mathbf{x}_1 = \begin{pmatrix} x_{1,1} \\ x_{1,2} \end{pmatrix}, \quad \mathbf{x}_2 = \begin{pmatrix} x_{2,1} \\ x_{2,2} \end{pmatrix}$$

는 2.3절 정리 2.12에 의하여 일차독립이다. 따라서 이때 두 해는

$$\mathbf{y}_1 = \mathbf{x}_1 e^{\lambda_1 t}, \quad \mathbf{y}_2 = \mathbf{x}_2 e^{\lambda_2 t}$$

이고

$$W(\mathbf{y}_1, \mathbf{y}_2) = \begin{vmatrix} x_{1,1}e^{\lambda_1 t} & x_{2,1}e^{\lambda_2 t} \\ x_{1,2}e^{\lambda_1 t} & x_{2,2}e^{\lambda_2 t} \end{vmatrix} = e^{(\lambda_1+\lambda_2)t} \begin{vmatrix} x_{1,1} & x_{2,1} \\ x_{1,2} & x_{2,2} \end{vmatrix}$$

이다. 그런데 $\mathbf{x}_1$과 $\mathbf{x}_2$는 일차독립이므로 위의 마지막 행렬식은 2.2절 정리 2.10에 의하여 0이 아니다. 따라서 $W(\mathbf{y}_1, \mathbf{y}_2) \neq 0$이고 $\mathbf{y}_1$과 $\mathbf{y}_2$는 일차독립이며, 연립미분방정식 $\mathbf{y}' = A\mathbf{y}$의 일반해는

$$\mathbf{y} = c_1 \mathbf{x}_1 e^{\lambda_1 t} + c_2 \mathbf{x}_2 e^{\lambda_2 t}$$

이다.

[예제 1] 다음 연립미분방정식을 풀어라.

$$y_1' = -5y_1 + 2y_2$$
$$y_2' = 2y_1 - 2y_2$$

풀이. 계수행렬 $A = \begin{pmatrix} -5 & 2 \\ 2 & -2 \end{pmatrix}$의 특성방정식은

$$|A - \lambda I| = \begin{vmatrix} -5-\lambda & 2 \\ 2 & -2-\lambda \end{vmatrix} = \lambda^2 + 7\lambda + 6 = (\lambda+1)(\lambda+6) = 0$$

이므로 고유값은 $\lambda_1 = -1$, $\lambda_2 = -6$이다. $\lambda_1 = -1$에 대응되는 고유벡터는

$$\mathbf{x}_1 = \begin{pmatrix} 1 \\ 2 \end{pmatrix}$$

이고, $\lambda=-6$에 대응되는 고유벡터는

$$\mathbf{x}_2=\begin{pmatrix}2\\-1\end{pmatrix}$$

이다. 따라서 일반해는

$$\mathbf{y}=c_1\begin{pmatrix}1\\2\end{pmatrix}e^{-t}+c_2\begin{pmatrix}2\\-1\end{pmatrix}e^{-6t}$$

또는

$$\begin{aligned}y_1&=c_1e^{-t}+2c_2e^{-6t}\\y_2&=2c_1e^{-t}-c_2e^{-6t}\end{aligned}$$

이다. □

✓문제 **1.** 다음 연립미분방정식을 풀어라.

$$\begin{aligned}y_1'&=-2y_1+5y_2\\y_2'&=-4y_1+7y_2\end{aligned}$$

■ 고유값이 중근일 경우

계수행렬 A의 고유값 λ가 중근이라고 하자. 이때 λ에 대응되는 고유벡터는 일차독립인 것이 두 개 있을 수도 있고 하나뿐일 수도 있다. 먼저 두 개의 고유벡터가 일차독립일 경우를 보자. 두 고유벡터

$$\mathbf{x}_1=\begin{pmatrix}x_{1,1}\\x_{1,2}\end{pmatrix},\quad \mathbf{x}_2=\begin{pmatrix}x_{2,1}\\x_{2,2}\end{pmatrix}$$

가 일차독립이면

$$\mathbf{y}_1=\mathbf{x}_1e^{\lambda t},\quad \mathbf{y}_2=\mathbf{x}_2e^{\lambda t}$$

는 일차독립인 해이다. 왜냐하면, 2.2절 정리 2.10에 의하여

$$W(\mathbf{y}_1, \mathbf{y}_2) = \begin{vmatrix} x_{1,1}e^{\lambda t} & x_{2,1}e^{\lambda t} \\ x_{1,2}e^{\lambda t} & x_{2,2}e^{\lambda t} \end{vmatrix} = e^{2\lambda t} \begin{vmatrix} x_{1,1} & x_{2,1} \\ x_{1,2} & x_{2,2} \end{vmatrix} \neq 0$$

이기 때문이다. 따라서 이때 일반해는

$$\mathbf{y} = c_1 \mathbf{x}_1 e^{\lambda t} + c_2 \mathbf{x}_2 e^{\lambda t}$$

이다.

[예제 2] 다음 연립미분방정식을 풀어라.

$$y_1' = y_1$$
$$y_2' = y_2$$

풀이. 계수행렬 $A = \begin{pmatrix} 1 & 0 \\ 0 & 1 \end{pmatrix}$의 특성방정식은

$$|A - \lambda I| = \begin{vmatrix} 1-\lambda & 0 \\ 0 & 1-\lambda \end{vmatrix} = (\lambda - 1)^2 = 0$$

이므로 고유값은 $\lambda = 1, 1$이다. $\lambda = 1$에 대응되는 고유벡터는

$$\begin{pmatrix} 0 & 0 \\ 0 & 0 \end{pmatrix} \begin{pmatrix} x_1 \\ x_2 \end{pmatrix} = \begin{pmatrix} 0 \\ 0 \end{pmatrix}$$

을 만족해야 하므로, 두 개의 일차독립인 고유벡터

$$\mathbf{x}_1 = \begin{pmatrix} 1 \\ 0 \end{pmatrix}, \quad \mathbf{x}_2 = \begin{pmatrix} 0 \\ 1 \end{pmatrix}$$

을 구할 수 있다. 따라서 일반해는

$$\mathbf{y} = c_1 \begin{pmatrix} 1 \\ 0 \end{pmatrix} e^t + c_2 \begin{pmatrix} 0 \\ 1 \end{pmatrix} e^t$$

또는

$$y_1 = c_1 e^t, \quad y_2 = c_2 e^t$$

이다. □

✓문제 **2.** 다음 연립미분방정식을 풀어라.

$$\begin{aligned} y_1' &= -2y_1 \\ y_2' &= -2y_2 \end{aligned}$$

계수행렬 A의 고유값 λ가 중근일 때, 일차독립인 고유벡터는 $\mathbf{x}$ 하나밖에 없는 경우도 있다. 이때

$$\mathbf{y}_1 = \mathbf{x}e^{\lambda t}$$

는 해이다. 이것과 일차독립인 두 번째 해를 구하기 위하여

$$\mathbf{y}_2 = \mathbf{x}te^{\lambda t} + \mathbf{u}e^{\lambda t}$$

가 해가 되는 벡터 $\mathbf{u}$를 찾아보자.

$$\mathbf{y}_2' = \mathbf{x}e^{\lambda t} + \lambda\mathbf{x}te^{\lambda t} + \lambda\mathbf{u}e^{\lambda t}$$

이므로 연립미분방정식 $\mathbf{y}' = A\mathbf{y}$에 대입하면

$$\mathbf{x}e^{\lambda t} + \lambda\mathbf{x}te^{\lambda t} + \lambda\mathbf{u}e^{\lambda t} = A\mathbf{x}te^{\lambda t} + A\mathbf{u}e^{\lambda t}$$

이다. 양변에서 $e^{\lambda t}$를 나누어주고 $A\mathbf{x} = \lambda\mathbf{x}$임을 이용하면

$$\mathbf{x} + \lambda\mathbf{u} = A\mathbf{u}$$

즉,

$$(A-\lambda I)\mathbf{u}=\mathbf{x} \tag{6.4}$$

를 만족하는 $\mathbf{u}$를 찾으면 된다. 즉, 계수행렬 A의 고유값 λ와 이에 대응되는 고유벡터 $\mathbf{x}$를 구하고, 이들을 이용하여 식 (6.4)를 만족하는 벡터 $\mathbf{u}$를 찾으면 된다. 이때 일반해는 다음과 같다.

$$\mathbf{y}=c_1\mathbf{x}e^{\lambda t}+c_2(\mathbf{x}t+\mathbf{u})e^{\lambda t}$$

[예제 3] 다음 연립미분방정식을 풀어라.

$$y_1'=3y_1+4y_2$$
$$y_2'=-y_1+7y_2$$

풀이. 계수행렬의 특성방정식은

$$|A-\lambda I|=\begin{vmatrix}3-\lambda & 4\\ -1 & 7-\lambda\end{vmatrix}=(\lambda-5)^2=0$$

이므로 고유값은 $\lambda=5,5$이다. 이때 고유벡터는

$$\mathbf{x}=\begin{pmatrix}2\\1\end{pmatrix}$$

하나 뿐이고, 따라서 첫 번째 해는

$$\mathbf{y}_1=\begin{pmatrix}2\\1\end{pmatrix}e^{5t}$$

이다. 두 번째 해를 구하기 위하여 식 (6.4)에 의하여

$$\begin{pmatrix}-2 & 4\\ -1 & 2\end{pmatrix}\begin{pmatrix}u_1\\u_2\end{pmatrix}=\begin{pmatrix}2\\1\end{pmatrix}$$

을 만족하는 $\mathbf{u}$를 구하자. $-u_1 + 2u_2 = 1$을 만족해야 하므로

$$\mathbf{u} = \begin{pmatrix} 1 \\ 1 \end{pmatrix}$$

로 택하면

$$\mathbf{y}_2 = \begin{pmatrix} 2 \\ 1 \end{pmatrix} te^{5t} + \begin{pmatrix} 1 \\ 1 \end{pmatrix} e^{5t}$$

이다. 따라서 일반해는

$$\mathbf{y} = c_1 \begin{pmatrix} 2 \\ 1 \end{pmatrix} e^{5t} + c_2 \left\{ \begin{pmatrix} 2 \\ 1 \end{pmatrix} t + \begin{pmatrix} 1 \\ 1 \end{pmatrix} \right\} e^{5t} \tag{6.5}$$

또는

$$y_1 = \{2c_1 + (2t+1)c_2\} e^{5t}$$
$$y_2 = \{c_1 + (t+1)c_2\} e^{5t}$$

이다. □

예제 3의 풀이에서는 $-u_1 + 2u_2 = 1$을 만족하는 벡터 $\mathbf{u}$를

$$\mathbf{u} = \begin{pmatrix} 1 \\ 1 \end{pmatrix}$$

로 택하여 $\mathbf{y}_2$를 구하였다. 그러나

$$\mathbf{u} = \begin{pmatrix} -1 \\ 0 \end{pmatrix}$$

으로 택하여 $\mathbf{y}_2$를 구하여도 된다. 이때

$$\mathbf{y}_2 = \begin{pmatrix} 2 \\ 1 \end{pmatrix} te^{5t} + \begin{pmatrix} -1 \\ 0 \end{pmatrix} e^{5t}$$

이므로 일반해는

$$\mathbf{y} = c_3 \begin{pmatrix} 2 \\ 1 \end{pmatrix} e^{5t} + c_4 \left\{ \begin{pmatrix} 2 \\ 1 \end{pmatrix} t + \begin{pmatrix} -1 \\ 0 \end{pmatrix} \right\} e^{5t} \tag{6.6}$$

이다. 식 (6.5)의 해와 식 (6.6)의 해는 다른 것처럼 보이지만

$$c_3 = c_1 + c_2, \quad c_4 = c_2$$

로 택하면 두 해는 같음을 알 수 있다.

√문제 **3.** 다음 연립미분방정식을 풀어라.

$$y_1' = 2y_1 - 8y_2$$
$$y_2' = 2y_1 - 6y_2$$

■ 고유값이 복소근일 경우

고유값이 $\lambda_1 = \alpha + i\beta$, $\lambda_2 = \alpha - i\beta$이고, 대응되는 고유벡터가 각각 $\mathbf{x}, \bar{\mathbf{x}}$이면 해는

$$\mathbf{x}e^{\lambda_1 t}, \quad \bar{\mathbf{x}}e^{\lambda_2 t}$$

이다. 그러나 이 해는 지수가 복소수이다. 이 식으로부터 지수가 실수인 해를 유도해보자. 오일러 공식을 이용하면

$$\mathbf{x}e^{\lambda_1 t} = \mathbf{x}e^{\alpha t}(\cos\beta t + i\sin\beta t)$$
$$\bar{\mathbf{x}}e^{\lambda_2 t} = \bar{\mathbf{x}}e^{\alpha t}(\cos\beta t - i\sin\beta t)$$

이다. 미분방정식 $\mathbf{y}' = A\mathbf{y}$가 선형이므로 다음 벡터들도 해가 된다.

$$\mathbf{y}_1 = \frac{1}{2}(\mathbf{x}e^{\lambda_1 t} + \bar{\mathbf{x}}e^{\lambda_2 t}) = e^{\alpha t}\left(\frac{\mathbf{x}+\bar{\mathbf{x}}}{2}\cos\beta t + i\frac{\mathbf{x}-\bar{\mathbf{x}}}{2}\sin\beta t\right)$$
$$\mathbf{y}_2 = \frac{1}{2i}(\mathbf{x}e^{\lambda_1 t} - \bar{\mathbf{x}}e^{\lambda_2 t}) = e^{\alpha t}\left(i\frac{\bar{\mathbf{x}}-\mathbf{x}}{2}\cos\beta t + \frac{\mathbf{x}+\bar{\mathbf{x}}}{2}\sin\beta t\right)$$

그런데 $\frac{1}{2}(\mathbf{x}+\overline{\mathbf{x}})$와 $\frac{i}{2}(\overline{\mathbf{x}}-\mathbf{x})$는 각각 $\mathbf{x}$의 실수부 벡터와 허수부 벡터이다. 즉,

$$\mathrm{Re}(\mathbf{x})=\frac{1}{2}(\mathbf{x}+\overline{\mathbf{x}}),\quad \mathrm{Im}(\mathbf{x})=\frac{i}{2}(\overline{\mathbf{x}}-\mathbf{x})$$

이다. 따라서

$$\mathbf{y}_1=e^{\alpha t}\{\mathrm{Re}(\mathbf{x})\cos\beta t-\mathrm{Im}(\mathbf{x})\sin\beta t\}$$
$$\mathbf{y}_2=e^{\alpha t}\{\mathrm{Im}(\mathbf{x})\cos\beta t+\mathrm{Re}(\mathbf{x})\sin\beta t\}$$

는 일차독립인 해가 되고, 일반해는

$$\mathbf{y}=e^{\alpha t}(\{c_1\,\mathrm{Re}(\mathbf{x})+c_2\,\mathrm{Im}(\mathbf{x})\}\cos\beta t+\{c_2\,\mathrm{Re}(\mathbf{x})-c_1\,\mathrm{Im}(\mathbf{x})\}\sin\beta t)$$

이다.

[예제 4] 다음 연립미분방정식을 풀어라.

$$y_1'=y_1-2y_2$$
$$y_2'=2y_1+y_2$$

풀이. 계수행렬의 특성방정식은

$$|A-\lambda I|=\begin{vmatrix}1-\lambda & -2\\ 2 & 1-\lambda\end{vmatrix}=\lambda^2-2\lambda+5=0$$

이므로 고유값은 $\lambda=1\pm 2i$이다. $\lambda=1+2i$일 때 고유벡터는

$$\mathbf{x}=\begin{pmatrix}1\\ -i\end{pmatrix}$$

이다. 따라서 일반해는

$$\mathbf{y}=e^{t}\left(\left\{c_1\begin{pmatrix}1\\0\end{pmatrix}+c_2\begin{pmatrix}0\\-1\end{pmatrix}\right\}\cos 2t+\left\{c_2\begin{pmatrix}1\\0\end{pmatrix}-c_1\begin{pmatrix}0\\-1\end{pmatrix}\right\}\sin 2t\right)$$

또는

$$y_1 = e^t(c_1 \cos 2t + c_2 \sin 2t)$$
$$y_2 = e^t(-c_2 \cos 2t + c_1 \sin 2t)$$

이다. □

√문제 **4.** 다음 연립미분방정식을 풀어라.

$$y_1' = 2y_1 - y_2$$
$$y_2' = 3y_1 + 4y_2$$

■ 세 함수 이상일 경우

세 함수 이상의 연립미분방정식도 두 함수에 대한 연립미분방정식과 같은 방법으로 풀 수 있다. 예를 들어, 계수행렬이 중근인 고유값과 중근이 아닌 고유값을 모두 가지면 각각에 대응되는 해를 구하여 더하면 일반해를 구할 수 있다. 다음 예제를 보자.

[예제 5] 다음 연립미분방정식을 풀어라.

$$y_1' = y_1 + y_2$$
$$y_2' = 2y_2$$
$$y_3' = -y_1 + y_2 + 2y_3$$

풀이. 계수행렬의 특성방정식은

$$|A - \lambda I| = \begin{vmatrix} 1-\lambda & 1 & 0 \\ 0 & 2-\lambda & 0 \\ -1 & 1 & 2-\lambda \end{vmatrix} = -(\lambda - 1)(\lambda - 2)^2 = 0$$

이므로 고유값은 $\lambda_1 = 1$, $\lambda_2 = \lambda_3 = 2$이다. $\lambda = 1$에 대응되는 고유벡터는

$$\mathbf{x}_1 = \begin{pmatrix} 1 \\ 0 \\ 1 \end{pmatrix}$$

이고, $\lambda = 2$에 대응되는 고유벡터는 다음과 같이 두 개이다.

$$\mathbf{x}_2 = \begin{pmatrix} 1 \\ 1 \\ 0 \end{pmatrix}, \quad \mathbf{x}_3 = \begin{pmatrix} 1 \\ 1 \\ 1 \end{pmatrix}$$

따라서 일반해는

$$\mathbf{y} = c_1 \begin{pmatrix} 1 \\ 0 \\ 1 \end{pmatrix} e^t + c_2 \begin{pmatrix} 1 \\ 1 \\ 0 \end{pmatrix} e^{2t} + c_3 \begin{pmatrix} 1 \\ 1 \\ 1 \end{pmatrix} e^{2t}$$

또는

$$\begin{aligned} y_1 &= c_1 e^t + c_2 e^{2t} + c_3 e^{2t} \\ y_2 &= c_2 e^{2t} + c_3 e^{2t} \\ y_3 &= c_1 e^t + c_3 e^{2t} \end{aligned}$$

이다. □

✓문제 **5.** 다음 연립미분방정식을 풀어라.

$$\begin{aligned} y_1' &= -y_1 \\ y_2' &= y_1 - y_2 - 2y_3 \\ y_3' &= -2y_1 + 3y_3 \end{aligned}$$

연습문제 6.3

[1-10] 다음 연립미분방정식을 풀어라.

1. $y_1' = 4y_1 + 2y_2, \quad y_2' = 3y_1 + 3y_2$

2. $y_1' = -y_1 + 6y_2, \quad y_2' = y_1 - 2y_2$

3. $y_1' = 3y_1, \quad y_2' = 3y_2$

4. $y_1' = 2y_1, \quad y_2' = y_1 + 2y_2$

5. $y_1' = y_1 - 5y_2, \quad y_2' = 5y_1 - 9y_2$

6. $y_1' = 3y_1 + 2y_2, \quad y_2' = -y_1 + y_2$

7. $y_1' = 4y_1 - 2y_2, \quad y_2' = 5y_1 + 2y_2$

8. $y_1' = 4y_1 - 3y_2, \quad y_2' = 8y_1 - 6y_2$

9. $y_1' = y_1 - 2y_2 + 2y_3, \quad y_2' = -2y_1 + y_2 - 2y_3, \quad y_3' = 2y_1 - 2y_2 + y_3$

10. $y_1' = y_1 + 4y_2 - 2y_3, \quad y_2' = -2y_1 - 5y_2 + y_3, \quad y_3' = -2y_1 - 2y_2 - 2y_3$

[심화 프로젝트]

11. 계수가 상수인 두 함수의 연립이계미분방정식 $\mathbf{y}'' = A\mathbf{y}$도 연립일계미분방정식과 비슷한 방법으로 풀 수 있다. 다음 순서로 풀어보자.

(1) $\mathbf{y} = \mathbf{x}e^{\alpha t}$가 해라면 α^2은 행렬 A의 고유값이고 $\mathbf{x}$는 고유벡터임을 보여라.

(2) 행렬 A의 고유값이 서로 다른 양수 α_1^2, α_2^2이고 대응되는 고유벡터가 $\mathbf{x}_1$, $\mathbf{x}_2$일 때

$$\mathbf{x}_1 e^{\alpha_1 t}, \quad \mathbf{x}_1 e^{-\alpha_1 t}, \quad \mathbf{x}_2 e^{\alpha_2 t}, \quad \mathbf{x}_2 e^{-\alpha_2 t}$$

는 일차독립인 해가 됨을 보여라. 따라서 일반해는

$$\mathbf{y} = \mathbf{x}_1(c_1 e^{\alpha_1 t} + c_2 e^{-\alpha_1 t}) + \mathbf{x}_2(c_3 e^{\alpha_2 t} + c_4 e^{-\alpha_2 t})$$

이다.

(3) 위의 방법을 이용하여 다음 연립이계미분방정식을 풀어라.

$$y_1'' = 2y_1 + y_2, \quad y_2'' = 2y_1 + 3y_2$$

12. 계수가 상수인 두 함수의 연립이계미분방정식 $\mathbf{y}'' = A\mathbf{y}$에서 행렬 A의 고유값이 음수일 경우에도 연습문제 11과 같은 방법으로 풀 수 있다.

(1) 행렬 A의 고유값이 서로 다른 음수 $-\beta_1^2, -\beta_2^2$이고 대응되는 고유벡터가 $\mathbf{x}_1$, $\mathbf{x}_2$일 때

$$\mathbf{x}_1 \cos\beta_1 t, \quad \mathbf{x}_1 \sin\beta_1 t, \quad \mathbf{x}_2 \cos\beta_2 t, \quad \mathbf{x}_2 \sin\beta_2 t$$

는 일차독립인 해가 됨을 보여라. 따라서 일반해는

$$\mathbf{y} = \mathbf{x}_1(c_1 \cos\beta_1 t + c_2 \sin\beta_1 t) + \mathbf{x}_2(c_3 \cos\beta_2 t + c_4 \sin\beta_2 t)$$

이다.

(2) 위의 방법을 이용하여 다음 연립이계미분방정식을 풀어라.

$$y_1'' = -3y_1 + \sqrt{2}y_2, \quad y_2'' = \sqrt{2}y_1 - 2y_2$$

(3) 연습문제 11과 12 (1)의 방법을 이용하여 다음 연립이계미분방정식을 풀어라.

$$y_1'' = y_1 + 6y_2, \quad y_2'' = 5y_1 - 6y_2$$

6.4 비제차연립미분방정식

이 절에서는 비제차연립미분방정식

$$\mathbf{y}' = A\mathbf{y} + \mathbf{g} \tag{6.7}$$

의 해를 구하는 방법을 알아보자. 4.6절에서 공부한 비제차미분방정식에서와 마찬가지로, 이 미분방정식의 일반해는 다음과 같은 형태이다.

$$\mathbf{y} = \mathbf{y}_h + \mathbf{y}_p$$

여기서 $\mathbf{y}_h$는 제차연립미분방정식 $\mathbf{y}' = A\mathbf{y}$의 일반해이고, $\mathbf{y}_p$는 비제차연립미분방정식 (6.7)의 특수해이다.

4장에서 비제차미분방정식의 특수해를 구할 때 미정계수법과 매개변수변환법을 이용하였다. 비제차연립미분방정식의 경우에도 같은 방법으로 특수해 $\mathbf{y}_p$를 구할 수 있다.

■ 미정계수법

미정계수법은 벡터 $\mathbf{g}$의 형태에 따라 $\mathbf{y}_p$를 추측하고 대입하여 미정계수를 결정하는 방법이다. 이때 $\mathbf{y}_p$를 추측하는 규칙은 4장에서 공부한 비제차미분방정식의 경우와 비슷하다.

(1) $\mathbf{g}$가 t에 대한 다항식, 예를 들어, 이차방정식이면

$$\mathbf{y}_p = \mathbf{u}t^2 + \mathbf{v}t + \mathbf{w}$$

라 놓고,

(2) $\mathbf{g}$에 지수함수 $e^{\lambda t}$가 있으면

$$\mathbf{y}_p = \mathbf{u}e^{\lambda t}$$

라고 놓는다. 하지만 λ가 계수행렬 A의 고유값이면

$$\mathbf{y}_p = \mathbf{u}te^{\lambda t} + \mathbf{v}e^{\lambda t}$$

라고 놓아야 한다.

[예제 1] 미정계수법으로 다음 연립미분방정식을 풀어라.

$$y_1' = 2y_1 + y_2 - 3t + 1$$
$$y_2' = 3y_1 - 6t - 1$$

풀이. 대응되는 제차연립미분방정식의 계수행렬의 특성방정식은

$$|A - \lambda I| = \begin{vmatrix} 2-\lambda & 1 \\ 3 & -\lambda \end{vmatrix} = \lambda^2 - 2\lambda - 3 = (\lambda+1)(\lambda-3) = 0$$

이므로 고유값은 $\lambda = -1, 3$이고, 이에 대응되는 고유벡터는 각각

$$\begin{pmatrix} 1 \\ -3 \end{pmatrix}, \quad \begin{pmatrix} 1 \\ 1 \end{pmatrix}$$

이다. 따라서

$$\mathbf{y}_h = c_1 \begin{pmatrix} 1 \\ -3 \end{pmatrix} e^{-t} + c_2 \begin{pmatrix} 1 \\ 1 \end{pmatrix} e^{3t}$$

이다. $\mathbf{g}$가 t에 대한 일차방정식이므로

$$\mathbf{y}_p = \mathbf{u}t + \mathbf{v} = \begin{pmatrix} u_1 \\ u_2 \end{pmatrix} t + \begin{pmatrix} v_1 \\ v_2 \end{pmatrix}$$

라 하고 주어진 연립미분방정식

$$\mathbf{y}' = \begin{pmatrix} 2 & 1 \\ 3 & -1 \end{pmatrix} \mathbf{y} + \begin{pmatrix} -3t+1 \\ -6t-1 \end{pmatrix}$$

에 대입하면

$$\begin{pmatrix} u_1 \\ u_2 \end{pmatrix} = \begin{pmatrix} 2 & 1 \\ 3 & 0 \end{pmatrix} \begin{pmatrix} u_1 t + v_1 \\ u_2 t + v_2 \end{pmatrix} + \begin{pmatrix} -3t+1 \\ -6t-1 \end{pmatrix}$$

이다. 정리하면

$$u_1 = (2u_1 + u_2)t + 2v_1 + v_2 - 3t + 1$$
$$u_2 = 3u_1 t + 3v_1 - 6t - 1$$

이고, 계수를 비교하면

$$2u_1 + u_2 - 3 = 0$$
$$u_1 = 2v_1 + v_2 + 1$$
$$3u_1 - 6 = 0$$
$$u_2 = 3v_1 - 1$$

이므로 $u_1 = 2,\ u_2 = -1,\ v_1 = 0,\ v_2 = 1$이다. 따라서

$$\mathbf{y}_p = \begin{pmatrix} 2 \\ -1 \end{pmatrix} t + \begin{pmatrix} 0 \\ 1 \end{pmatrix}$$

이고, 일반해는

$$\mathbf{y} = c_1 \begin{pmatrix} 1 \\ -3 \end{pmatrix} e^{-t} + c_2 \begin{pmatrix} 1 \\ 1 \end{pmatrix} e^{3t} + \begin{pmatrix} 2 \\ -1 \end{pmatrix} t + \begin{pmatrix} 0 \\ 1 \end{pmatrix}$$

또는

$$y_1 = c_1 e^{-t} + c_2 e^{3t} + 2t$$
$$y_2 = -3c_1 e^{-t} + c_2 e^{3t} - t + 1$$

이다. □

✓문제 **1.** 미정계수법으로 다음 연립미분방정식을 풀어라.

$$y_1' = -3y_1 + y_2 + 2e^t$$
$$y_2' = y_1 - 3y_2 + 3e^t$$

다음 예제에서는 **g**에 있는 함수가 제차미분방정식의 일반해에 이미 포함되어있는 경우를 살펴보자.

[예제 2] 미정계수법으로 다음 연립미분방정식을 풀어라.

$$y_1' = y_1 + 2y_2 - 3e^{-t}$$
$$y_2' = 4y_1 + 3y_2 - 9e^{-t}$$

풀이. 대응되는 제차연립미분방정식의 계수행렬의 특성방정식은

$$|A-\lambda I| = \begin{vmatrix} 1-\lambda & 2 \\ 4 & 3-\lambda \end{vmatrix} = \lambda^2 - 4\lambda - 5 = (\lambda+1)(\lambda-5) = 0$$

이므로 고유값은 $\lambda = -1, 5$이고, 이에 대응하는 고유벡터는 각각

$$\begin{pmatrix} 1 \\ -1 \end{pmatrix}, \quad \begin{pmatrix} 1 \\ 2 \end{pmatrix}$$

이다. 따라서

$$\mathbf{y}_h = c_1 \begin{pmatrix} 1 \\ -1 \end{pmatrix} e^{-t} + c_2 \begin{pmatrix} 1 \\ 2 \end{pmatrix} e^{5t}$$

이다. **g**가 e^{-t}로 표현되는데 e^{-t} 항이 $\mathbf{y}_h$에 이미 있으므로

$$\mathbf{y}_p = \begin{pmatrix} u_1 \\ u_2 \end{pmatrix} te^{-t} + \begin{pmatrix} v_1 \\ v_2 \end{pmatrix} e^{-t}$$

라 하고 주어진 연립미분방정식

$$\mathbf{y}' = \begin{pmatrix} 1 & 2 \\ 4 & 3 \end{pmatrix} \mathbf{y} - \begin{pmatrix} 3 \\ 9 \end{pmatrix} e^{-t}$$

에 대입하면

$$\begin{aligned}&\begin{pmatrix}u_1\\u_2\end{pmatrix}e^{-t}-\begin{pmatrix}u_1\\u_2\end{pmatrix}te^{-t}-\begin{pmatrix}v_1\\v_2\end{pmatrix}e^{-t}\\&=\begin{pmatrix}1&2\\4&3\end{pmatrix}\left\{\begin{pmatrix}u_1\\u_2\end{pmatrix}te^{-t}+\begin{pmatrix}v_1\\v_2\end{pmatrix}e^{-t}\right\}-\begin{pmatrix}3\\9\end{pmatrix}e^{-t}\end{aligned}$$

이다. 양변에서 e^{-t}을 나누고 정리하면

$$-\begin{pmatrix}u_1\\u_2\end{pmatrix}t+\begin{pmatrix}u_1-v_1\\u_2-v_2\end{pmatrix}=\begin{pmatrix}u_1+2u_2\\4u_1+3u_2\end{pmatrix}t+\begin{pmatrix}v_1+2v_2-3\\4v_1+3v_2-9\end{pmatrix}$$

이고, 계수를 비교하면

$$\begin{aligned}-u_1&=u_1+2u_2\\-u_2&=4u_1+3u_2\\u_1-v_1&=v_1+2v_2-3\\u_2-v_2&=4v_1+3v_2-9\end{aligned}$$

이므로 $u_1=1,\ u_2=-1,\ v_1=2,\ v_2=0$이다. 따라서

$$\mathbf{y}_p=\begin{pmatrix}1\\-1\end{pmatrix}te^{-t}+\begin{pmatrix}2\\0\end{pmatrix}e^{-t}$$

이고, 일반해는

$$\mathbf{y}=c_1\begin{pmatrix}1\\-1\end{pmatrix}e^{-t}+c_2\begin{pmatrix}1\\2\end{pmatrix}e^{5t}+\begin{pmatrix}1\\-1\end{pmatrix}te^{-t}+\begin{pmatrix}2\\0\end{pmatrix}e^{-t}$$

또는

$$\begin{aligned}y_1&=(t+c_1+2)e^{-t}+c_2e^{5t}\\y_2&=(-t-c_1)e^{-t}+2c_2e^{5t}\end{aligned}$$

이다. □

✓문제 **2.** 미정계수법으로 다음 연립미분방정식을 풀어라.

$$y_1' = -y_1 + 6y_2 - 3e^t$$
$$y_2' = y_1 - 2y_2 + 4e^t$$

■ 매개변수변환법

제차연립미분방정식 $\mathbf{y}' = A\mathbf{y}$의 일반해 $\mathbf{y}_h = c_1\mathbf{y}_1 + c_2\mathbf{y}_2$를 다음과 같이 표현할 수 있다.

$$\mathbf{y}_h = c_1 \begin{pmatrix} y_{1,1} \\ y_{1,2} \end{pmatrix} + c_2 \begin{pmatrix} y_{2,1} \\ y_{2,2} \end{pmatrix} = \begin{pmatrix} c_1 y_{1,1} + c_2 y_{2,1} \\ c_1 y_{1,2} + c_2 y_{2,2} \end{pmatrix} = \mathbf{Y}(t)\mathbf{c}$$

여기서

$$\mathbf{Y}(t) = \begin{pmatrix} y_{1,1} & y_{2,1} \\ y_{1,2} & y_{2,2} \end{pmatrix}, \quad \mathbf{c} = \begin{pmatrix} c_1 \\ c_2 \end{pmatrix}$$

이다.

매개변수변환법의 아이디어는 비제차연립미분방정식 $\mathbf{y}' = A\mathbf{y} + \mathbf{g}$의 특수해 중에는 제차연립미분방정식 $\mathbf{y}' = A\mathbf{y}$의 일반해 $\mathbf{y}_h = \mathbf{Y}(t)\mathbf{c}$에서 상수벡터 $\mathbf{c}$를 함수들의 벡터 $\mathbf{u}(t) = \begin{pmatrix} u_1(t) \\ u_2(t) \end{pmatrix}$로 바꾼 형태의 해가 존재하지 않을까 하는 생각에서 시작된다. 즉,

$$\mathbf{y}_p = \mathbf{Y}(t)\mathbf{u}(t)$$

를 $\mathbf{y}' = A\mathbf{y} + \mathbf{g}$에 대입하여 만족하는 $\mathbf{u}(t)$를 구하는 방법이다. $\mathbf{y}_p$를 미분하면

$$\mathbf{y}_p' = \mathbf{Y}'\mathbf{u} + \mathbf{Y}\mathbf{u}'$$

이므로 대입하면

$$\mathbf{Y}'\mathbf{u} + \mathbf{Y}\mathbf{u}' = A\mathbf{Y}\mathbf{u} + \mathbf{g}$$

이다. 그런데 $\mathbf{y}_1' = A\mathbf{y}_1$이고 $\mathbf{y}_2' = A\mathbf{y}_2$이므로

$$\mathbf{Y}' = (\mathbf{y}_1', \mathbf{y}_2') = (A\mathbf{y}_1, A\mathbf{y}_2) = A\mathbf{Y}$$

이다. 따라서

$$\mathbf{Y}\mathbf{u}' = \mathbf{g}$$

이고, $\mathbf{Y}$의 역행렬을 양변에 곱하면

$$\mathbf{u}' = \mathbf{Y}^{-1}\mathbf{g}$$

이다. 이제 양변을 적분하면 $\mathbf{u}$를 구할 수 있다. 다음 예제를 풀어보자.

[예제 3] 매개변수변환법으로 다음 연립미분방정식을 풀어라.

$$y_1' = 2y_1 - 4y_2 + 6$$
$$y_2' = y_1 - 3y_2 + 3e^t$$

풀이. 대응되는 제차연립미분방정식의 계수행렬의 특성방정식은

$$|A - \lambda I| = \begin{vmatrix} 2-\lambda & -4 \\ 1 & -3-\lambda \end{vmatrix} = \lambda^2 + \lambda - 2 = (\lambda - 1)(\lambda + 2) = 0$$

이므로 고유값은 $\lambda = 1, -2$이고 대응하는 고유벡터는 각각

$$\begin{pmatrix} 4 \\ 1 \end{pmatrix}, \quad \begin{pmatrix} 1 \\ 1 \end{pmatrix}$$

이다. 따라서

$$\mathbf{y}_h = c_1 \begin{pmatrix} 4 \\ 1 \end{pmatrix} e^t + c_2 \begin{pmatrix} 1 \\ 1 \end{pmatrix} e^{-2t}$$

이다.

$$\mathbf{Y} = \begin{pmatrix} 4e^t & e^{-2t} \\ e^t & e^{-2t} \end{pmatrix}$$

이므로

$$\mathbf{Y}^{-1} = \frac{1}{3e^{-t}}\begin{pmatrix} e^{-2t} & -e^{-2t} \\ -e^{t} & 4e^{t} \end{pmatrix} = \frac{1}{3}\begin{pmatrix} e^{-t} & -e^{-t} \\ -e^{2t} & 4e^{2t} \end{pmatrix}$$

이고

$$\mathbf{u}' = \mathbf{Y}^{-1}\mathbf{g} = \frac{1}{3}\begin{pmatrix} e^{-t} & -e^{-t} \\ -e^{2t} & 4e^{2t} \end{pmatrix}\begin{pmatrix} 6 \\ 3e^{t} \end{pmatrix} = \begin{pmatrix} 2e^{-t}-1 \\ -2e^{2t}+4e^{3t} \end{pmatrix}$$

이다. 양변을 적분하여

$$\mathbf{u} = \begin{pmatrix} -2e^{-t}-t \\ -e^{2t}+\frac{4}{3}e^{3t} \end{pmatrix}$$

로 택하면

$$\mathbf{y}_p = \mathbf{Yu} = \begin{pmatrix} 4e^{t} & e^{-2t} \\ e^{t} & e^{-2t} \end{pmatrix}\begin{pmatrix} -2e^{-t}-t \\ -e^{2t}+\frac{4}{3}e^{3t} \end{pmatrix} = \begin{pmatrix} -4te^{t}+\frac{4}{3}e^{t}-9 \\ -te^{t}+\frac{4}{3}e^{t}-3 \end{pmatrix}$$

이고, 따라서 일반해는

$$\mathbf{y} = c_1\begin{pmatrix} 4 \\ 1 \end{pmatrix}e^{t} + c_2\begin{pmatrix} 1 \\ 1 \end{pmatrix}e^{-2t} - \begin{pmatrix} 4 \\ 1 \end{pmatrix}te^{t} + \frac{4}{3}\begin{pmatrix} 1 \\ 1 \end{pmatrix}e^{t} - \begin{pmatrix} 9 \\ 3 \end{pmatrix}$$

또는

$$\begin{aligned} y_1 &= 4\left(c_1+\frac{1}{3}-t\right)e^{t}+c_2e^{-2t}-9 \\ y_2 &= \left(c_1+\frac{4}{3}-t\right)e^{t}+c_2e^{-2t}-3 \end{aligned}$$

이다. □

✓문제 **3.** 매개변수변환법으로 다음 연립미분방정식을 풀어라.

$$\begin{aligned} y_1' &= 4y_1-3y_2+e^{2t} \\ y_2' &= 5y_1-4y_2-3 \end{aligned}$$

■ 대각화법

2장에서 행렬의 고유값과 고유벡터를 이용하면 행렬을 대각화 할 수 있음을 공부하였다. 이 아이디어를 이용하여 비제차 연립미분방정식의 해를 구할 수 있다.

방정식이 n개인 비제차연립미분방정식

$$\mathbf{y}' = A\mathbf{y} + \mathbf{g} \tag{6.8}$$

에서 계수행렬 A가 n개의 일차독립인 고유벡터를 가질때, 이 고유벡터들로 만들어진 $n \times n$ 행렬을 X라고 하면

$$D = X^{-1}AX$$

로 대각화할 수 있음을 2.3절에서 공부하였다. 여기서 D는 대각행렬이고 주대각선이 A의 고유값인 $\lambda_1, \ldots, \lambda_n$이다.

대각화를 이용하여 연립미분방정식 (6.8)을 풀기위하여

$$\mathbf{z} = X^{-1}\mathbf{y}$$

라고 치환하자. 그러면 $\mathbf{y} = X\mathbf{z}$이고 $\mathbf{y}' = X\mathbf{z}'$이므로

$$X\mathbf{z}' = AX\mathbf{z} + \mathbf{g}$$

이고, 양 변의 왼쪽에 X^{-1}을 곱하면

$$\mathbf{z}' = X^{-1}AX\mathbf{z} + X^{-1}\mathbf{g},$$

즉,

$$\mathbf{z}' = D\mathbf{z} + \mathbf{h}$$

이다. 여기서 $\mathbf{h} = X^{-1}\mathbf{g}$이다. 그런데 D는 대각행렬이므로 위의 방정식을 성분으로 쓰면

$$z_i' = \lambda_i z_i + h_i, \quad i = 1, \ldots, n$$

이고, 이것은 일계선형미분방정식이므로 풀 수 있다. 마지막으로 $\mathbf{y} = X\mathbf{z}$를 이용하면 연립미분방정식 (6.8)의 해 $\mathbf{y}$를 구할 수 있다.

이렇게 계수행렬의 대각화를 이용하여 연립미분방정식을 푸는 방법을 **대각화법(method of diagonalization)**이라고 한다.

[예제 4] 대각화법으로 다음 연립미분방정식을 풀어라.

$$y_1' = -3y_1 - 4y_2 + 5e^t$$
$$y_2' = 5y_1 + 6y_2 - 6e^t$$

풀이. 대응되는 제차연립미분방정식의 계수행렬의 특성방정식은

$$|A - \lambda I| = \begin{vmatrix} -3-\lambda & -4 \\ 5 & 6-\lambda \end{vmatrix} = \lambda^2 - 3\lambda + 2 = (\lambda - 1)(\lambda - 2) = 0$$

이므로 고유값은 $\lambda = 1, 2$이고 대응하는 고유벡터는 각각

$$\begin{pmatrix} 1 \\ -1 \end{pmatrix}, \quad \begin{pmatrix} 4 \\ -5 \end{pmatrix}$$

이다. 따라서

$$X = \begin{pmatrix} 1 & 4 \\ -1 & -5 \end{pmatrix}, \quad X^{-1} = \begin{pmatrix} 5 & 4 \\ -1 & -1 \end{pmatrix}$$

이다.

$$\mathbf{h} = X^{-1}\mathbf{g} = \begin{pmatrix} 5 & 4 \\ -1 & -1 \end{pmatrix} \begin{pmatrix} 5e^t \\ -6e^t \end{pmatrix} = \begin{pmatrix} e^t \\ e^t \end{pmatrix}$$

이므로, 주어진 연립미분방정식을 대각화하면

$$\mathbf{z}' = \begin{pmatrix} 1 & 0 \\ 0 & 2 \end{pmatrix} \mathbf{z} + \begin{pmatrix} e^t \\ e^t \end{pmatrix},$$

즉,

$$z_1' = z_1 + e^t, \quad z_2' = 2z_2 + e^t$$

이다. 이 일계선형미분방정식을 풀면

$$z_1 = c_1 e^t + te^t, \quad z_2 = c_2 e^{2t} - e^t$$

이고, 따라서 해는

$$\mathbf{y} = X\mathbf{z} = \begin{pmatrix} 1 & 4 \\ -1 & -5 \end{pmatrix} \begin{pmatrix} c_1 e^t + te^t \\ c_2 e^{2t} - e^t \end{pmatrix} = \begin{pmatrix} (c_1 - 4)e^t + te^t + 4c_2 e^{2t} \\ (-c_1 + 5)e^t - te^t - 5c_2 e^{2t} \end{pmatrix}$$

또는

$$y_1 = (c_1 - 4)e^t + te^t + 4c_2 e^{2t}$$
$$y_2 = (-c_1 + 5)e^t - te^t - 5c_2 e^{2t}$$

이다. □

√문제 **4.** 대각화법으로 다음 연립미분방정식을 풀어라.

$$y_1' = -2y_1 + 6y_2 + t$$
$$y_2' = -2y_1 + 5y_2 - 1$$

연습문제 6.4

[1-3] 미정계수법으로 다음 연립미분방정식을 풀어라.

1. $y_1' = -3y_1 + y_2 + t - 3, \quad y_2' = y_1 - 3y_2 + 5t + 6$

2. $y_1' = 2y_1 + 2y_2 + e^{2t}, \quad y_2' = y_1 + 3y_2$

3. $y_1' = 2y_1 + 3y_2 + 8e^{4t}, \quad y_2' = 2y_1 + y_2 - 3e^{4t}$

[4-5] 매개변수변환법으로 다음 연립미분방정식을 풀어라.

4. $y_1' = -3y_1 + y_2 + 3e^{-t}, \quad y_2' = 2y_1 - 4y_2 - 3e^{-2t}$

5. $y_1' = -3y_1 + y_2 + 4e^{-2t}, \quad y_2' = y_1 - 3y_2 - 2$

[6-7] 대각화법으로 다음 연립미분방정식을 풀어라.

6. $y_1' = y_1 + 2y_2 - t, \quad y_2' = 4y_1 + 3y_2 - 4t + 6$

7. $y_1' = 2y_1 + 3y_2 + 8e^{4t}, \quad y_2' = 2y_1 + y_2 - 3e^{4t}$

[심화 프로젝트]

8. 라플라스 변환을 벡터함수에 대해서 다음과 같이 확장할 수 있다. 예를 들어, $\mathbf{y}(t) = \begin{pmatrix} y_1(t) \\ y_2(t) \end{pmatrix}$이면 $\mathscr{L}(\mathbf{y}(t)) = \begin{pmatrix} \mathscr{L}(y_1(t)) \\ \mathscr{L}(y_2(t)) \end{pmatrix}$라고 하자. 벡터함수의 라플라스 변환을 이용하여 A가 상수행렬일 때 연립미분방정식

$$\mathbf{y}' = A\mathbf{y} + \mathbf{g}(t)$$

를 다음 순서로 풀어보자.

(1) $\mathbf{Y} = \mathscr{L}(\mathbf{y})$라고 하면 $\mathscr{L}(\mathbf{y}') = s\mathbf{Y} - \mathbf{y}(0)$임을 보여라.

(2) 주어진 연립미분방정식의 양변을 라플라스 변환하여라.

(3) (2)에서 얻은 방정식을 풀어 $\mathbf{Y}$에 대한 행렬 표현을 구하여라.

(4) 다음 연립미분방정식을 라플라스 변환하여 $\mathbf{Y}$를 구하여라.

$$\mathbf{y}' = \begin{pmatrix} -2 & 1 \\ 1 & -2 \end{pmatrix}\mathbf{y} + \begin{pmatrix} 8e^t \\ 18t \end{pmatrix}, \quad \mathbf{y}(0) = \mathbf{0}$$

(5) (4)에서 얻은 $\mathbf{Y}$를 라플라스 역변환하여 해 $\mathbf{y}$를 구하여라.

6.5 상평면과 안정성

연립미분방정식의 해를 직접 구하기는 어렵지만, 방정식을 잘 관찰하면 해의 개략적인 움직임을 알 수 있는 경우도 있다. 이 절에서는 이런 방법과 관련된 내용을 공부해보자.

■ 상평면

연립미분방정식

$$\begin{aligned} y_1' &= ay_1 + by_2 \\ y_2' &= cy_1 + dy_2 \end{aligned} \tag{6.9}$$

의 해

$$\mathbf{y}(t) = \begin{pmatrix} y_1(t) \\ y_2(t) \end{pmatrix}$$

는 t를 매개변수로 하는 매개방정식으로 이해할 수 있다. 따라서 이 해는 y_1y_2 평면 위의 곡선으로 그릴 수 있는데, 이 곡선을 연립미분방정식 (6.9)의 **궤적(trajectory)**이라 하고, y_1y_2 평면을 **상평면(phase plane)**이라고 한다.

상평면은 연립미분방정식의 해를 직접 구하기 어려울 때 해의 개략적인 움직임을 관찰하는 데 중요한 역할을 한다.

[예제 1] 다음 연립미분방정식을 풀고 궤적을 그려라.

$$\begin{aligned} y_1' &= y_1 \\ y_2' &= y_2 \end{aligned}$$

풀이. 계수행렬의 특성방정식은

$$|A - \lambda I| = \begin{vmatrix} 1-\lambda & 0 \\ 0 & 1-\lambda \end{vmatrix} = (\lambda - 1)^2 = 0$$

이므로 고유값은 $\lambda = 1$이고, 이때 고유벡터는

$$\begin{pmatrix} 1 \\ 0 \end{pmatrix}, \quad \begin{pmatrix} 0 \\ 1 \end{pmatrix}$$

이다. 따라서 일반해는

$$\mathbf{y} = c_1 \begin{pmatrix} 1 \\ 0 \end{pmatrix} e^t + c_2 \begin{pmatrix} 0 \\ 1 \end{pmatrix} e^t$$

또는

$$y_1 = c_1 e^t, \quad y_2 = c_2 e^t$$

이다. 매개변수 t를 소거하면

$$c_2 y_1 = c_1 y_2$$

이므로 직선의 방정식이고, 상수 c_1, c_2의 값에 따라 다음 그림 6.2와 같은 궤적이 그려진다. 이 그림에서 화살표는 t의 값이 커짐에 따라 궤적이 움직이는 방향을 나타내고, 원점 $(0,0)$을 고유마디점이라고 한다. □

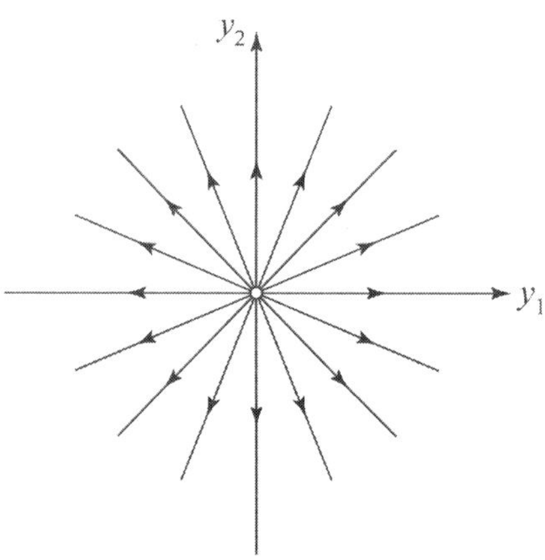

그림 6.2. 고유마디점(proper node)

✓문제 **1.** 다음 연립미분방정식을 풀고 궤적을 그려라.

$$y_1' = -y_1$$
$$y_2' = -2y_2$$

문제 1의 해의 궤적은 아래 그림 6.3과 같다. 이때 원점 $(0,0)$을 비고유마디점이라고 한다.

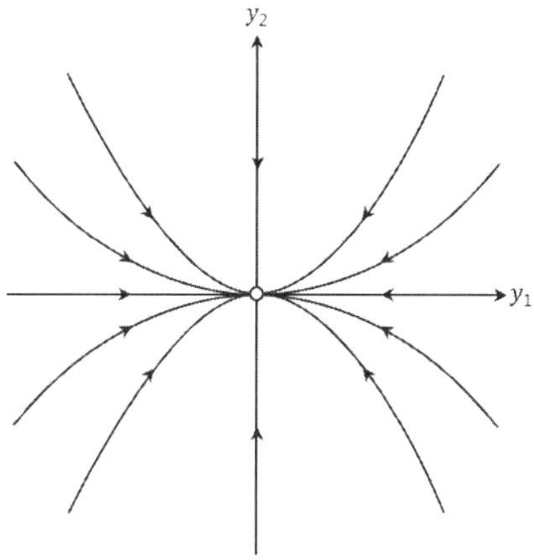

그림 6.3. 비고유마디점(improper node)

■ 임계점

그림 6.2와 6.3에서 원점 $(0,0)$은 모든 궤적이 지나가지는 않지만 이 점에 무한히 가까이 다가갈 수 있는 점이다. 이와 같은 점을 임계점이라고 한다. 임계점의 정의는 다음과 같다.

연립미분방정식 (6.9)에서

$$\frac{dy_2}{dy_1} = \frac{dy_2/dt}{dy_1/dt} = \frac{cy_1 + dy_2}{ay_1 + by_2}$$

가 $\frac{0}{0}$ 꼴이 되어 정의되지 않는 점을 **임계점(critical point)**이라고 한다.

[예제 2] 다음 연립미분방정식의 임계점을 구하여라.

$$y_1' = -3y_1^2 + y_2^2 - 4$$
$$y_2' = y_1^2 - y_2$$

풀이. $-3y_1^2 + y_2^2 - 4 = 0$, $y_1^2 - y_2 = 0$이라고 하자. $y_2 = y_1^2$을 첫 번째 방정식에 대입하면

$$y_1^4 - 3y_1^2 - 4 = (y_1^2 - 4)(y_1^2 + 1) = 0$$

이므로 $y_1 = \pm 2$, $y_2 = 4$이다. 따라서 임계점은 $(2,4)$와 $(-2,4)$이다. □

√문제 **2.** 다음 연립미분방정식의 임계점을 구하여라.

$$y_1' = 2y_1 + y_2$$
$$y_2' = -y_1 + 2y_2$$

■ 임계점의 분류

예제 1과 문제 1에서는 원점 (0,0)이 임계점이다. 임계점은 근방에서의 궤적의 형태에 따라 다음 다섯 가지로 구분할 수 있다.

(1) **고유마디점(proper node)**: 임계점에 접근할 때 각 궤적의 접선이 일정한 방향을 갖고, 또 임의의 방향을 접선으로 갖는 궤적이 존재할 때

(2) **비고유마디점(improper node)**: 임계점에 접근할 때 두 개의 궤적을 제외한 모든 궤적의 접선이 같은 방향을 가질 때

(3) **중심(center)**: 폐곡선으로 이루어진 궤적들로 둘러싸여 있을 때

(4) **안장점(saddle point)**: 두 개의 들어오는 궤적과 두 개의 나가는 궤적이 있고 나머지 궤적은 임계점을 지나지 않고 비껴나갈 때

(5) **나선점(spiral point)**: 나선형의 궤적이 임계점으로 접근하거나 멀어질 때

예제 1의 그림 6.2에서 원점 (0,0)과 같은 임계점은 고유마디점이고, 문제 1의 그림 6.3에서 원점 (0,0)은 비고유마디점이다.

[예제 3] 다음 연립미분방정식의 임계점과 일반해를 구하고 궤적을 그려라.

$$y_1' = -y_2$$
$$y_2' = y_1$$

풀이. $-y_2 = 0$, $y_1 = 0$이라고 하면 $y_1 = y_2 = 0$이므로 임계점은 (0,0)이다. 계수행렬의 특성방정식은

$$|A - \lambda I| = \begin{vmatrix} -\lambda & -1 \\ 1 & -\lambda \end{vmatrix} = \lambda^2 + 1 = 0$$

이므로 고유값은 $\lambda = i, -i$이고, 이에 대응되는 고유벡터는 각각

$$\begin{pmatrix} 1 \\ -i \end{pmatrix}, \quad \begin{pmatrix} 1 \\ i \end{pmatrix}$$

이다. 따라서 일반해는

$$\mathbf{y} = \left\{ c_1 \begin{pmatrix} 1 \\ 0 \end{pmatrix} + c_2 \begin{pmatrix} 0 \\ -1 \end{pmatrix} \right\} \cos t + \left\{ c_2 \begin{pmatrix} 1 \\ 0 \end{pmatrix} - c_1 \begin{pmatrix} 0 \\ -1 \end{pmatrix} \right\} \sin t$$

또는

$$y_1 = c_1 \cos t + c_2 \sin t, \quad y_2 = -c_2 \cos t + c_1 \sin t$$

이다. 매개변수 t를 소거하면

$$y_1^2 + y_2^2 = c_1^2 + c_2^2$$

이므로 원의 방정식임을 알수 있고, 상수 c_1, c_2의 값에 따라 그림 6.4와 같은 궤적이 그려진다. 이 그림에서의 임계점 $(0,0)$은 중심이다. □

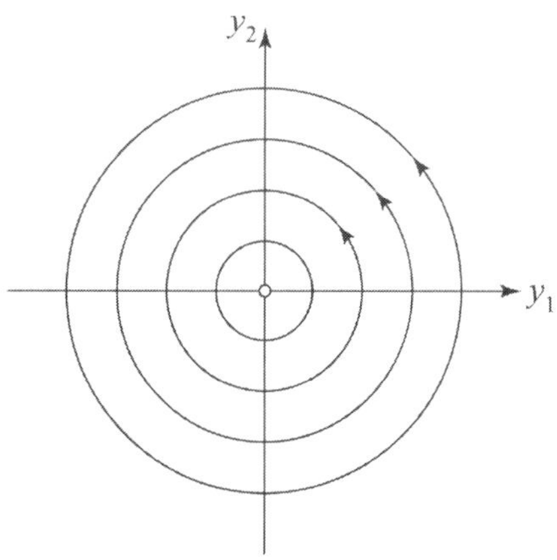

그림 6.4. 중심(center)

✓문제 **3.** 다음 연립미분방정식의 임계점과 일반해를 구하고 궤적을 그려라.

$$y_1' = -y_2$$
$$y_2' = 4y_1$$

임계점이 안장점이나 나선점이 되는 연립미분방정식도 있지만 생략하고, 여기에서는 궤적의 형태만 간단히 설명하자. 연립미분방정식의 궤적이 아래의 그림 6.5와 같을 때 임계점 (0,0)은 안장점이고, 궤적이 그림 6.6과 같을 때 임계점 (0,0)은 나선점이다.

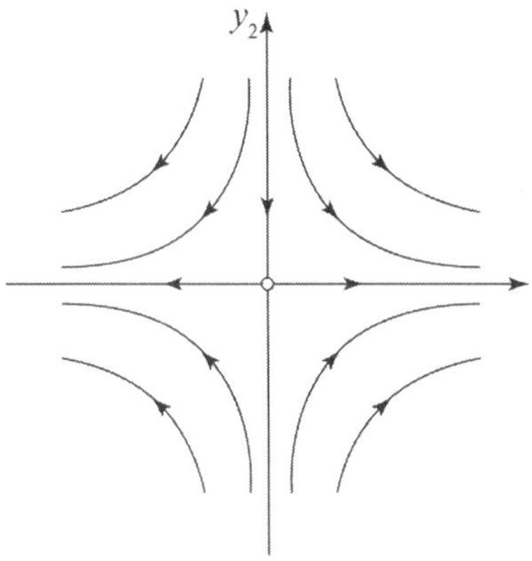

그림 6.5. 안장점(saddle point)

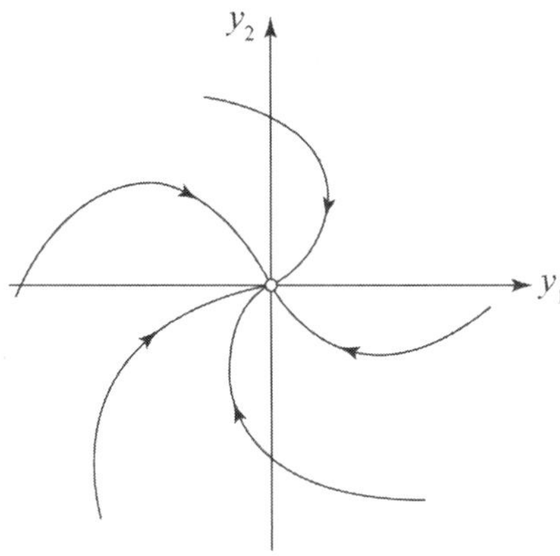

그림 6.6. 나선점(spiral point)

연립미분방정식에서 임계점의 유형을 판별하기 위해 반드시 연립미분방정식의 해를 구하고 궤적을 그려야만 하는 것은 아니다. 계수행렬의 고유값의 형태에 따라 연립미분방정식의 해의 형태가 달라짐을 알 수 있다. 따라서 고유값의 형태에 따라 임계점의 유형이 달라질 것이라고 추측할 수 있다. 판정 방법은 다음 정리에서 증명없이 소개하기로 하자.

정리 6.5. 연립미분방정식

$$\mathbf{y}' = A\mathbf{y} = \begin{pmatrix} a & b \\ c & d \end{pmatrix}\mathbf{y}$$

의 임계점의 형태는 계수행렬 A의 고유값의 형태에 따라 다음과 같이 분류할 수 있다.

(1) 같은 부호의 실수일 때 마디점

(2) 다른 부호의 실수일 때 안장점

(3) 순허수일 때 중심

(4) 순허수가 아닌 복소수일 때 나선점

■ 임계점의 안정성

연립미분방정식의 임계점을 분석할 때는 임계점의 형태 뿐만 아니라 **안정성**(stability)도 중요한 역할을 한다. 안정성을 간단히 설명하면 다음과 같다. 어떤 현상을 연립미분방정식으로 나타냈을 때 초기값의 작은 변화가 이후의 움직임에 작은 변화만 일으키면 **안정**(stable)하다고 하고, 그렇지 않으면 **불안정**(unstable)하다고 한다.

임계점에서의 안정성도 임계점의 형태와 마찬가지로 고유값의 형태에 따라 다음과 같이 판정할 수 있다.

정리 6.6. 연립미분방정식

$$\mathbf{y}' = A\mathbf{y} = \begin{pmatrix} a & b \\ c & d \end{pmatrix}\mathbf{y}$$

의 임계점에서의 안정성은 계수 행렬 A의 고유값의 형태에 따라 다음과 같이 분류할 수 있다.

(1) 두 고유값이 음수이거나 실수부가 양수가 아닌 복소수일 때 안정

(2) 두 고유값이 양수이거나 서로 다른 부호 또는 실수부가 양수인 복소수일 때 불안정

[예제 4] 다음 연립미분방정식의 임계점을 구하고 임계점의 유형과 안정성을 판정하여라.

$$y_1' = -4y_1 - y_2$$
$$y_2' = y_1 - 2y_2$$

풀이. $-4y_1 - y_2 = 0$, $y_1 - 2y_2 = 0$이라고 하면 $y_1 = y_2 = 0$이므로 임계점은 $(0,0)$이다. 계수행렬의 특성방정식은

$$|A - \lambda I| = \begin{vmatrix} -4-\lambda & -1 \\ 1 & -2-\lambda \end{vmatrix} = (\lambda+3)^2 = 0$$

이므로 고유값은 $\lambda = -3, -3$이다. 정리 6.5에 의하여 임계점의 종류는 마디점이고, 정리 6.6에 의하여 안정한 임계점임을 알 수 있다. □

✓문제 **4.** 다음 연립미분방정식의 임계점을 구하고 임계점의 유형과 안정성을 판정하여라.

$$y_1' = 4y_1 - y_2$$
$$y_2' = 6y_1 - 3y_2$$

연습문제 6.5

[1-5] 다음 연립미분방정식의 일반해를 구하고 궤적을 그려라. 또 임계점을 구하고 임계점의 유형을 판정하여라.

1. $y_1' = -3y_1 + y_2, \quad y_2' = y_1 - 3y_2$
2. $y_1' = 2y_1, \quad y_2' = 2y_2$
3. $y_1' = -3y_2, \quad y_2' = 3y_1$
4. $y_1' = 2y_1, \quad y_2' = -2y_2$
5. $y_1' = y_1 + y_2, \quad y_2' = -y_1 + y_2$

[6-9] 다음 연립미분방정식의 임계점을 구하고 임계점의 유형과 안정성을 판정하여라.

6. $y_1' = -y_1 + y_2, \quad y_2' = 9y_1 - y_2$
7. $y_1' = -y_1 + y_2, \quad y_2' = -9y_1 - y_2$
8. $y_1' = 4y_1 - 3y_2, \quad y_2' = 2y_1 - y_2$
9. $y_1' = -y_1 + 2y_2, \quad y_2' = -y_1 + y_2$

[심화 프로젝트]

10. 다음 비선형연립미분방정식을 생각해 보자.

$$y_1' = -3y_2 + y_1(1 - y_1^2 - y_2^2), \quad y_2' = 3y_1 + y_2(1 - y_1^2 - y_2^2)$$

(1) 임계점을 구하여라.

(2) $y_1 = r\cos\theta$, $y_2 = r\sin\theta$라 치환하면 $r^2 = y_1^2 + y_2^2$이고 $\theta = \tan^{-1}\frac{y_2}{y_1}$이다. 이 관계식을 이용하여 $\frac{dr}{dt}$과 $\frac{d\theta}{dt}$에 대한 연립미분방정식을 유도하여라.

(3) (2)의 연립미분방정식을 풀어 y_1, y_2를 구하여라.

제 7 장

제곱급수 해법

7.1 제곱급수와 제곱급수 해법

다음과 같은 무한급수를 중심이 c인 **제곱급수(power series)** 또는 $x-c$의 제곱급수라고 한다.

$$\sum_{n=0}^{\infty} a_n(x-c)^n = a_0 + a_1(x-c) + a_2(x-c)^2 + \cdots \tag{7.1}$$

특히 $c=0$일 때, 즉,

$$\sum_{n=0}^{\infty} a_n x^n = a_0 + a_1 x + a_2 x^2 + \cdots$$

를 x의 제곱급수라고 한다.

■ 제곱급수의 수렴

제곱급수는 무한급수이므로 x의 값에 따라 수렴하기도 하고 발산하기도 한다. 어떤 제곱급수가 수렴하는 x들을 모두 모으면 구간의 형태가 되는데, 이 구간을 **수렴구간(interval of convergence)**이라고 한다.

다음 정리는 제곱급수가 수렴하는 x들의 범위를 구하는 방법으로 제곱급수의 수렴에 대한 비판정법 또는 제곱근판정법을 이용하여 간단히 증명할 수 있지만, 여기서는 결론만 소개하기로 하자.

> 정리 **7.1.** 제곱급수 (7.1)에서
>
> $$R = \frac{1}{\lim_{n\to\infty} |a_{n+1}/a_n|} \quad \text{또는} \quad R = \frac{1}{\lim_{n\to\infty} \sqrt[n]{|a_n|}}$$
>
> 이라고 하면, 이 제곱급수는 $|x-c|<R$일 때 수렴하고 $|x-c|>R$일 때 발산한다. 이때 R을 이 제곱급수의 **수렴반지름(radius of convergence)**이라고 한다.

[예제 1] 다음 제곱급수의 수렴반지름을 구하여라.

$$\sum_{n=0}^{\infty} \frac{(x-2)^n}{(n+1)3^n}$$

풀이. $a_n = \frac{1}{(n+1)3^n}$이므로

$$\lim_{n\to\infty}\left|\frac{a_{n+1}}{a_n}\right| = \lim_{n\to\infty}\frac{\frac{1}{(n+2)3^{n+1}}}{\frac{1}{(n+1)3^n}} = \lim_{n\to\infty}\frac{n+1}{3(n+2)} = \frac{1}{3}$$

이다. 따라서 수렴 반지름은 $R=3$이다. □

✓문제 **1.** 다음 제곱급수의 수렴반지름을 구하여라.

$$\sum_{n=0}^{\infty}\frac{(-1)^n x^{2n}}{(2n)!}$$

■ 자주 쓰이는 제곱급수

다음 제곱급수는 자주 쓰이는 제곱급수들이므로 기억해두는것이 좋다. 유도 과정은 미분적분학 책을 참고하기 바란다.

$$\begin{aligned}
e^x &= \sum_{n=0}^{\infty}\frac{x^n}{n!} = 1 + x + \frac{x^2}{2!} + \frac{x^3}{3!} + \cdots, \quad -\infty < x < \infty \\
\cos x &= \sum_{n=0}^{\infty}\frac{(-1)^n x^{2n}}{(2n)!} = 1 - \frac{x^2}{2!} + \frac{x^4}{4!} - + \cdots, \quad -\infty < x < \infty \\
\sin x &= \sum_{n=0}^{\infty}\frac{(-1)^n x^{2n+1}}{(2n+1)!} = x - \frac{x^3}{3!} + \frac{x^5}{5!} - + \cdots, \quad -\infty < x < \infty \\
\frac{1}{1-x} &= \sum_{n=0}^{\infty} x^n = 1 + x + x^2 + \cdots, \quad -1 < x < 1
\end{aligned}$$

■ 제곱급수의 연산

제곱급수는 수렴구간 내에서 항별 덧셈, 뺄셈, 곱셈, 미분, 적분이 가능하다. 즉, 함수 $f(x)$와 $g(x)$의 제곱급수가 다음과 같다고 하자.

$$\begin{aligned}
f(x) &= \sum_{n=0}^{\infty} a_n x^n, \quad |x| < R_1 \\
g(x) &= \sum_{n=0}^{\infty} b_n x^n, \quad |x| < R_2
\end{aligned}$$

그러면

$$f(x) \pm g(x) = \sum_{n=0}^{\infty}(a_n \pm b_n)x^n, \quad |x| < \min\{R_1, R_2\}$$

$$f(x)g(x) = a_0 b_0 + (a_1 b_0 + a_0 b_1)x + \cdots, \quad |x| < \min\{R_1, R_2\}$$

$$f'(x) = \sum_{n=1}^{\infty} n a_n x^{n-1}, \quad |x| < R_1$$

$$\int f(x)\,dx = c_0 + \sum_{n=0}^{\infty} \frac{a_n}{n+1} x^{n+1}, \quad |x| < R_1$$

이다.

[예제 2] $\frac{1}{1-x}$의 제곱급수를 이용하여 $\frac{1}{(1-x)^2}$의 제곱급수를 구하여라.

풀이. $(\frac{1}{1-x})' = \frac{1}{(1-x)^2}$이고

$$\frac{1}{1-x} = \sum_{n=0}^{\infty} x^n = 1 + x + x^2 + \cdots, \quad -1 < x < 1$$

이므로

$$\frac{1}{(1-x)^2} = (1 + x + x^2 + x^3 + \cdots)' = 1 + 2x + 3x^2 + \cdots, \quad -1 < x < 1$$

이다. □

√문제 **2.** $\frac{1}{1-x}$의 제곱급수를 이용하여 $\frac{1}{1+x^2}$의 제곱급수를 구하여라.

제곱급수 해법으로 미분방정식을 풀 때에는 몇 개의 제곱급수의 합을 하나의 제곱급수로 간단히 나타내어 계산할 경우가 많다. 다음 예제에서 연습해 보자.

[예제 3] 다음 제곱급수의 합을 하나의 제곱급수로 나타내어라.

$$\sum_{n=2}^{\infty} n(n-1)a_n x^{n-2} + \sum_{n=0}^{\infty} a_n x^{n+1}$$

풀이. 두 급수를 합하기 위해서는 미지수 x의 지수가 같은 항 끼리 더해야 한다. 따라서 먼저 첨자를 변형하여 두 급수에서 x의 지수가 같게 하자. 첫 번째 급수에서 $m=n-2$라 하고 두 번째 급수에서는 $m=n+1$이라고 하면

$$\begin{aligned}\sum_{n=2}^{\infty} n(n-1)a_n x^{n-2} + \sum_{n=0}^{\infty} a_n x^{n+1} &= \sum_{m=0}^{\infty}(m+2)(m+1)a_{m+2}x^m + \sum_{m=1}^{\infty} a_{m-1}x^m \\ &= 2a_2 + \sum_{m=1}^{\infty}\{(m+2)(m+1)a_{m+2} + a_{m-1}\}x^m\end{aligned}$$

이다. □

✓문제 **3.** 다음 제곱급수의 합을 하나의 제곱급수로 나타내어라.

$$\sum_{n=0}^{\infty}(n+2)(n-1)a_n x^{n+2} + \sum_{n=0}^{\infty} n a_n x^{n+3}$$

■ 제곱급수 해법

미분방정식의 제곱급수 해법의 계산 과정은 꽤 복잡해 보이지만, 그 아이디어는 매우 간단하다. 미분방정식

$$y'' + p(x)y' + q(x)y = 0 \tag{7.2}$$

에서 $p(x)$와 $q(x)$를 x의 제곱급수로 나타낼 수 있다고 하자. 또 미분방정식 (7.2)이 다음과 같은 제곱급수 형태의 해를 갖는다고 하자. 이때

$$y = \sum_{n=0}^{\infty} a_n x^n$$

이 급수를 미분하여

$$\begin{aligned}y' &= \sum_{n=1}^{\infty} n a_n x^{n-1} \\ y'' &= \sum_{n=2}^{\infty} n(n-1)a_n x^{n-2}\end{aligned}$$

을 방정식 (7.2)에 대입하여 계수 a_n들을 구하는 것이 제곱급수 해법이다. 다음 예제를 풀어보자.

[예제 4] 미분방정식 $y' = y + x$를 제곱급수 해법으로 풀어라.

풀이. $y = \sum_{n=0}^{\infty} a_n x^n$을 미분하여 주어진 미분방정식에 대입하면

$$\sum_{n=1}^{\infty} n a_n x^{n-1} = \sum_{n=0}^{\infty} a_n x^n + x$$

이다. 양변의 무한급수에서 x의 지수를 같게하기 위하여 좌변의 무한급수에서는 $m = n-1$이라 하고 우변의 무한급수에서는 $m = n$이라고 놓으면

$$\sum_{m=0}^{\infty} (m+1) a_{m+1} x^m = \sum_{m=0}^{\infty} a_m x^m + x$$

이다. 양변의 계수를 비교하면

$$\begin{aligned}
&a_1 = a_0 \\
&2a_2 = a_1 + 1 \\
&(m+1) a_{m+1} = a_m, \quad m = 2, 3, \ldots
\end{aligned}$$

이므로

$$\begin{aligned}
a_1 &= a_0 \\
a_2 &= \frac{1}{2}(a_1 + 1) = \frac{1}{2!}(a_0 + 1) \\
a_3 &= \frac{1}{3} a_2 = \frac{1}{3!}(a_0 + 1) \\
&\vdots
\end{aligned}$$

이다. 따라서 해는

$$\begin{aligned}
y &= a_0 + a_0 x + \frac{1}{2!}(a_0 + 1) x^2 + \frac{1}{3!}(a_0 + 1) x^3 + \cdots \\
&= (a_0 + 1)\left\{1 + x + \frac{x^2}{2!} + \frac{x^3}{3!} + \cdots\right\} - x - 1 \\
&= (a_0 + 1) e^x - x - 1
\end{aligned}$$

이다. □

√문제 **4.** 미분방정식 $y'' + y = 0$를 제곱급수 해법으로 풀어라.

모든 미분방정식은 제곱급수 해법으로 풀 수 있을까? 이에 대한 대답을 증명없이 소개하면 다음 정리와 같다.

> 정리 **7.2.** 미분방정식
> $$y'' + p(x)y' + q(x)y = r(x)$$
> 에서 $p(x), q(x), r(x)$가 **해석적(analytic)**이라고 하자. 즉, $x - c$의 제곱급수로 나타낼 수 있고 이 급수들의 수렴반지름은 $R > 0$이라고 하자. 그러면 이 미분방정식의 모든 해는 $x - c$의 제곱급수로 나타낼수 있고 이 급수의 수렴반지름은 R이다.

연습문제 7.1

[1-4] 다음 제곱급수의 수렴반지름을 구하여라.

1. $\sum_{n=0}^{\infty}(x-1)^n$
2. $\sum_{n=0}^{\infty}\frac{(x-3)^n}{n+1}$
3. $\sum_{n=0}^{\infty}\frac{(-1)^n x^{2n}}{2^{2n}(n!)^2}$
4. $\sum_{n=0}^{\infty}\frac{2^n(x+1)^n}{\sqrt{n+1}}$

[5-8] 이미 알고 있는 제곱급수를 이용하여 다음 함수를 제곱급수로 나타내어라.

5. $\frac{1}{2+x}$
6. $\frac{3}{2+x-x^2}$
7. $\ln(1+x)$
8. $\tan^{-1} x$

[9-10] 다음 제곱급수의 합을 하나의 제곱급수로 나타내어라.

9. $\sum_{n=2}^{\infty} n(n-1)a_n x^{n-2} - \sum_{n=1}^{\infty} na_n x^{n+1}$

10. $\sum_{n=1}^{\infty} \frac{(-1)^{n+1}}{5n} x^{n+2} + \sum_{n=1}^{\infty} na_n x^{n-1}$

[11-12] 다음 미분방정식을 제곱급수 해법으로 풀어라.

11. $y'' + xy = 0$

12. $y'' - y = 0$

[심화 프로젝트]

13. p가 상수일 때 미분방정식

$$y'' - 2xy' + 2py = 0$$

을 **에르미트 방정식(Hermite equation)**이라 한다. 이 미분방정식은 양자역학의 슈뢰딩거 방정식과 관련이 있다.

(1) 제곱급수 해법으로 에르미트 방정식의 일반해를 구하여라.

(2) p가 음이 아닌 정수이면 에르미트 방정식의 일차독립인 두 해 중에서 하나는 다항식이 되는데, 이 다항식을 **에르미트 다항식(Hermite polynomial)**이라 하고 $H_p(x)$라고 나타낸다. $H_0(x), H_1(x), H_2(x), H_3(x), H_4(x)$를 각각 구하여라.

7.2 르장드르 방정식

응용면에서 중요한 미분방정식 중의 하나가 다음과 같은 **르장드르 방정식(Legendre equation)** 이다.

$$(1-x^2)y''-2xy'+p(p+1)y=0$$

여기서 p는 실수이다. 르장드르 방정식의 해를 **르장드르 함수(Legendre function)**라고 한다.

르장드르 방정식의 양변을 $1-x^2$으로 나누면

$$y''+\frac{-2x}{1-x^2}y'+\frac{p(p+1)}{1-x^2}y=0$$

이다. 그런데

$$\begin{aligned}p(x)&=\frac{-2x}{1-x^2}=-2x-2x^3-2x^5-\cdots\\ q(x)&=\frac{p(p+1)}{1-x^2}=p(p+1)(1+x^2+x^4+\cdots)\end{aligned}$$

이므로 $p(x)$와 $q(x)$는 해석적이고, 따라서 7.1절의 정리 7.2에 의하여 르장드르 방정식은 제곱급수 해를 갖는다.

급수

$$y=\sum_{n=0}^{\infty}a_nx^n$$

을 미분하여 르장드르 방정식에 대입하면

$$(1-x^2)\sum_{n=0}^{\infty}n(n-1)a_nx^{n-2}-2x\sum_{n=0}^{\infty}na_nx^{n-1}+p(p+1)\sum_{n=0}^{\infty}a_nx^n=0$$

이므로 정리하면

$$\sum_{n=0}^{\infty}n(n-1)a_nx^{n-2}-\sum_{n=0}^{\infty}n(n-1)a_nx^n-2\sum_{n=0}^{\infty}na_nx^n+p(p+1)\sum_{n=0}^{\infty}a_nx^n=0$$

이다. 지수를 같게 하기 위하여 첫 번째 급수에서는 $m=n-2$이라 놓고, 나머지 세 개의

급수에서는 $m=n$이라고 놓으면

$$\sum_{m=-2}^{\infty}(m+2)(m+1)a_{m+2}x^m-\sum_{m=0}^{\infty}m(m-1)a_mx^m-2\sum_{m=0}^{\infty}ma_mx^m+p(p+1)\sum_{m=0}^{\infty}a_mx^m=0$$

이고, 하나의 제곱급수로 나타내면

$$\sum_{m=0}^{\infty}\{(m+2)(m+1)a_{m+2}-(m-p)(m+p+1)a_m\}x^m=0$$

이다. 따라서 각 계수가 모두 0이어야 하므로

$$a_{m+2}=-\frac{(p-m)(p+m+1)}{(m+2)(m+1)}a_m,\quad m=0,1,2,\dots \tag{7.3}$$

이다. 이 점화식을 보면 $a_0,a_2,a_4,\dots$가 서로 연관되어있고, $a_1,a_3,a_5,\dots$가 서로 연관되어 있음을 알 수 있다. 몇 개의 계수를 구해보면 다음과 같다.

$$\begin{aligned}a_2&=-\frac{p(p+1)}{2!}a_0\\a_4&=-\frac{(p-2)(p+3)}{4\cdot3}a_2=\frac{(p-2)p(p+1)(p+3)}{4!}a_0\\&\vdots\end{aligned}$$

이고

$$\begin{aligned}a_3&=-\frac{(p-1)(p+2)}{3!}a_1\\a_5&=-\frac{(p-3)(p+4)}{5\cdot4}a_3=\frac{(p-3)(p-1)(p+2)(p+4)}{5!}a_1\\&\vdots\end{aligned}$$

따라서 르장드르 방정식의 일반해는 다음과 같다.

$$y=a_0y_1+a_1y_2$$

여기서 y_1과 y_2는 다음과 같다.

$$y_1 = 1 - \frac{p(p+1)}{2!}x^2 + \frac{(p-2)p(p+1)(p+3)}{4!}x^4 - + \cdots$$
$$y_2 = x - \frac{(p-1)(p+2)}{3!}x^3 + \frac{(p-3)(p-1)(p+2)(p+4)}{5!}x^5 - + \cdots$$

위의 급수들은 p가 정수이면 y_1과 y_2중 하나는 다항식이지만, p가 정수가 아니면 모두 무한급수이다.

[예제 1] 르장드르 함수에서 y_1은 p가 정수가 아니면 $|x| < 1$일 때 수렴함을 보여라.

풀이. $n = 1, 2, \ldots$에 대하여

$$|a_n| = \left| \frac{(p-2n+2)\cdots p(p+1)\cdots(p+2n-1)}{(2n)!} \right|$$

이므로

$$\lim_{n\to\infty} \left| \frac{a_{n+1}}{a_n} \right| = \lim_{n\to\infty} \left| \frac{(p-2n)(p+2n+1)}{(2n+2)(2n+1)} \right| = 1$$

이다. 따라서 y_1은 $|x| < 1$일 때 수렴한다. □

√문제 **1.** 르장드르 함수에서 y_2는 p가 정수가 아니면 $|x| < 1$일 때 수렴함을 보여라.

■ 르장드르 다항식

르장드르 방정식과 르장드르 함수 중에서 응용면에서 많이 이용되는 것은 p가 음 아닌 정수일 때 이다. $p = n$이 짝수이면

$$a_{n+2} = a_{n+4} = \cdots = 0$$

이므로 y_1은 n차 다항식이고, $p = n$이 홀수이면

$$a_{n+2} = a_{n+4} = \cdots = 0$$

이므로 y_2가 n차 다항식이다.

르장드르 방정식은 제차선형미분방정식이므로 y_1 또는 y_2에 상수를 곱한 함수도 해가 된다. $p=n$이 음이 아닌 정수일 때, n차 다항식 y_1 또는 y_2의 n차 항의 계수가

$$a_n = \frac{(2n)!}{2^n(n!)^2}$$

이 되도록 y_1 또는 y_2에 적당한 상수를 곱한 다항식을 **르장드르 다항식(Legendre polynomial)**이라 하고 $P_n(x)$라고 나타낸다. 특히 a_n을 이렇게 택하면 모든 n에 대하여 $P_n(1)=1$이 된다.

르장드르 함수의 계수를 구하는 점화식에서는 a_m을 이용하여 a_{m+2}를 정의하였다. 그러나 여기에서는 거꾸로 점화식 (7.3)의 a_n을 이용하여 $a_{n-2}, a_{n-4}, \ldots$를 구하자. 점화식 (7.3)에서

$$a_m = -\frac{(m+2)(m+1)}{(n-m)(n+m+1)}a_{m+2}, \quad m=0,1,2,\ldots,n-1$$

이므로

$$a_{n-2} = -\frac{n(n-1)}{2(2n-1)}a_n = -\frac{n(n-1)(2n)!}{2(2n-1)2^n(n!)^2}$$

이다. 분모와 분자에서 공통인수를 약분하고 정리하면 다음과 같이 간단히 나타낼 수 있다.

$$\begin{aligned} a_{n-2} &= -\frac{n(n-1)2n(2n-1)(2n-2)!}{2(2n-1)2^n n(n-1)!n(n-1)(n-2)!} \\ &= -\frac{(2n-2)!}{2^n(n-1)!(n-2)!} \end{aligned}$$

같은 방법으로

$$a_{2n-4} = -\frac{(n-2)(n-3)}{4(2n-3)}a_{n-2} = \frac{(2n-4)!}{2^n 2!(n-2)!(n-4)!}$$

이고, 일반적으로는

$$a_{n-2k} = (-1)^k \frac{(2n-2k)!}{2^n k!(n-k)!(n-2k)!}, \quad k \le \frac{n}{2}$$

이다. 따라서 르장드르 다항식 $P_n(x)$는 다음과 같다.

$$P_n(x) = \sum_{k=0}^{M}(-1)^k \frac{(2n-2k)!}{2^n k!(n-k)!(n-2k)!}x^{n-2k} \tag{7.4}$$

여기서 M은 n이 짝수 일때는 $\frac{n}{2}$이고, n이 홀수 일때는 $\frac{n-1}{2}$이다.

[예제 2] 르장드르 다항식 $P_0(x), P_2(x)$를 구하여라.

풀이. 르장드르 다항식 (7.4)에 $n=0,2$를 각각 대입하면

$$P_0(x)=1, \quad P_2(x)=\frac{1}{2}(3x^2-1)$$

이다. □

✓문제 **2.** 르장드르 다항식 $P_1(x)$, $P_3(x)$를 구하여라.

아래의 그래프는 $n=0,1,2,3,4$일 때 르장드르 다항식 $P_n(x)$의 그래프를 Matlab으로 그린 것이다.

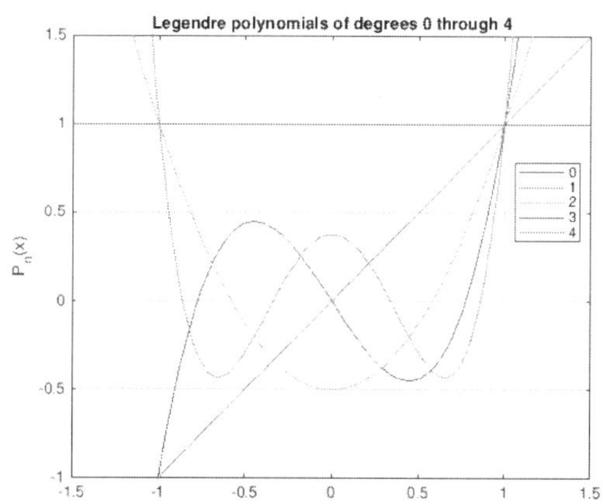

그림 7.1. 르장드르 다항식

■ 로드리게스 공식

> 정리 **7.3.** $n=0,1,2,\ldots$에 대하여 르장드르 다항식 $P_n(x)$는 다음과 같이 표현할 수 있다.
>
> $$P_n(x)=\frac{1}{2^n n!}\frac{d^n}{dx^n}(x^2-1)^n$$
>
> 이 공식을 **로드리게스 공식(Rodrigues formula)**이라고 한다.

증명. x^{2n-2k}를 반복하여 미분한 식을 생각해보자. 한 번 미분하면

$$\frac{d}{dx}(x^{2n-2k}) = (2n-2k)x^{2n-2k-1}$$

이고, 한 번 더 미분하면

$$\frac{d^2}{dx^2}(x^{2n-2k}) = (2n-2k)(2n-2k-1)x^{2n-2k-2}$$

이므로

$$\frac{d^n}{dx^n}(x^{2n-2k}) = (2n-2k)(2n-2k-1)\cdots(n-2k+1)x^{n-2k} = \frac{(2n-2k)!}{(n-2k)!}x^{n-2k}$$

이다. 이 결과를 이용하여 식 (7.4)의 르장드르 다항식 $P_n(x)$를 다시 쓰면

$$P_n(x) = \sum_{k=0}^{M} \frac{(-1)^k}{2^n k!(n-k)!} \frac{d^n}{dx^n}(x^{2n-2k}) = \frac{1}{2^n n!} \frac{d^n}{dx^n}\Big(\sum_{k=0}^{M} \frac{n!}{k!(n-k)!}(x^2)^{n-k}(-1)^k\Big)$$

이다. 여기서 M은 n이 짝수일 때는 $\frac{n}{2}$이고, n이 홀수일 때는 $\frac{n-1}{2}$이다. 그런데 $k \ge M+1 \ge \frac{n+1}{2}$이면 $2n-2k \le n-1$이므로 $\frac{d^n}{dx^n}(x^2)^{n-k} = 0$이다. 따라서

$$P_n(x) = \frac{1}{2^n n!} \frac{d^n}{dx^n}\Big(\sum_{k=0}^{n} \frac{n!}{k!(n-k)!}(x^2)^{n-k}(-1)^k\Big)$$

으로 나타낼 수 있다. 마지막으로 이항정리에 의하여

$$P_n(x) = \frac{1}{2^n n!} \frac{d^n}{dx^n}(x^2-1)^n$$

이 성립한다. □

로드리게스 공식을 이용하면 르장드르 함수를 쉽게 구할 수 있다.

[예제 3] 로드리게스 공식을 이용하여 $P_2(x)$를 구하여라.

풀이. 로드리게스 공식에 의하여

$$P_2(x) = \frac{1}{2^2 \cdot 2} \frac{d^2}{dx^2}(x^4 - 2x^2 + 1) = \frac{1}{2}(3x^2 - 1)$$

이다. □

✓문제 **3.** 로드리게스 공식을 이용하여 $P_3(x)$를 구하여라.

로드리게스 공식을 이용하면 르장드르 다항식 사이의 매우 유용한 관계식을 얻을 수 있다.

[예제 4] 로드리게스 공식을 이용하여 르장드르 다항식 사이에는 다음 점화 관계가 성립함을 보여라.

$$P'_{n+1}(x) = (2n+1)P_n(x) + P'_{n-1}(x), \quad n = 1, 2, \ldots$$

풀이. $n = 1, 2, \ldots$에 대하여

$$\begin{aligned} P'_{n+1}(x) &= \frac{d}{dx}\left\{\frac{1}{2^{n+1}(n+1)!}\frac{d^{n+1}}{dx^{n+1}}(x^2-1)^{n+1}\right\} \\ &= \frac{1}{2^n n!}\frac{d^{n+1}}{dx^{n+1}}\{x(x^2-1)^n\} \end{aligned}$$

이다. 미분에 관한 곱의 법칙을 이용하면

$$P'_{n+1}(x) = \frac{1}{2^n n!}\frac{d^n}{dx^n}(x^2-1)^n + \frac{1}{2^{n-1}(n-1)!}\frac{d^n}{dx^n}\{x^2(x^2-1)^{n-1}\}$$

인데, 우변의 마지막 항을 변형하면

$$\begin{aligned} P'_{n+1}(x) &= \frac{1}{2^n n!}\frac{d^n}{dx^n}(x^2-1)^n + \frac{1}{2^{n-1}(n-1)!}\frac{d^n}{dx^n}\{(x^2-1+1)(x^2-1)^{n-1}\} \\ &= \frac{2n+1}{2^n n!}\frac{d^n}{dx^n}(x^2-1)^n + \frac{1}{2^{n-1}(n-1)!}\frac{d^n}{dx^n}(x^2-1)^{n-1} \\ &= (2n+1)P_n(x) + P'_{n-1}(x) \end{aligned}$$

이므로 증명된다. □

✓문제 **4.** 연습문제 1.1의 17번과 로드리게스 공식을 이용하여 다음 점화 관계가 성립함을 보여라.

$$P'_{n+1}(x) = xP'_n(x) + (n+1)P_n(x), \quad n = 0, 1, 2, \ldots$$

연습문제 7.2

1. 르장드르 다항식 $P_4(x)$와 $P_5(x)$를 구하여라.

2. n이 0보다 크거나 같은 자연수일 때 $P_{2n+1}(0) = 0$임을 보여라.

3. n이 0보다 크거나 같은 자연수일 때 $P_{2n}(0) = (-1)^n \frac{(2n)!}{2^{2n}(n!)^2}$ 임을 보여라.

4. 제곱급수 해법으로 르장드르 방정식 $(1-x^2)y'' - 2xy' + 6y = 0$의 해를 구하여라.

[심화 프로젝트]

5. (1) 예제 4와 문제 4에서 얻은 점화 관계를 이용하여 다음 관계가 성립함을 보여라.

$$nP_n(x) = xP_n'(x) - P_{n-1}'(x), \quad n = 1, 2, \ldots$$

(2) 예제 4, 문제 4와 (1)에서 얻은 식을 이용하여 다음 관계가 성립함을 보여라.

$$(n+1)P_{n+1}(x) + nP_{n-1}(x) = (2n+1)xP_n(x), \quad n = 1, 2, \ldots$$

(3) (2)에서 얻은 점화 관계와 $P_0(x) = 1$, $P_1(x) = x$를 이용하여 $P_2(x)$와 $P_3(x)$를 구하여라.

7.3 프로베니우스 해법

제곱급수 해법은 7.1절의 예제에서와 같이 제곱급수의 일반적인 형태를 미분하여 대입하고 식을 정리한 후 계수를 찾으면 된다. 하지만 미분방정식이 좀 더 복잡해지면 이런 단순한 방법으로는 너무 복잡하여 계수를 구하기가 쉽지 않다. 좀 더 복잡한 형태의 미분방정식에 적용할 수 있는 방법이 프로베니우스 해법이다.

> 정리 **7.4 (프로베니우스 해법, Frobenius method).** 함수 $p(x)$와 $q(x)$가 $x=0$에서 해석적이면 미분방정식
>
> $$y''+\frac{p(x)}{x}y'+\frac{q(x)}{x^2}y=0 \tag{7.5}$$
>
> 은 다음과 같은 형태의 해를 적어도 하나 갖는다.
>
> $$y=x^r\sum_{n=0}^{\infty}a_nx^n=\sum_{n=0}^{\infty}a_nx^{n+r} \tag{7.6}$$
>
> 여기서 $a_0\neq 0$이고, r은 실수 또는 복소수이다.

프로베니우스 해법을 적용하여 미분방정식을 푸는 과정을 알아보자.

$p(x)$와 $q(x)$는 해석적이므로 제곱급수로 전개하면 다음과 같다고 하자.

$$p(x)=p_0+p_1x+p_2x^2+\cdots$$
$$q(x)=q_0+q_1x+q_2x^2+\cdots$$

제곱급수 (7.6)을 미분하면 다음과 같다.

$$y'=\sum_{n=0}^{\infty}(n+r)a_nx^{n+r-1}=x^{r-1}\{ra_0+(r+1)a_1x+\cdots\}$$
$$y''=\sum_{n=0}^{\infty}(n+r)(n+r-1)a_nx^{n+r-2}=x^{r-2}\{r(r-1)a_0+(r+1)ra_1x+\cdots\}$$

미분방정식 (7.5)의 양 변에 x^2을 곱하면

$$x^2y''+xp(x)y'+q(x)y=0$$

이므로 이 방정식에 $p(x), q(x), y', y''$의 제곱급수를 대입하면

$$x^r\{r(r(r-1)a_0+(r+1)ra_1x+\cdots\}$$
$$+x^r(p_0+p_1x+p_2x^2+\cdots)\{ra_0+(r+1)a_1x+\cdots\}$$
$$+x^r(q_0+q_1x+q_2x^2+\cdots)\{a_0+a_1x+\cdots\}=0$$

이다. x^r의 계수는 0이어야 하므로

$$r(r-1)a_0+ra_0p_0+a_0q_0=0$$

이다. 그런데 $a_0 \neq 0$이므로

$$r(r-1)+rp_0+q_0=0 \tag{7.7}$$

이다. 즉, 식 (7.6)과 같은 형태의 제곱급수가 미분방정식 (7.5)의 해가 되기 위해서는 r은 식 (7.7)을 만족하여야 한다. 식 (7.7)을 미분방정식 (7.5)의 **결정방정식(indicial equation)**이라고 한다.

결정방정식의 근의 형태에 따라 미분방정식 (7.5)의 해는 다른 형태가 된다. 결정방정식의 근이

(1) 차가 정수가 아닌 서로 다른 근

(2) 중근 또는 차가 정수인 서로 다른 근

일 때 미분방정식 (7.5)의 해는 각각 어떤 형태가 되는지 알아보자.

■ 차가 정수가 아닌 서로 다른 근일 때

결정방정식 (7.7)이 서로 다른 두 근 $r_1, r_2(r_1>r_2)$를 갖고 r_1-r_2는 정수가 아니라고 하자. 이때 두 해는

$$y_1=x^{r_1}(a_0+a_1x+a_2x^2+\cdots)$$
$$y_2=x^{r_2}(b_0+b_1x+b_2x^2+\cdots)$$

이고, $\frac{y_1}{y_2}$은 상수가 될 수 없다. 따라서 y_1과 y_2는 일차독립이고, 일반해는

$$y=c_1y_1+c_2y_2$$

이다.

[예제 1] 프로베니우스 해법으로 미분방정식 $8x^2y'' + 10xy' + (x-1)y = 0$을 풀어라.

풀이. 이 방정식을 식 (7.5)와 같은 형태로 쓰면

$$p(x) = \frac{5}{4}, \quad q(x) = \frac{x-1}{8}$$

이고 $p(x)$와 $q(x)$는 해석적이므로 프로베니우스 해법을 적용할 수 있다. $y = \sum_{n=0}^{\infty} a_n x^{n+r}$을 미분하여 대입하면

$$8\sum_{n=0}^{\infty}(n+r)(n+r-1)a_n x^{n+r} + 10\sum_{n=0}^{\infty}(n+r)a_n x^{n+r} + \sum_{n=0}^{\infty} a_n x^{n+r+1} - \sum_{n=0}^{\infty} a_n x^{n+r} = 0$$

이고, 정리하면

$$\sum_{n=0}^{\infty}\{4(n+r)-1\}\{2(n+r)+1\}a_n x^{n+r} + \sum_{n=0}^{\infty} a_n x^{n+r+1} = 0$$

이다. 지수를 같게 하기 위하여 첫 번째 급수에서는 $m = n$이라 놓고, 두 번째 급수에서는 $m = n+1$이라고 놓으면

$$\sum_{m=0}^{\infty}\{4(m+r)-1\}\{2(m+r)+1\}a_m x^{m+r} + \sum_{m=1}^{\infty} a_{m-1} x^{m+r} = 0$$

이다. 가장 낮은 차수인 x^r의 계수는

$$(4r-1)(2r+1)a_0 = 0$$

이어야 하므로 $r = \frac{1}{4}, -\frac{1}{2}$이다. $r = \frac{1}{4}$일 때 x^{m+r}의 계수는

$$4m\left(2m + \frac{3}{2}\right)a_m + a_{m-1} = 0, \quad m = 1, 2, \ldots$$

이므로

$$a_m = -\frac{1}{2m(4m+3)}a_{m-1}, \quad m = 1, 2, \ldots$$

즉,

$$a_1 = -\frac{1}{14}a_0, \quad a_2 = \frac{1}{616}a_0, \ldots$$

이고, $a_0 = 1$로 택하면

$$y_1 = x^{1/4}\left(1 - \frac{1}{14}x + \frac{1}{616}x^2 - + \cdots\right)$$

이다. 같은 방법으로, $r = -\frac{1}{2}$일 때 x^{m+r}의 계수는

$$(4m-3)2ma_m + a_{m-1} = 0, \quad m = 1, 2, \ldots$$

이므로

$$a_m = -\frac{1}{2m(4m-3)}a_{m-1}, \quad m = 1, 2, \ldots$$

즉,

$$a_1 = -\frac{1}{2}a_0, \quad a_2 = \frac{1}{40}a_0, \ldots$$

이고, $a_0 = 1$로 택하면

$$y_2 = x^{-1/2}\left(1 - \frac{1}{2}x + \frac{1}{40}x^2 - + \cdots\right)$$

이다. 따라서 일반해는

$$y = c_1 x^{1/4}\left(1 - \frac{1}{14}x + \frac{1}{616}x^2 - + \cdots\right) + c_2 x^{-1/2}\left(1 - \frac{1}{2}x + \frac{1}{40}x^2 - + \cdots\right)$$

이다. □

✓문제 **1.** 프로베니우스 해법으로 미분방정식 $2x^2y'' + xy' + (2x-1)y = 0$을 풀어라.

■ 중근일 때

결정방정식 (7.7)이 중근 r을 가지면

$$y_1 = x^r(a_0 + a_1x + a_2x^2 + \cdots)$$

은 해이다. y_1과 일차독립인 두 번째 해를 구하기 위하여 계수축소법을 이용한다. 다음 예제에서 풀어보자.

[예제 2] 프로베니우스 해법으로 미분방정식 $xy''+(2x+1)y'+(x+1)y=0$을 풀어라.

풀이. 이 방정식을 식 (7.5)와 같은 형태로 쓰면

$$p(x)=2x+1, \quad q(x)=x^2+x$$

이고 $p(x)$와 $q(x)$는 해석적이므로 프로베니우스 해법을 적용할 수 있다. $y=\sum_{n=0}^{\infty}a_nx^{n+r}$을 미분하여 대입하면

$$\sum_{n=0}^{\infty}(n+r)(n+r-1)a_nx^{n+r-1}+2\sum_{n=0}^{\infty}(n+r)a_nx^{n-r}$$
$$+\sum_{n=0}^{\infty}(n+r)a_nx^{n+r-1}+\sum_{n=0}^{\infty}a_nx^{n+r+1}+\sum_{n=0}^{\infty}a_nx^{n+r}=0$$

이고, 정리하면

$$\sum_{n=0}^{\infty}(n+r)^2a_nx^{n+r-1}+\sum_{n=0}^{\infty}\{2(n+r)+1\}a_nx^{n+r}+\sum_{n=0}^{\infty}a_nx^{n+r+1}=0$$

이다. 지수를 같게 만들기 위하여 첫 번째 급수에서는 $m=n-1$이라 놓고 두 번째 급수에서는 $m=n$이라고 놓으며, 세 번째 급수에서는 $m=n+1$이라고 놓으면

$$\sum_{m=-1}^{\infty}(m+r+1)^2a_{m+1}x^{m+r}+\sum_{m=0}^{\infty}\{2(m+r)+1\}a_mx^{m+r}+\sum_{m=1}^{\infty}a_{m-1}x^{m+r}=0$$

이고, 정리하면

$$r^2a_0x^{r-1}+\{(r+1)^2a_1+(2r+1)a_0\}x^r$$
$$+\sum_{m=1}^{\infty}[(m+r+1)^2a_{m+1}+\{2(m+r)+1\}a_m+a_{m-1}]x^{m+r}=0$$

이다. 차수가 가장 낮은 x^{r-1}의 계수는

$$r^2a_0=0$$

이어야 하므로 $r=0$(중근)이다. $r=0$일 때 다른 계수들은

$$a_1+a_0=0$$
$$(m+1)^2a_{m+1}+(2m+1)a_m+a_{m-1}=0, \quad m=1,2,\ldots$$

이어야 한다. 몇 개의 계수를 구하면 다음과 같다.

$$\begin{aligned}
a_1 &= -a_0\\
a_2 &= -\frac{3a_1+a_0}{2^2}=\frac{1}{2!}a_0\\
a_3 &= -\frac{5a_2+a_1}{3^2}=-\frac{1}{3!}a_0\\
a_4 &= -\frac{7a_3+a_2}{4^2}=\frac{1}{4!}a_0\\
&\vdots
\end{aligned}$$

이제 $a_0=1$로 택하면

$$y_1=1-x+\frac{x^2}{2!}-\frac{x^3}{3!}+\cdots=e^{-x}$$

이다. y_1과 일차독립인 두 번째 해를 구하기 위하여 $y_2=uy_1$이 해가 되는 상수 아닌 u를 찾아보자.

$$y_2'=u'y_1+uy_1'$$
$$y_2''=u''y_1+2u'y_1'+uy_1''$$

을 주어진 미분방정식에 대입하면

$$x\{u''y_1+2u'y_1'+uy_1''\}+(2x+1)(u'y_1+uy_1')+(x+1)uy_1=0$$

이다. u를 미분한 횟수에 따라 정리하면

$$xy_1u''+\{2xy_1'+(2x+1)y_1\}u'+\{xy_1''+(2x+1)y_1'+(x+1)y_1\}u=0$$

이다. 그런데 $y_1 = e^{-x}$는 해이므로 세 번째 항은 0이 되고

$$2xy_1' + (2x+1)y_1 = e^{-x}$$

이므로

$$xe^{-x}u'' + e^{-x}u' = 0,$$

즉,

$$xu'' + u' = 0$$

이다. 정리하면

$$\frac{u''}{u'} = -\frac{1}{x}$$

이므로 양변을 적분하면

$$\ln u' = -\ln x,$$

즉,

$$u' = \frac{1}{x}$$

이다. 한 번 더 적분하면

$$u = \ln x$$

이므로

$$y_2 = e^{-x}\ln x$$

이다. 이때 $y_1 = e^{-x}$과 $y_2 = e^{-x}\ln x$는 일차독립이므로 일반해는

$$y = c_1 e^{-x} + c_2 e^{-x}\ln x$$

이다. □

✓문제 **2.** 프로베니우스 해법으로 미분방정식 $x^2y'' - xy' + y = 0$을 풀어라.

■ 차가 정수인 서로 다른 근일 때

결정방정식 (7.7)이 차가 정수인 서로 다른 근 $r_1, r_2 (r_1 > r_2)$를 가질 때는 r_1에 대해서는 각 계수들을 구하여 하나의 해

$$y_1 = x^{r_1}(a_0 + a_1 x + a_2 x^2 + \cdots)$$

을 구할 수 있다. 하지만, r_2에 대해서는 해를 구할 수 없을 수도 있고(연습문제 7.3의 7번), 두 근

$$y_1 = x^{r_1}(a_0 + a_1 x + a_2 x^2 + \cdots)$$
$$y_2 = x^{r_2}(b_0 + b_1 x + b_2 x^2 + \cdots)$$

가 일차독립이 아닐 수도 있다(7.4절 정리 7.6). 따라서 이 경우에는 결정방정식이 중근을 가질 경우와 마찬가지로 y_1과 일차독립인 두 번째 해를 구하기 위하여 계수축소법을 이용하여야 한다.

[예제 3] 프로베니우스 해법으로 미분방정식 $xy'' + 2y' + xy = 0$을 풀어라.

풀이. 이 방정식을 식 (7.5)와 같은 형태로 쓰면

$$p(x) = 2, \quad q(x) = x^2$$

이고 $p(x)$와 $q(x)$는 해석적이므로 프로베니우스 해법을 적용할 수 있다. $y = \sum_{n=0}^{\infty} a_n x^{n+r}$을 미분하여 대입하면

$$\sum_{n=0}^{\infty}(n+r)(n+r-1)a_n x^{n+r-1} + 2\sum_{n=0}^{\infty}(n+r)a_n x^{n+r-1} + \sum_{n=0}^{\infty} a_n x^{n+r+1} = 0$$

이고, 정리하면

$$\sum_{n=0}^{\infty}(n+r)(n+r+1)a_n x^{n+r-1} + \sum_{n=0}^{\infty} a_n x^{n+r+1} = 0$$

이다. 지수를 같게 만들기 위하여 첫 번째 급수에서는 $m = n-1$이라 놓고, 두 번째 급수에서는 $m = n+1$이라고 놓으면

$$\sum_{m=-1}^{\infty}(m+r+1)(m+r+2)a_{m+1} x^{m+r} + \sum_{m=1}^{\infty} a_{m-1} x^{m+r} = 0$$

이고, 한 번 더 정리하면

$$r(r+1)a_0x^{r-1}+(r+1)(r+2)a_1x^r+\sum_{m=1}^{\infty}\{(m+r+1)(m+r+2)a_{m+1}+a_{m-1}\}x^{m+r}=0$$

이다. 차수가 가장 낮은 x^{r-1}의 계수는

$$r(r+1)a_0=0$$

이어야 하므로 $r=0,-1$이다. $r=0$일 때 다른 계수들은

$$\begin{aligned}&1\cdot 2a_1=0\\&(m+1)(m+2)a_{m+1}+a_{m-1}=0,\quad m=1,2,\ldots\end{aligned}$$

이어야 하므로

$$\begin{aligned}a_1&=0\\a_2&=-\frac{1}{2\cdot 3}a_0=-\frac{1}{3!}a_0\\a_3&=-\frac{1}{3\cdot 4}a_1=0\\a_4&=-\frac{1}{4\cdot 5}a_2=\frac{1}{5!}a_0\\&\vdots\end{aligned}$$

이다. 따라서 $a_0=1$로 택하면

$$y_1=1-\frac{x^2}{3!}+\frac{x^4}{5!}-+\cdots=\frac{\sin x}{x}$$

이다. y_1과 일차독립인 두 번째 해를 구하기 위하여 $y_2=uy_1$이 해가 되는 상수 아닌 u를 찾아보자.

$$\begin{aligned}y_2'&=u'y_1+uy_1'\\y_2''&=u''y_1+2u'y_1'+uy_1''\end{aligned}$$

을 대입하면

$$x(u''y_1 + 2u'y_1' + uy_1'') + 2(u'y_1 + uy_1') + xuy_1 = 0$$

이다. u를 미분한 횟수에 따라 정리하면

$$xy_1u'' + (2xy_1' + 2y_1)u' + (xy_1'' + 2y_1' + xy_1)u = 0$$

이다. 그런데 $y_1 = \frac{\sin x}{x}$는 해이므로 세 번째 항은 0이 되고

$$2xy_1' + 2y_1 = 2x\frac{x\cos x - \sin x}{x^2} + \frac{2\sin x}{x} = 2\cos x$$

이므로

$$\sin x u'' + 2\cos x u' = 0$$

이다. 정리하면

$$\frac{u''}{u'} = -2\frac{\cos x}{\sin x}$$

이므로 양변을 적분하면

$$\ln u' = -2\ln\sin x,$$

즉,

$$u' = \frac{1}{\sin^2 x} = \csc^2 x$$

이다. 한 번 더 적분하면

$$u = -\cot x$$

이므로

$$y_2 = -\cot x\frac{\sin x}{x} = -\frac{\cos x}{x}$$

이다. 이때 y_1과 y_2는 일차독립임을 쉽게 알 수 있다. 따라서 일반해는

$$y = c_1\frac{\sin x}{x} + c_2\frac{\cos x}{x}$$

이다. □

√문제 **3.** 프로베니우스 해법으로 미분방정식 $x^2y''+xy'+(x^2-\frac{1}{4})y=0$을 풀어라.

연습문제 7.3

[1-5] 프로베니우스 해법으로 다음 미분방정식을 풀어라.

1. $2x^2y''+3xy'-y=0$

2. $2xy''+(x+1)y'+3y=0$

3. $xy''+(1-2x)y'-(1-x)y=0$

4. $x(1-x)y''+(1-2x)y'+2y=0$

5. $xy''-y'+4x^3y=0$

6. 프로베니우스 해법에서 결정방정식의 근이 복소수인 경우에도 이 절에서와 같은 방법으로 풀 수 있다. 미분방정식 $x^2y''+xy'+y=0$을 풀어라.

[**심화 프로젝트**]

7. 프로베니우스 해법으로 미분방정식 $x^2y''+xy'+(x^2-1)y=0$에 대하여 다음 순서로 고찰해보자.

   (1) 결정방정식의 두 근 $r_1, r_2 (r_1 > r_2)$를 구하여라.

   (2) r_1일 때의 해 y_1을 구하여라.

   (3) r_2일 때의 해는 구할 수 없음을 보여라.

8. 다음과 같은 형태의 미분방정식을 **초기하미분방정식(hypergeometric equation)**이라고 한다.

$$x(1-x)y''+\{c-(a+b+1)x\}y'-aby=0$$

   여기서 a, b, c는 상수이다.

   (1) 결정방정식의 두 근이 $r=0$과 $r=1-c$임을 보여라.

(2) $c \geq 1$이면 $r = 0$일 때의 해 y_1은 다음과 같음을 보여라.

$$y_1 = 1 + \frac{ab}{1!c}x + \frac{a(a+1)b(b+1)}{2!c(c+1)}x^2 + \frac{a(a+1)(a+2)b(b+1)(b+2)}{3!c(c+1)(c+2)}x^3 + \cdots$$

이 급수를 **초기하급수(hypergeometric series)**, 이 급수의 합을 **초기하함수(hypergeometric function)**라 하고 $F(a,b,c;x)$라고 나타낸다.

(3) c가 정수가 아닐 때 $r = 1-c$에 대한 해 y_2를 구하여라.

(4) $xF(\frac{1}{2}, 1, \frac{3}{2}; -x^2) = \tan^{-1} x$임을 보여라.

7.4 베셀 방정식

다음과 같은 형태의 미분방정식을 **베셀 방정식(Bessel equation)**이라고 한다.

$$x^2y'' + xy' + (x^2 - \nu^2)y = 0 \tag{7.8}$$

여기서 ν는 0보다 크거나 같은 상수이다. 식 (7.8)의 양변을 x^2으로 나누면

$$y'' + \frac{1}{x}y' + \frac{x^2 - \nu^2}{x^2}y = 0$$

이고, $p(x) = 1$과 $q(x) = x^2 - \nu^2$은 해석적이므로 베셀 방정식은 프로베니우스 해법으로 풀 수 있다. 따라서

$$y = \sum_{n=0}^{\infty} a_n x^{n+r}$$

을 미분하여 미분방정식 (7.8)에 대입하면

$$\sum_{n=0}^{\infty}(n+r)(x+r-1)a_n x^{n+r} + \sum_{n=0}^{\infty}(n+r)a_n x^{n+r} + \sum_{n=0}^{\infty} a_n x^{n+r+2} - \nu^2 \sum_{n=0}^{\infty} a_n x^{n+r} = 0$$

이고, 정리하면

$$\sum_{n=0}^{\infty}(n+r+\nu)(n+r-\nu)a_n x^{n+r} + \sum_{n=0}^{\infty} a_n x^{n+r+2} = 0$$

이다. 지수를 같게 만들기 위하여 첫 번째 급수에서는 $m = n$이라 놓고, 두 번째 급수에서는 $m = n + 2$이라고 놓으면

$$\sum_{m=0}^{\infty}(m+r+\nu)(m+r-\nu)a_m x^{m+r} + \sum_{m=2}^{\infty} a_{m-2} x^{m+r} = 0$$

이고, 정리하면

$$(r+\nu)(r-\nu)a_0 x^r + (r+1+\nu)(r+1-\nu)a_1 x^{r+1}$$
$$+ \sum_{m=2}^{\infty}\{(m+r+\nu)(m+r-\nu)a_m + a_{m-2}\}x^{m+r} = 0$$

이다. 차수가 가장 낮은 x^r의 계수는

$$(r+\nu)(r-\nu)a_0 = 0$$

이어야 하므로 $r=\nu, -\nu$이다. $r=\nu$일 때 다른 계수들은

$$\begin{aligned}&(2\nu+1)a_1 = 0\\ &(m+2\nu)ma_m + a_{m-2} = 0, \quad m=2,3,\ldots\end{aligned}$$

이어야 하므로

$$\begin{aligned}a_1 &= 0\\ a_m &= -\frac{1}{m(m+2\nu)}a_{m-2}, \quad m=2,3,\ldots\end{aligned}$$

이다. 따라서

$$a_1 = a_3 = a_5 = \cdots = 0$$

이고

$$\begin{aligned}a_2 &= -\frac{1}{2(2+2\nu)}a_0 = -\frac{1}{2^2(\nu+1)}a_0\\ a_4 &= -\frac{1}{4(4+2\nu)}a_2 = \frac{1}{2^4\cdot 2!(\nu+1)(\nu+2)}a_0\\ a_6 &= -\frac{1}{6(6+2\nu)}a_4 = -\frac{1}{2^6\cdot 3!(\nu+1)(\nu+2)(\nu+3)}a_0\\ &\vdots\end{aligned}$$

이다. 이것을 일반적으로 나타내면

$$a_{2m} = \frac{(-1)^m}{2^{2m}m!(\nu+1)(\nu+2)\cdots(\nu+m)}a_0, \quad m=1,2,\ldots \tag{7.9}$$

이다. 따라서 첫 번째 해는

$$y_1 = a_0\sum_{n=0}^{\infty}\frac{(-1)^n x^{2n+\nu}}{2^{2n}n!(\nu+1)(\nu+2)\cdots(\nu+n)} \tag{7.10}$$

이다. 두 번째 해 y_2를 구하기 전에 계수 a_{2m}을 좀 더 간단히 나타내는 방법을 생각해보자. 이를 위해 필요한 것이 감마함수이다.

■ 감마함수

$\alpha > 0$에 대하여 다음 적분으로 정의된 함수를 **감마함수(Gamma function)**라고 한다.

$$\Gamma(\alpha) = \int_0^\infty e^{-t} t^{\alpha-1} \, dt$$

감마함수는 다음과 같은 성질을 가지고 있다.

(1) 부분적분하면

$$\Gamma(\alpha+1) = \int_0^\infty e^{-t} t^{\alpha} \, dt = [-e^{-t} t^{\alpha}]_0^\infty + \alpha \int_0^\infty e^{-t} t^{\alpha-1} \, dt$$

이므로

$$\Gamma(\alpha+1) = \alpha\Gamma(\alpha) \tag{7.11}$$

이다.

(2) 감마함수의 정의에 의해

$$\Gamma(1) = \int_0^\infty e^{-t} \, dt = [-e^{-t}]_0^\infty = 1$$

이므로 식 (7.11)에 의하여 $\Gamma(2) = 2\Gamma(1) = 2!$, $\Gamma(3) = 3\Gamma(2) = 3!$이고, 일반적으로

$$\Gamma(n+1) = n!, \quad n = 0, 1, 2, \ldots$$

이다. 즉, 감마함수는 팩토리얼(factorial)함수를 일반화한 것이다.

(3) $\Gamma(\frac{1}{2}) = \sqrt{\pi}$임이 알려져 있다.

위에서 감마함수 $\Gamma(\alpha)$는 $\alpha > 0$일 때만 정의하였다. 그러나 다음과 같은 방법으로 $\alpha \leq 0$인 α에 대해서도 감마함수를 정의할 수 있다.

(1) 식 (7.11)을 반복하여 적용하면, 모든 자연수 n에 대하여

$$\Gamma(\alpha) = \frac{\Gamma(\alpha+1)}{\alpha} = \frac{\Gamma(\alpha+2)}{\alpha(\alpha+1)} = \cdots = \frac{\Gamma(\alpha+n+1)}{\alpha(\alpha+1)\cdots(\alpha+n)}$$

를 얻는다. 따라서 α가 0이거나 정수가 아닌 음수일 때, $\alpha+n+1>0$인 가장 작은 자연수 n에 대하여

$$\Gamma(\alpha) = \frac{\Gamma(\alpha+n+1)}{\alpha(\alpha+1)\cdots(\alpha+n)}$$

이라고 정의할 수 있다.

(2) n이 0 또는 자연수일 때 $\alpha \to -n$이면 $\alpha+n+1>0$이므로

$$\lim_{\alpha\to -n}\Gamma(\alpha) = \lim_{\alpha\to -n}\frac{\Gamma(\alpha+n+1)}{\alpha(\alpha+1)\cdots(\alpha+n)} = \pm\infty$$

이다.

이렇게 음수일 까지로 확장된 감마함수의 그래프는 아래 그림 7.2와 같다.

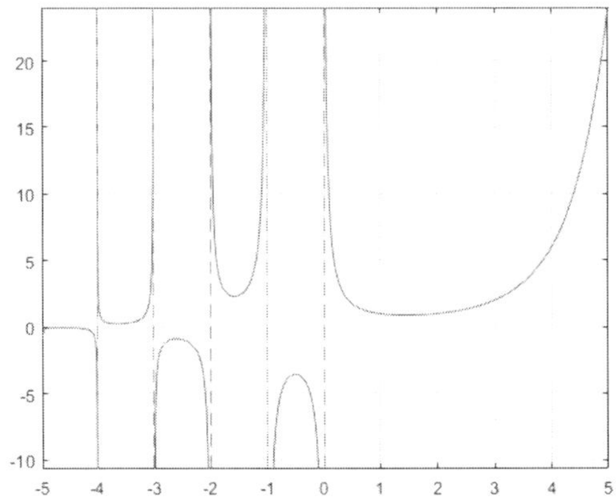

그림 7.2. 감마함수

■ 제1종 베셀 함수

베셀 방정식의 첫 번째 해 (7.10)에서 계수 a_{2m}을 간단히 나타내기 위하여

$$a_0 = \frac{1}{2^{\nu}\Gamma(\nu+1)}$$

로 택하자. 그러면 식 (7.9)에서

$$\begin{aligned} a_{2m} &= \frac{(-1)^m}{2^{2m} m!(\nu+1)(\nu+2)\cdots(\nu+m)2^{\nu}\Gamma(\nu+1)} \\ &= \frac{(-1)^m}{2^{2m+\nu} m!\Gamma(\nu+m+1)}, \quad m = 1, 2, \ldots \end{aligned}$$

이다. 이렇게 정리된 a_{2m}들을 이용하여 베셀 방정식의 첫 번째 해 (7.10)을 다시 정리한 식을 **제1종 베셀 함수(Bessel function of the 1st kind)**라 하고 $J_\nu(x)$라고 나타낸다. 즉,

$$J_\nu(x) = \sum_{n=0}^{\infty} \frac{(-1)^n x^{2n+\nu}}{2^{2n+\nu} n!\Gamma(\nu+n+1)} \tag{7.12}$$

이다. 비판정법을 이용하면 이 함수는 모든 실수 x에 대하여 수렴함을 알 수 있다.

아래의 그림 7.3은 제1종 베셀 함수 $J_0(x)$, $J_1(x)$, $J_2(x)$을 Matlab으로 그린 것이다.

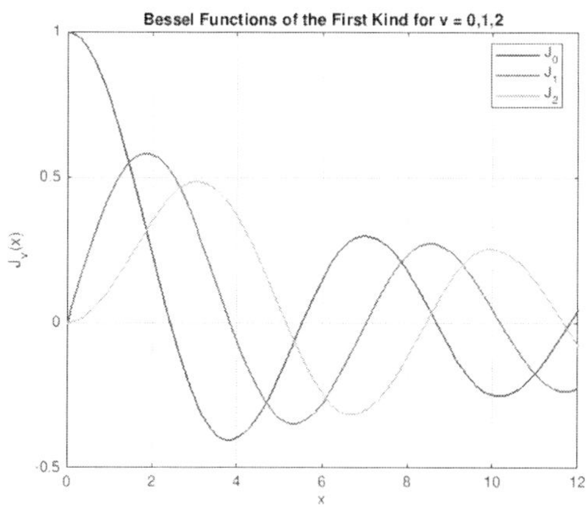

그림 7.3. 제1종 베셀 함수

[예제 1] 제1종 베셀 함수 $J_0(x)$를 구하여라.

풀이. 식 (7.12)로 부터

$$J_0(x) = \sum_{n=0}^{\infty} \frac{(-1)^n x^{2n}}{2^{2n}(n!)^2} = 1 - \frac{x^2}{2^2} + \frac{x^4}{2^4(2!)^2} - \frac{x^6}{2^6(3!)^2} + - \cdots$$

이다. □

✓문제 **1.** 제1종 베셀 함수 $J_1(x)$를 구하여라.

베셀 방정식의 일반해를 구하기 위해서는 $J_\nu(x)$와 일차 독립인 두 번째 해를 구해야 한다. 우선 $r=-\nu$일 때의 해를 구해보자. $r=\nu$일 때와 같은 방법으로 계수를 구하고 이를 이용하여 해를 구해도 되지만, 다음과 같이 생각하는 것이 더 간단하다.

베셀 방정식은 ν 항은 없고 ν^2 항 만을 포함하므로 $J_\nu(x)$가 해이면 $J_{-\nu}(x)$도 해가 된다. 그런데 ν와 $-\nu$의 차가 정수가 아니면, 즉 ν가 $\frac{1}{2}$의 배수가 아니면 $J_\nu(x)$와 $J_{-\nu}(x)$의 첫째항은 각각

$$\frac{1}{2^\nu\Gamma(\nu+1)}x^\nu, \quad \frac{1}{2^{-\nu}\Gamma(-\nu+1)}x^{-\nu}$$

이므로 $J_\nu(x)$와 $J_{-\nu}(x)$는 일차독립이고, 일반해는

$$y=c_1J_\nu(x)+c_2J_{-\nu}(x)$$

이다.

뿐만 아니라 ν와 $-\nu$의 차가 정수라 하더라도 ν가 정수가 아니면 $J_\nu(x)$와 $J_{-\nu}(x)$는 일차독립임이 알려져 있다. 따라서 이 경우에도 일반해는

$$y=c_1J_\nu(x)+c_2J_{-\nu}(x)$$

이다. 이상을 요약하면 다음과 같다.

> 정리 **7.5.** ν가 정수가 아니면 베셀 방정식의 일반해는 다음과 같다.
>
> $$y=c_1J_\nu(x)+c_2J_{-\nu}(x)$$

■ 제2종 베셀 함수

하지만 ν가 정수이면 $J_\nu(x)$와 $J_{-\nu}(x)$는 다음 정리에서 보듯이 일차종속이다.

> 정리 **7.6.** ν가 0 또는 자연수이면, 즉, $\nu=m$, $m=0,1,2,\ldots$이면 다음 관계가 성립한다.
>
> $$J_{-m}(x)=(-1)^mJ_m(x)$$

증명. $m = 0, 1, 2, \ldots$라고 하면

$$J_{-m}(x) = \sum_{n=0}^{\infty} \frac{(-1)^n x^{2n-m}}{2^{2n-m} n! \Gamma(-m+n+1)}$$

이다. 그런데 0 또는 음의 정수에서 감마함수의 값은 $\pm\infty$이므로

$$J_{-m}(x) = \sum_{n=m}^{\infty} \frac{(-1)^n x^{2n-m}}{2^{2n-m} n!(n-m)!}$$

이다. $s = n - m$이라고 치환하면

$$\begin{aligned} J_{-m}(x) &= \sum_{s=0}^{\infty} \frac{(-1)^{s+m} x^{2s+m}}{2^{2s+m}(s+m)!s!} \\ &= (-1)^m \sum_{s=0}^{\infty} \frac{(-1)^s x^{2s+m}}{2^{2s+m} s! \Gamma(m+s+1)} \\ &= (-1)^m J_m(x) \end{aligned}$$

이다. □

따라서 ν가 정수이면 계수축소법을 이용하여 $J_\nu(x)$와 일차독립인 두 번째 해를 구해야 한다. 이 과정은 매우 길고 복잡하므로 생략하고 그 결과만 소개하면 다음과 같다.

정리 7.7. ν가 정수이면 베셀 방정식의 일반해는

$$y = c_1 J_\nu(x) + c_2 Y_\nu(x)$$

이다. 여기서

$$Y_\nu(x) = \frac{1}{\sin \nu\pi} \{J_\nu(x) \cos \nu\pi - J_{-\nu}(x)\}$$

이며, 이 함수를 **제2종 베셀 함수(Bessel function of the 2nd kind)**라 한다.

아래의 그림 7.4는 제2종 베셀 함수 $Y_0(x)$, $Y_1(x)$, $Y_2(x)$을 Matlab으로 그린 것이다.

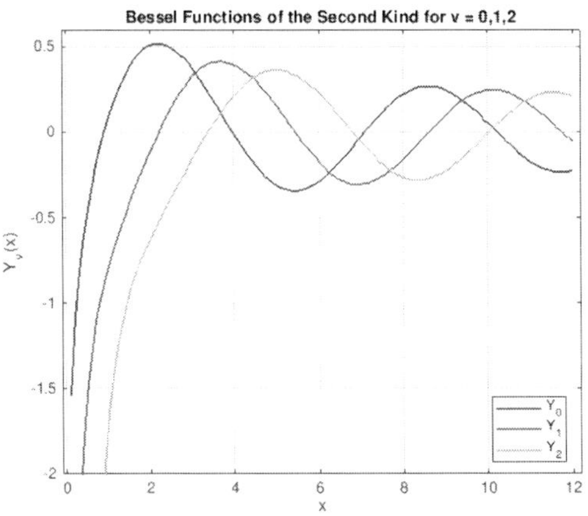

그림 7.4. 제2종 베셀 함수

계수가 변수인 미분방정식 중에는 적절히 치환하면 베셀 방정식으로 변환되는 경우가 많이 있다.

[예제 2] 미분방정식 $y'' + 9xy = 0$에서 $u = x^{-1/2}y,\ z = 2x^{3/2}$으로 치환하면 베셀 방정식으로 변환됨을 보이고 일반해를 구하여라.

풀이. 연쇄법칙에 의하여

$$\frac{du}{dz} = \frac{du/dx}{dz/dx} = \frac{y'}{3x} - \frac{y}{6x^2}$$

이고

$$\frac{d^2u}{dz^2} = \frac{\frac{d}{dx}\left(\frac{du}{dz}\right)}{\frac{dz}{dx}} = \frac{y''}{9x^{3/2}} - \frac{y'}{6x^{5/2}} + \frac{y}{9x^{7/2}}$$

이므로

$$z^2\frac{d^2u}{dz^2} + z\frac{du}{dz} = \frac{4}{9}x^{3/2}y'' + \frac{1}{9}x^{-1/2}y$$

이다. 그런데 $y'' = -9xy$이므로

$$z^2\frac{d^2u}{dz^2} + z\frac{du}{dz} = -4x^{5/2}y + \frac{1}{9}x^{-1/2}y = -z^2u + \frac{1}{9}u$$

이고, 따라서

$$z^2\frac{d^2u}{dz^2} + z\frac{du}{dz} + \left(z^2 - \frac{1}{9}\right)u = 0$$

이다. 이 방정식은 $\nu = \frac{1}{3}$인 베셀 방정식이므로 해는

$$u(z) = c_1 J_{1/3}(z) + c_2 J_{-1/3}(z),$$

즉,

$$y = c_1 \sqrt{x} J_{1/3}(2x^{3/2}) + c_2 \sqrt{x} J_{-1/3}(2x^{3/2})$$

이다. □

✓문제 **2.** 미분방정식 $xy'' + y' + 4x^3 y = 0$에서 $z = x^2$으로 치환하면 베셀 방정식으로 변환됨을 보이고 일반해를 구하여라.

연습문제 7.4

[1-4] 다음 미분방정식은 주어진 치환에 의하여 베셀 방정식으로 변환됨을 보이고 일반해를 구하여라.

1. $x^2 y'' + xy' + (9x^2 - 2)y = 0; \quad z = 3x$

2. $4x^2 y'' + 4xy' + (x - 4)y = 0; \quad z = \sqrt{x}$

3. $x^2 y'' + 5xy' + x^2 y = 0; \quad u = x^2 y$

4. $y'' + 36x^4 y = 0; \quad u = x^{-1/2} y,\ z = 2x^3$

[심화 프로젝트]

5. a, b, c가 상수이고 ν가 0보다 크거나 같은 상수일 때 미분방정식

$$x^2 y'' + (1 - 2a)xy' + \{(bcx^c)^2 + a^2 - (c\nu)^2\}y = 0$$

을 다음 순서로 풀어보자.

(1) $u = x^{-a} y,\ z = bx^c$으로 치환하고 연쇄법칙을 적용하여 $\frac{du}{dz}$와 $\frac{d^2u}{dz^2}$를 구하여라.

(2) (1)의 결과를 이용하여 주어진 미분방정식은 베셀 방정식

$$z^2\frac{d^2u}{dz^2}+z\frac{du}{dz}+(z^2-\nu^2)u=0$$

으로 변환됨을 보여라.

(3) ν가 정수가 아닐 때 (2)의 베셀 방정식의 해를 이용하여 주어진 미분방정식의 해를 구하여라.

(4) ν가 정수일 때 (2)의 베셀 방정식의 해를 이용하여 주어진 미분방정식의 해를 구하여라.

(5) 위의 결과를 이용하여 다음 미분방정식의 해를 구하여라.

$$x^2y''-3xy'+(18x^6-32)y=0$$

7.5 베셀 함수의 성질

이 절에서는 제1종 베셀 함수 $J_\nu(x)$의 성질에 대하여 몇 가지 알아보자.

정리 7.8. 베셀 함수 $J_\nu(x)$에 대하여 다음 관계식이 성립한다.

$$(x^\nu J_\nu(x))' = x^\nu J_{\nu-1}(x) \tag{7.13}$$

$$(x^{-\nu} J_\nu(x))' = -x^{-\nu} J_{\nu+1}(x) \tag{7.14}$$

증명. 식 (7.13)만 증명하고 식 (7.14)는 연습문제로 해보기로 하자. $J_\nu(x)$의 정의에 의하여

$$x^\nu J_\nu(x) = \sum_{n=0}^{\infty} \frac{(-1)^n x^{2n+2\nu}}{2^{2n+\nu} n! \Gamma(\nu+n+1)}$$

이다. 이 식을 항별 미분하면

$$\begin{aligned}(x^\nu J_\nu(x))' &= \sum_{n=0}^{\infty} \frac{(-1)^n 2(n+\nu) x^{2n+2\nu-1}}{2^{2n+\nu} n! \Gamma(\nu+n+1)} \\ &= x^\nu \sum_{n=0}^{\infty} \frac{(-1)^n x^{2n+\nu-1}}{2^{2n+\nu-1} n! \Gamma(\nu+n)} \\ &= x^\nu J_{\nu-1}(x)\end{aligned}$$

이므로 증명된다. □

[예제 1] 적분 $\int x^5 J_2(x)\,dx$을 계산하여라.

풀이. 식 (7.13)에서 $(x^3 J_3(x))' = x^3 J_2(x)$이므로 부분적분하면

$$\begin{aligned}\int x^5 J_2(x)\,dx &= \int x^2 \cdot x^3 J_2(x)\,dx \\ &= x^2 \cdot x^3 J_3(x) - 2\int x^4 J_3(x)\,dx\end{aligned}$$

이다. 식 (7.13)을 다시 한 번 적용하면

$$\int x^5 J_2(x)\,dx = x^5 J_3(x) - 2x^4 J_4(x) + c$$

이다. □

✓문제 **1.** 적분 $\int x^{-1}J_4(x)\,dx$을 계산하여라.

> 정리 **7.9.** 베셀 함수 $J_\nu(x)$에 대해서 다음 점화관계가 성립한다.
>
> $$J_{\nu-1}(x) + J_{\nu+1}(x) = \frac{2\nu}{x}J_\nu(x) \tag{7.15}$$
>
> $$J_{\nu-1}(x) - J_{\nu+1}(x) = 2J_\nu'(x) \tag{7.16}$$

증명. 정리 7.8의 식 (7.13)과 (7.14)의 좌변을 곱의 법칙에 따라 미분하면

$$\nu x^{\nu-1}J_\nu(x) + x^\nu J_\nu'(x) = x^\nu J_{\nu-1}(x)$$
$$-\nu x^{-\nu-1}J_\nu(x) + x^{-\nu}J_\nu'(x) = -x^{-\nu}J_{\nu+1}(x)$$

이다. 첫 번째 식의 양변에 $x^{-\nu}$를 곱하고, 두 번째 식의 양변에 x^ν를 곱하면

$$\nu x^{-1}J_\nu(x) + J_\nu'(x) = J_{\nu-1}(x)$$
$$-\nu x^{-1}J_\nu(x) + J_\nu'(x) = -J_{\nu+1}(x)$$

이다. 이제 두 식을 빼면 식 (7.15)가 얻어지고, 두 식을 더하면 식 (7.16)이 얻어진다. □

위의 식들을 이용하면 낮은 차수의 베셀 함수를 이용하여 높은 차수의 베셀 함수를 구할 수 있다.

[예제 2] $J_3(x)$를 $J_0(x)$와 $J_1(x)$를 이용하여 나타내어라.

풀이. 식 (7.15)에서 $\nu = 2$라고 하면

$$J_3(x) = \frac{4}{x}J_2(x) - J_1(x)$$

이고, $\nu = 1$이라고 하면

$$J_2(x) = \frac{2}{x}J_1(x) - J_0(x)$$

이다. 따라서

$$\begin{aligned} J_3(x) &= \frac{4}{x}\Big(\frac{2}{x}J_1(x) - J_0(x)\Big) - J_1(x) \\ &= \Big(\frac{8}{x^2} - 1\Big)J_1(x) - \frac{4}{x}J_0(x) \end{aligned}$$

이다. □

✓**문제 2.** $J_4(x)$를 $J_0(x)$와 $J_1(x)$를 이용하여 나타내어라.

ν가 $\frac{1}{2}$이거나 $-\frac{1}{2}$일 때의 제1종 베셀 함수는 다음 정리와 같다.

정리 7.10.

$$J_{1/2}(x) = \sqrt{\frac{2}{\pi x}}\sin x, \quad J_{-1/2}(x) = \sqrt{\frac{2}{\pi x}}\cos x$$

증명. 식 (7.12)에서 $\nu = \frac{1}{2}$이면

$$J_{1/2}(x) = \sum_{n=0}^{\infty}\frac{(-1)^n x^{2n+1/2}}{2^{2n+1/2}n!\Gamma(n+3/2)} = \sqrt{\frac{2}{x}}\sum_{n=0}^{\infty}\frac{(-1)^n x^{2n+1}}{2^{2n+1}n!\Gamma(n+3/2)}$$

이다. 그런데

$$2^n n! = 2^n n(n-1)\cdots 2\cdot 1 = 2n(2n-2)\cdots 4\cdot 2$$

이고 $\Gamma(\frac{1}{2}) = \sqrt{\pi}$이므로

$$\begin{aligned} 2^{n+1}\Gamma\Big(n+\frac{3}{2}\Big) &= 2^{n+1}\Big(n+\frac{1}{2}\Big)\Big(n-\frac{1}{2}\Big)\cdots\frac{3}{2}\cdot\frac{1}{2}\Gamma\Big(\frac{1}{2}\Big) \\ &= (2n+1)(2n-1)\cdots 3\cdot 1\cdot\sqrt{\pi} \end{aligned}$$

이다. 따라서

$$J_{1/2}(x)=\sqrt{\frac{2}{\pi x}}\sum_{n=0}^{\infty}\frac{(-1)^n x^{2n+1}}{(2n+1)!}=\sqrt{\frac{2}{\pi x}}\sin x$$

이다. 이 식을 $\sqrt{x}J_{1/2}(x)=\sqrt{\frac{2}{\pi}}\sin x$으로 나타내고 양변을 미분하면

$$(\sqrt{x}J_{1/2}(x))'=\sqrt{\frac{2}{\pi}}\cos x$$

이다. 그런데 정리 7.8의 식 (7.13)에서

$$(\sqrt{x}J_{1/2}(x))'=\sqrt{x}J_{-1/2}(x)$$

이므로

$$J_{-1/2}(x)=\sqrt{\frac{2}{\pi x}}\cos x$$

이다. □

[예제 3] $J_{3/2}(x)$를 $\cos x$와 $\sin x$를 이용하여 나타내어라.

풀이. 식 (7.15)에서 $\nu=\frac{1}{2}$이라고 하면

$$J_{3/2}(x)=\frac{1}{x}J_{1/2}(x)-J_{-1/2}(x)=\sqrt{\frac{2}{\pi x}}\left(\frac{\sin x}{x}-\cos x\right)$$

이다. □

✓문제 **3.** $J_{-3/2}(x)$를 $\cos x$와 $\sin x$를 이용하여 나타내어라.

■ 베셀 함수의 근

편미분방정식에서 배우게 될 원형북에 대한 파동방정식을 풀다보면 베셀 방정식의 근, 즉, $J_\nu(x)=0$이 되는 x들의 성질을 알아야 한다. 이 외에도 베셀 방정식의 근을 필요로 하는 응용문제가 많이 있다.

그림 7.3의 제1종 베셀 함수의 그래프를 보면 $J_\nu(x)=0$은 무수히 많은 양의 실근을 가짐을 알 수 있다. 여기에서는 좀 더 구체적으로 계산하여 베셀 함수의 근의 형태를 알아보자. 먼저 다음 사실을 생각하자.

양수 k에 대하여 함수 $J_\nu(kx)$는

$$x^2y''+xy'+(k^2x^2-\nu^2)y=0 \tag{7.17}$$

의 해가 된다. 왜냐하면, $y=J_\nu(kx)$를 미분하여 위의 방정식에 대입하면

$$\begin{aligned}&x^2\frac{d^2}{dx^2}J_\nu(kx)+x\frac{d}{dx}J_\nu(kx)+(k^2x^2-\nu^2)J_\nu(kx)\\&=z^2\frac{d^2}{dz^2}J_\nu(z)+z\frac{d}{dz}J_\nu(z)+(z^2-\nu^2)J_\nu(z)\\&=0\end{aligned}$$

이기 때문이다. 여기서 $z=kx$이다.

이제 $k>1$일 때 $u(x)=\sqrt{kx}J_\nu(kx)$라고 하면

$$u'(x)=\frac{1}{2}(kx)^{-1/2}kJ_\nu(kx)+(kx)^{1/2}kJ_\nu'(kx)$$

이고

$$u''(x)=-\frac{1}{4}(kx)^{-3/2}k^2J_\nu(kx)+(kx)^{-1/2}k^2J_\nu'(kx)+(kx)^{-1/2}k^2J_\nu''(kx)$$

이므로

$$u''+\left\{k^2-\frac{1}{x^2}\left(\nu^2-\frac{1}{4}\right)\right\}u=\frac{(kx)^{1/2}}{x^2}\{k^2x^2J_\nu''(kx)+kxJ_\nu'(kx)+(k^2-\nu^2)J_\nu(kx)\}=0$$

이다. 여기서 마지막 등호는 $J_\nu(kx)$가 미분방정식 (7.17)의 해이기 때문에 성립한다.

그런데 x가 아주 커지면 $\frac{1}{x^2}(\nu^2-\frac{1}{4})\to 0$이므로 미분방정식

$$u''+\left\{k^2-\frac{1}{x^2}\left(\nu^2-\frac{1}{4}\right)\right\}u=0 \tag{7.18}$$

의 해는

$$u''+k^2u=0$$

의 해와 비슷하게 된다.

그런데 이 미분방정식의 해는 $\sin kx$와 $\cos kx$이므로, 미분방정식 (7.18)의 해 $u(x)$는 사인 또는 코사인 함수와 근사할 것이다. 그런데 $u(x) = \sqrt{kx}J_\nu(kx)$이므로 $J_\nu(kx)$는 사인 또는 코사인 함수를 $\sqrt{kx}$로 나눈 함수와 근사하고, 사인 또는 코사인 함수가 무수히 많은 중근이 아닌 해를 가지므로 $J_\nu(kx)=0$도 무수히 많은 중근이 아닌 해를 갖게 된다. 따라서 $J_\nu(x)=0$도 무수히 많은 중근이 아닌 해를 갖게 된다.

■ 베셀 함수의 직교성

베셀 함수의 근과 관련하여 다음 정리가 성립한다. 이 정리는 푸리에 급수나 편미분방정식에서 중요하게 이용되는 것으로 **베셀 함수의 직교성**이라고 한다.

정리 7.11. $\nu>0$일 때 $J_\nu(x)=0$의 양수 근을

$$k_{\nu,1} < k_{\nu,2} < k_{\nu,3} < \cdots$$

라고 하자. 그러면 $m \neq n$에 대하여 다음 식이 성립한다.

$$\int_0^1 xJ_\nu(k_{\nu,m}x)J_\nu(k_{\nu,n}x)\,dx = 0$$

이고

$$\int_0^1 x\{J_\nu(k_{\nu,n}x)\}^2\,dx = \frac{1}{2}\{J_{\nu+1}(k_{\nu,n})\}^2$$

증명. 방정식 (7.17)에 의하여 $J_\nu(k_{\nu,m}x)$는

$$x^2u'' + xu' + (k_{\nu,m}^2x^2 - \nu^2)u = 0$$

을 만족하고, $J_\nu(k_{\nu,n}x)$는

$$x^2w'' + xw' + (k_{\nu,n}^2x^2 - \nu^2)w = 0$$

을 만족한다. 첫 번째 식에 w를 곱하고 두 번째 식에 u를 곱하여 빼면

$$x^2(u''w - uw'') + x(u'w - uw') + (k_{\nu,m}^2 - k_{\nu,n}^2)x^2uw = 0,$$

즉,

$$x(u''w - uw'') + (u'w - uw') = (k_{\nu,n}^2 - k_{\nu,m}^2)xuw$$

이다. 이 식을

$$\{x(u'w - uw')\}' = (k_{\nu,n}^2 - k_{\nu,m}^2)xuw$$

이라고 쓰고 양 변을 적분하면

$$\int_0^1 (k_{\nu,n}^2 - k_{\nu,m}^2)xuw\,dx = \int_0^1 \{x(u'w - uw')\}'\,dx = [x(u'w - uw')]_{x=0}^{x=1}$$

이다. 그런데 $u = J_\nu(k_{\nu,m}x)$이고 $w = J_\nu(k_{\nu,n}x)$이므로

$$(k_{\nu,n}^2 - k_{\nu,m}^2)\int_0^1 xJ_\nu(k_{\nu,m}x)J_\nu(k_{\nu,n}x)\,dx = J_\nu'(k_{\nu,m})J_\nu(k_{\nu,n}) - J_\nu(k_{\nu,m})J_\nu'(k_{\nu,n}) = 0$$

이다. 마지막으로 $k_{\nu,n} \neq k_{\nu,m}$이므로

$$\int_0^1 xJ_\nu(k_{\nu,m}x)J_\nu(k_{\nu,n}x)\,dx = 0$$

이다. 두번째 성질은 연습문제에서 증명해 보자. □

연습문제 7.5

1. 정리 7.7의 식 (7.14)를 증명하여라.

[2-3] 다음 적분을 계산하여라.

2. $\int x^3 J_0(x)\,dx$

3. $\int J_5(x)\,dx$

4. $J_{5/2}(x)$을 $\cos x$와 $\sin x$를 이용하여 나타내어라.

[심화 프로젝트]

5. $\nu > 0$일 때 $n = 1, 2, \ldots$에 대하여 정리 7.11의 두 번째 성질을 다음 순서로 증명하여라.

(1) $y = J_\nu(k_{\nu,n}x)$가 미분방정식

$$x^2y'' + xy' + (k_{\nu,n}^2x^2 - \nu^2)y = 0$$

의 해임을 이용하여

$$\frac{d}{dx}\left(x^2\left\{\frac{d}{dx}J_\nu(k_{\nu,n}x)\right\}^2 + (k_{\nu,n}^2x^2 - \nu^2)\{J_\nu(k_{\nu,n}x)\}^2\right) = 2k_{\nu,n}^2x\{J_\nu(k_{\nu,n}x)\}^2$$

을 보여라.

(2) (1)에서 얻은 방정식을 적분하여

$$\int_0^1 x\{J_\nu(k_{\nu,n}x)\}^2\,dx = \frac{1}{2}\{J_\nu'(k_{\nu,n})\}^2$$

임을 보여라.

(3) $J_\nu'(k_{\nu,n}) = -J_{\nu+1}(k_{\nu,n})$임을 보여라. 따라서

$$\int_0^1 x\{J_\nu(k_{\nu,n}x)\}^2\,dx = \frac{1}{2}\{J_{\nu+1}(k_{\nu,n})\}^2$$

이다.

6. (1) 5.2절에서 $\mathscr{L}(f) = F(s)$이면 $\mathscr{L}(tf) = -F'(s)$이고 $\mathscr{L}(tf'') = -s^2F'(s) - 2sF(s) + f(0)$임을 보였다. 이 성질과 $J_0(t)$는 미분방정식

$$t\frac{d^2J_0(t)}{dt^2} + \frac{dJ_0(t)}{dt} + tJ_0(t) = 0$$

을 만족함을 이용하여 $\mathscr{L}(J_0)$를 구하여라. 힌트. $\lim_{s\to\infty}(s\mathscr{L}(J_0)) = J_0(0) = 1$이다.

(2) (1)의 결과를 이용하여 $\int_0^\infty J_0(x)\,dx$의 값을 구하여라.

(3) $\lim_{x\to\infty} J_0(x) = 0$임을 이용하여 $\int_0^\infty J_1(x)\,dx$의 값을 구하여라.

(4) (2)와 (3)의 결과를 이용하여 $n = 0, 1, 2, \ldots$에 대하여 $\int_0^\infty J_n(x)\,dx$의 값을 구하여라. 힌트. $J_{n+1}(0) = \lim_{x\to\infty} J_{n+1}(x) = 0$이다.

문제와 연습문제 정답

제1장 미분법과 적분법

• 1.1절 문제 •

1. 모든 실수에서 미분가능
2. $y' = 4x^3 + 2x - 2 - 2x^{-3} + 6x^{-4}$
3. $y' = \frac{-x^4-4x^3+2x^2-1}{(x^3-x)^2}$
4. $y^{(4)} = 12x^2 - 48 + 24x^{-5}$
5. $y' = -3x^2 \frac{x^2-1}{(x^2+1)^4}$
6. $y' = 6\tan^2(2x+1)\sec^2(2x+1)$
7. $y' = \frac{1}{\sqrt{x-x^2}}$
8. $\frac{dy}{dx} = -\frac{2x+y}{x+2y}$
9. $y' = 4e^{4x}$
10. $y' = \cot x$
11. $du = (3x^2 - 3y)\,dx + (3y^2 - 3x)\,dy$

• 연습문제 1.1 •

1. $y' = 1 - \frac{1}{x^2}$
2. $y' = \frac{3x^2+2}{(2-3x^2)^2}$
3. $y' = 4(x^5-3x)^3(5x^4-3)$
4. $y' = \frac{1}{2}(x + x^{1/2})^{-1/2}(1 + \frac{1}{2}x^{-1/2})$
5. $y' = \frac{1}{2}(1+x^2)^{-1}(\tan^{-1}x)^{-1/2}$
6. $y' = -5e^{-5x}\cos 3x - 3e^{-5x}\sin 3x$
7. $y' = \frac{1}{\cos x}$
8. $y' = (\frac{3}{4x} + \frac{x}{x^2+1} - \frac{15}{3x+2})\frac{x^{3/4}(x^2+1)^{1/2}}{(3x+2)^5}$
9. $\frac{dy}{dx} = -\frac{\cos(x+y)+y^2\sin x}{\cos(x+y)-2y\cos x}$
10. $\frac{dy}{dx} = \frac{2y-3x\sqrt{x^2+y^2}}{3y\sqrt{x^2+y^2}-2x}$
11. $\frac{dy}{dx} = \frac{x^2-2y}{2x-y^2}$
12. $y = -x + 6$
13. $y = 3x - 4$
14. 6
15. 0
16. $y' = \frac{\ln y - y/x}{\ln x - x/y}$
17. $n=0$일 때 성립하고, $n=k$일 때 성립한다고 하면 $n=k+1$일 때도 성립한다.

• 1.2절 문제 •

1. $\frac{1}{5}x^5+c$

2. $3e^x+\frac{1}{3}(x+1)^3+c$

3. 1

4. $2x\sqrt{1+x^4}-\sqrt{1+x^2}$

5. $2e^{x^2}+c$

6. $-x^2\cos x+2x\sin x+2\cos x+c$

7. $x\tan^{-1}x-\frac{1}{2}\ln(1+x^2)+c$

8. 발산

• 연습문제 1.2 •

1. $\frac{2}{3}x^{3/2}+2x^{1/2}+c$

2. e^x+x+c

3. $-\cos x+2\sin x+c$

4. $2\tan x-2x+c$

5. $\tan^{-1}x+3x+c$

6. $\frac{2}{15}(5x+2)^{3/2}+c$

7. $\frac{1}{2}(\ln x)^2+c$

8. $\frac{1}{4}\sin^4 x+c$

9. $-x^2\cos x+2x\sin x+2\cos x+c$

10. $\frac{1}{2}e^x(\sin x-\cos x)+c$

11. $\frac{1}{2}(e^2+1)$

12. $\frac{\pi^3}{9}-\sqrt{3}$

13. $\frac{3}{4}\pi$

14. $\frac{\pi^2}{32}$

15. $\frac{\pi}{4}-\frac{1}{2}\ln 2$

16. $\frac{2a^2}{4a^2+1}(1+e^{a\pi/2})$

17. $f(x)=x^3+2x-3$

18. $x<-1, 0<x<1$

19. (1) $\int_0^\pi xf(\sin x)\,dx=\int_\pi^0(\pi-u)f(\sin(\pi-u))(-du)=\pi\int_0^\pi f(\sin x)\,dx-\int_0^\pi xf(\sin x)\,dx$

(2) $\frac{\pi}{4}\ln 3$

제2장 행렬

• 2.1절 문제 •

1. $(AB)^T=\begin{pmatrix}5 & -11\\ 13 & -9\end{pmatrix}$, $A^TB^T=\begin{pmatrix}-9 & -11\\ 13 & 5\end{pmatrix}$

2. $\begin{pmatrix}0.2 & 0.4\\ 0.2 & -0.1\end{pmatrix}$

3. 일차종속

• 연습문제 2.1 •

1. (1) $\begin{pmatrix}-5 & 3\\ 8 & 0\end{pmatrix}$

(2) $\begin{pmatrix}4 & -3 & 6\\ 6 & 8 & 4\end{pmatrix}$

(3) $\begin{pmatrix}-9 & 4\\ 1 & -6\end{pmatrix}$

(4) $\begin{pmatrix}0.4 & -0.1\\ -0.2 & 0.3\end{pmatrix}$

2. $a=2,\ b=4,\ c=1,\ d=3$

3. $(A+A^T)^T = A^T + A$

4. $c_1\mathbf{x}_1 + c_2(k\mathbf{x}_1+\mathbf{x}_2)=0$라 하면 $c_1+c_2k=0,\ c_2=0$, 즉, $c_1=c_2=0$

5. (1) $(A-B)^T = A-B$

(2) $(A-B)^T = -(A-B)$

(3) $A=A^T=-A$이므로 $A=O$

(4) $A=\frac{A+A^T}{2}+\frac{A-A^T}{2}$

(5) $A=B+C=D+E$이고 B와 D는 대칭행렬, C와 E는 의대칭행렬이라 하면 (1), (2), (3)에 의하여 $B=D$이고 $C=E$

• 2.2절 문제 •

1. 20

2. −9

3. 8

4. $x_1=3,\ x_2=6,\ x_3=-3$

5. $\begin{pmatrix} 1 & -2 & 1 \\ 0 & 1 & -2 \\ 0 & 0 & 1 \end{pmatrix}$

• 연습문제 2.2 •

1. −43

2. 정리 2.6의 (4)를 n번 적용

3. $x_1=-\frac{1}{2},\ x_2=-\frac{1}{6},\ x_1=\frac{7}{6}$

4. $\begin{pmatrix} 2/15 & 1/15 & -1/15 \\ -2/15 & 3/5 & 2/5 \\ 1/5 & -1/15 & 1/15 \end{pmatrix}$

5. $ad-bc=0$이면 $\frac{d}{b}\mathbf{x}=\mathbf{y}$이므로 $\mathbf{x}$와 $\mathbf{y}$는 일차종속

6. (1) $(a_2-a_1)(a_3-a_1)(a_3-a_2)$

(2) $(a_2-a_1)(a_3-a_1)(a_4-a_1)(a_3-a_2)(a_4-a_2)(a_4-a_3)$

(3) $\prod_{1\le j<k\le n}(a_k-a_j)$

• 2.3절 문제 •

1. $\lambda=-1$일 때 $\begin{pmatrix} 2 \\ -3 \end{pmatrix}$, $\lambda=4$일 때 $\begin{pmatrix} 1 \\ 1 \end{pmatrix}$

2. $\lambda=1+i$일 때 $\begin{pmatrix} 2+i \\ 1 \end{pmatrix}$, $\lambda=1-i$일 때 $\begin{pmatrix} 2-i \\ 1 \end{pmatrix}$

3. $X=\begin{pmatrix} 1 & 0 & 1 \\ 0 & 1 & 1 \\ 1 & 1 & 1 \end{pmatrix}$, $D=\begin{pmatrix} 1 & 0 & 0 \\ 0 & -1 & 0 \\ 0 & 0 & 2 \end{pmatrix}$, $A^4=\begin{pmatrix} 16 & 15 & -15 \\ 15 & 16 & -15 \\ 15 & 15 & -14 \end{pmatrix}$

• 연습문제 2.3 •

1. $\lambda = 3$일 때 $\begin{pmatrix} 6 \\ 1 \end{pmatrix}$, $\lambda = -4$일 때 $\begin{pmatrix} 1 \\ -1 \end{pmatrix}$

2. $\lambda = 2$일 때 $\begin{pmatrix} 1 \\ 1 \\ 0 \end{pmatrix}$, $\lambda = 3$일 때 $\begin{pmatrix} 1 \\ 0 \\ 1 \end{pmatrix}$, $\lambda = -3$일 때 $\begin{pmatrix} -3 \\ 2 \\ 5 \end{pmatrix}$

3. $X = \begin{pmatrix} 0 & 0 & 1 \\ 1 & 1 & -1 \\ 1 & 0 & -2 \end{pmatrix}$, $D = \begin{pmatrix} 1 & 0 & 0 \\ 0 & -1 & 0 \\ 0 & 0 & 2 \end{pmatrix}$, $A^5 = XD^5X^{-1} = \begin{pmatrix} 32 & 0 & 0 \\ -29 & -1 & 2 \\ -62 & 0 & 1 \end{pmatrix}$

4. (1) $p(A)\mathbf{x} = a_0\mathbf{x} + a_1A\mathbf{x} + \cdots + a_nA^n\mathbf{x} = a_0\mathbf{x} + a_1\lambda\mathbf{x} + \cdots + a_n\lambda^n\mathbf{x} = p(\lambda)\mathbf{x}$

(2) $c\lambda_1, \ldots, c\lambda_k$; $\lambda_1 - c, \ldots, \lambda_k - c$; $\lambda_1^2, \ldots, \lambda_k^2$

제3장 일계상미분방정식

• 3.1절 문제 •

1. $y = 5e^{3x}$

• 연습문제 3.1 •

1. $y' = -cx^{-2}$이므로 $y' = -\frac{y}{x}$

2. $y' = -3ce^{3x}$이므로 $y' + 3y = 0$

3. $y'' = -4A\cos 2x - 4B\sin 2x$이므로 $y'' + 4y = 0$

4. $y' = \sec^2(x + c)$이므로 $y' = 1 + y^2$

5. $y = x^3 - 2x^2 + c$

6. $y = \frac{1}{3}\sin 3x + c$

7. $y = \frac{1}{2}e^{2x} + c$

8. $y = \tan^{-1} x + c$

9. $y' - ry = 0$

10. (1) $\frac{d^2r}{dt^2} = \frac{k}{r^2}$이고, $r = R$일 때 $\frac{d^2r}{dt^2} = -g$이므로 $k = -gR^2$이고, 따라서 $\frac{d^2r}{dt^2} = -g\frac{R^2}{r^2}$이다.

(2) $r = R + h$이므로 $\frac{d^2h}{dt^2} = -g\frac{R^2}{(R+h)^2}$이다. 그런데 $\frac{R}{R+h} \approx 1$이므로 $\frac{d^2h}{dt^2} = -g$이다.

(3) $h(t) = -\frac{g}{2}t^2 - 2t + 10$

• 3.2절 문제 •

1. $y = -(\frac{1}{2}x^2 + c)^{-1}$

2. $y = cx^2 - x$

• 연습문제 3.2 •

1. $y=\tan(x+c)$

2. $25x^2+y^2=c$

3. $y=(x^3+c)^{-1}$

4. $y^2=x^2+14x+c$

5. $y=(e^{-x}-\frac{3}{4})^{-1}$

6. $y=\frac{1}{2}\{(x+2)e^{-x}+1\}^{-1}$

7. $y=e^{x+\cos x-1}$

8. $y=2e^{(x+1)^3}$

9. $2y+\frac{1}{4}\ln|4x-8y+11|+x=c$

10. $y=x\tan^{-1}(x^3+c)$

11. $y-x+\frac{1}{2}(y+2x)^2=c$

12. (1) $f(x,y)f_{xy}(x,y)=g(x)h(y)g'(x)h'(y)=f_x(x,y)f_y(x,y)$

(2) $\frac{\partial}{\partial y}\{\frac{f_x(x,y)}{f(x,y)}\}=\frac{1}{(f(x,y))^2}(f_{xy}(x,y)f(x,y)-f_x(x,y)f_y(x,y))=0$이므로 $\frac{f_x(x,y)}{f(x,y)}=p(x)$

(3) $\frac{\partial}{\partial y}\{\ln f(x,y)\}=\frac{f_x(x,y)}{f(x,y)}=p(x)$이므로 $\ln f(x,y)=q(x)+r(y)$이고, $f(x,y)=g(x)h(y)$

(4) $f(x,y)=(x^2+1)(2-y)$이므로 변수분리형

(5) $f(x,y)f_{xy}(x,y)\neq f_x(x,y)f_y(x,y)$이므로 변수분리형이 아님

13. (1) $\frac{dz}{dx}=k(1+z^2)^{1/2}$

(2) $z=\sinh kx$

(3) $y=\frac{1}{k}\cosh kx$

14. (1) $f'(x)=1-4\{f(x)\}^2$

(2) $f(x)=(1+e^{-4x})^{-1}-\frac{1}{2}$

• 3.3절 문제 •

1. $4\sqrt{2}$배

2. $\frac{\ln 5}{\ln 5-\ln 2}$분

3. $\frac{1{,}000}{1+e^{-1}}$명

4. $y(x)=\frac{a}{2}\{(\frac{x}{a})^{1-w/v}-(\frac{x}{a})^{1+w/v}\},\ v>w$

• 연습문제 3.3 •

1. $50e^{-3/4}$ kg

2. 5 kg

3. $-15°$ C

4. (1) 쥐의 속력이 v이고 고양이의 속력이 $2v$이므로 방정식을 얻을 수 있다.

(2) $v=\frac{dy_1}{dt}=-x\frac{dx}{dt}\frac{d^2y}{dx^2}$이고 $\frac{dx}{dt}<0$이므로

(3) $u=\frac{dy}{dx}$라 치환하고 변수분리

(4) $y=\frac{1}{3}a^{-1/2}x^{3/2}-(ax)^{1/2}+\frac{2}{3}a$

(5) $(0,\frac{2}{3}a)$

5. (1) $\frac{d^2r}{dt^2}=\frac{dv}{dt}=\frac{dv}{dr}\frac{dr}{dt}=v\frac{dv}{dr}$이므로

(2) $\frac{1}{2}v^2=gR^2\frac{1}{r}+c$

(3) $v(t)^2=2gR^2\frac{1}{r}+v_0^2-2gR$

(4) $v_0>\sqrt{2gR}\approx 11.2km/sec$

6.(1) A나라 전투능력이 k이고 B나라 전투능력은 $k\frac{8x}{y}$이므로

(2) $\frac{dy}{dx}=\frac{y'}{x'}=\frac{8x^2}{y^2}$

(3) $y^3=8x^3+10^{12}-8x(0)^3$

(4) 5,001명

• 3.4절 문제 •

1. $y = ce^{3x/y}$

2. $y = \frac{x}{1-cx^{1/3}}$

3. $y = ce^{x/(y+2)} - 2$

• 연습문제 3.4 •

1. $y = \frac{x^2}{c-x}$

2. $x^2 - 2xy - 2y^2 = c$

3. $y = cx^3 - \frac{1}{2}x$

4. $y^2 = x^2(4\ln x + c)$

5. $y = c(x+3)^2 - \frac{1}{2}(x+1)$

6. $\exp\{\tan^{-1}\frac{y}{x+1}\} = c\sqrt{(x+1)^2 + y^2}$

7. $\frac{x-2}{y+1} = 2\ln c(y+1)$

8. $(2x + y - 3)^2 = c(y - x + 3)$

9. (1) $dx + ey + f = du + f$이므로 $\frac{du}{dx} = 1 + \frac{b}{a}\frac{dy}{dx} = 1 + \frac{b}{a}g(\frac{au+c}{du+f})$

(2) $u = x + \frac{1}{2}y$라고 하면 $\frac{du}{dx} = \frac{10u+5}{8u+6}$이고, $4x + 2y + \ln(10x + 5y + 5) = 5x + c$

• 3.5절 문제 •

1. $\frac{1}{2}x^2 - y\sin x = c$

2. $y^{-4}, -x^2 + y^2 = cy^3$

• 연습문제 3.5 •

1. $e^x + xy - e^{-y} = c$

2. $\sin(x+y) + y^3 + y^2 = c$

3. $xy^2 - x^3 = 3$

4. $\ln|x| - xy + y^3 = e$

5. $y^2 = cx^3$

6. $y^2 = (x+1)^2(2\ln|x+1| + c) + 4x + 2$

7. e^{-2x}; $e^{-x}\cos y = c$

8. x^2; $3x^2y = c$

9. $e^{-5x/2}$; $2e^{x/2}\cos y = c$

10. (1) $F(x, y)$를 양 변에 곱하면 완전미분방정식

(2) $F(x, y) = \frac{1}{x^2y^2}$, $xy + \ln x = c$

• 3.6절 문제 •

1. $y = -\frac{1}{2}x^2 - \frac{1}{2}x - \frac{1}{4} + ce^{2x}$

2. $y = (2 + ce^{-x^2})^{1/2}$

3. $y = \frac{ce^{3x}+1}{ce^{3x}-2}$

4. $y = \frac{ce^{3x}+1}{ce^{3x}-2}$

• 연습문제 3.6 •

1. $y = \frac{3}{4}x^3 + cx^{-1}$

2. $y = c\cos x - 2\cos^2 x$

3. $y = \frac{1}{9}e^{6x} + ce^{-3x}$

4. $y = \frac{1}{4}x^2 - \frac{1}{8} + ce^{-2x^2}$

5. $y = \frac{a}{ace^{-ax}-b}$

6. $y = (3 + ce^{x^2/2})^{-1}$

7. $y = x\sqrt{2\ln x + c}$

8. $y = \frac{ce^{-x}-1}{ce^{-x}-2}$

9. $y = x + e^{x^3/3}(c - \int xe^{x^3/3}\,dx)^{-1}$

10. $y = 2x - 1$

11. (1) 양 변에 x를 곱하고 미분

(2) $u=(f(0))^{-1/2}+cx$

(3) $f(x)=(\{f(0)\}^{-1/2}+cx)^{-2}$

12. (1) $z'=\frac{y'}{y}$이므로 $yz'+p(x)y=r(x)yz$

(2) $y=e^{x^2+cx}$

• 3.7절 문제 •

1. $y=400-600e^{-0.2t}+200e^{-0.15t}$

2. $I(t)=10-10e^{-5t}$

3. $I(t)=-0.4\sin 5t+0.2\cos 5t+0.8e^{-10t}$

• 연습문제 3.7 •

1. $y=100-50e^{-t/50}$

2. $y=2,000+30te^{-0.03t}-1,900e^{-0.03t}\,\mathrm{kg}$

3. $I(t)=5(\sin 5t-\cos 5t)+5e^{-5t}$

4. (1) t분 후 탱크안의 소금물의 양은 $100+2t$

(2) $y=50+t-200,000(100+2t)^{-2}$

(3) $y(50)=95\,\mathrm{kg}$

5. (1) 물체가 받는 힘은 $=2g-\frac{1}{2}v$이므로 뉴턴의 제2법칙에 의하여

(2) $v(t)=4g(1-e^{-t/4})$

(3) $4g$

(4) $s(t)=4g(t+4e^{-t/4})-16g$

• 3.8절 문제 •

1. $y(1)=y_5\approx 2.977$

2. $y(0.2)=1.10517$

3. $y=e^{x^2}$

• 연습문제 3.8 •

1. $y(2)=y_5\approx 1.655$

2. $y(2)=y_{10}\approx 1.697$

3. $y(0)=y_5\approx 426.388$

4. $y(2)=y_5\approx 1.061$

5. 1.2214

6. 1.5527

7. $y=2e^{-x}$

8. $y=e^x-1-x$

9. (1) $y(1)=e\approx 2.7182$

(2) $y(1)\approx 2.25$

(3) $y(1)\approx 2.7173$

제4장 고계 상미분방정식

• 4.1절 문제 •

1. 일차종속
2. 일차종속
3. 일차독립
4. $y = c_1 \cos x + c_2 \sin x$
5. $y = 3\cos x + 2\sin x$
6. $y = c_1 x + c_2 x \ln x$

• 연습문제 4.1 •

1. 선형
2. 비선형
3. 선형
4. 비선형
5. 일차독립
6. 일차독립
7. 일차종속
8. 일차종속
9. $y = c_1 \cos 2x + c_2 \sin 2x$
10. $y = c_1 e^x + c_2 e^{2x} + c_3 e^{-x}$
11. $y_2 = x^3 \ln x$
12. $y_2 = x^{-1/2} \sin x$
13. $y_2 = 1 + \frac{x}{2} \ln \frac{x-1}{x+1}$
14. $y_2 = \sin x^2$
15. (1) $w' = F(x, w)$
(2) $y = \frac{3}{4c_1}(c_1 x + 1)^{4/3} + c_2$
(3) $w \frac{dw}{dy} = F(y, w)$
(4) $y = c_2 e^{c_1 x}$

• 4.2절 문제 •

1. $y = 3e^{-2x} - 2e^x$
2. $y = (x-3)e^{3x}$
3. $y = e^{-x}(3\cos\sqrt{2}x - 2\sqrt{2}\sin\sqrt{2}x)$

• 연습문제 4.2 •

1. $y = c_1 e^{x/2} + c_2 e^{-3x/2}$
2. $y = c_1 e^{4x} + c_2 e^{-3x}$
3. $y = e^{-\sqrt{3}x/4}(c_1 \cos\frac{3}{4}x + c_2 \sin\frac{3}{4}x)$
4. $y = (c_1 + c_2 x)e^{-3/(2x)}$
5. $y = e^{3x/2}(c_1 \cos\frac{\sqrt{7}}{2}x + c_2 \sin\frac{\sqrt{7}}{2}x)$
6. $y = (c_1 + c_2 x)e^{\sqrt{2}x}$
7. $y = 2e^x + 3e^{-x}$
8. $y = (2-x)e^x$
9. $y = 2e^{2x}(\cos x + \sin x)$
10. $y = 6\sin 2x$
11. $y = e^{-(x+3)/3}$
12. (1) $y = (c_1 + c_2 x)e^{ax}$
(2) $y = e^{ax}(c_1 e^{\epsilon x} + c_2 e^{-\epsilon x})$
(3) $\lim_{\epsilon \to 0} y_\epsilon = (c_1 + c_2)e^{ax} \neq y$
13. (1) $\int_0^x y f(y)\,dy + \int_x^1 x f(y)\,dy = a^2 f(x)$
(2) $a^2 f''(x) + f(x) = 0$
(3) $f(0) = 0,\ f'(1) = 0$
(4) $a = \frac{2}{(2n+1)\pi},\ f(x) = c\sin\{(n+\frac{1}{2})\pi x\}$
14. (1) $v(x) = \exp\{-\frac{1}{2}\int a(x)\,dx\}$
(2) $f(x) = -\frac{1}{2}a'(x) - \frac{1}{4}a(x)^2 + b(x)$
(3) $y = \frac{1}{x}(c_1 \cos 2x + c_2 \sin 2x)$

• 4.3절 문제 •

1. $9y'' + y = 0,\ y(0) = 4,\ y'(0) = 1;\ y = 4\cos\frac{t}{3} + 3\sin\frac{t}{3}$
2. $10y'' + 29y' + 10y = 0,\ y(0) = 3,\ y'(0) = 0;\ y = \frac{25}{7}e^{-0.4t} - \frac{4}{7}e^{-2.5t}$
3. $10y'' + 20y' + 10y = 0,\ y(0) = 3,\ y'(0) = 0;\ y = (3 + 3t)e^{-t}$
4. $10y'' + 12y' + 10y = 0,\ y(0) = 4,\ y'(0) = 0;\ y = e^{-0.6t}\{4\cos(0.8t) + 3\sin(0.8t)\}$

• 연습문제 4.3 •

1. $y'' + 25y = 0,\ y = 5\cos 5t + \frac{3}{5}\sin 5t$
2. $10y'' + 1000y = 0,\ y = 4\cos 10t$
3. $y'' + 26y' + 25y = 0,\ y = 10e^{-t} - e^{-25t}$
4. $y'' + 10y' + 25y = 0,\ y = (5 + 25t)e^{-5t}$
5. $y'' + 8y' + 25y = 0,\ y = e^{-4t}(5\cos 3t + 6\sin 3x)$
6. (1) $ml\frac{d^2\theta}{dt^2} = -mg\sin\theta$ (2) $\theta(t) = 0.2\cos(\sqrt{10}t) + \frac{1}{\sqrt{10}}\sin(\sqrt{10}t)$
(3) $\theta \approx 0.3742\,\mathrm{rad}$ (4) $\frac{2\pi}{\sqrt{10}}$초

• 4.4절 문제 •

1. $y = c_1e^x + c_2e^{-x} + c_3e^{2x} + c_4e^{-2x}$
2. $y = (c_1 + c_2x)e^x + (c_3 + c_4x)e^{-x}$
3. $y = c_1e^x + c_2\cos x + c_3\sin x + c_4x\cos x + c_5x\sin x$

• 연습문제 4.4 •

1. $y = c_1e^x + c_2e^{-x} + c_3e^{\sqrt{3}x} + c_4e^{-\sqrt{3}x}$
2. $y = c_1e^x + c_2e^{-x} + c_3e^{3x}$
3. $y = c_1 + (c_2 + c_3x)e^x$
4. $y = (c_1 + c_2x + c_3x^2)e^x + (c_4 + c_5x)e^{-x}$
5. $y = c_1e^x + c_2\cos 10x + c_3\sin 10x$
6. $y = (c_1 + c_2x)e^x + c_3\cos x + c_4\sin x$
7. $y = c_1\cos x + c_2\sin x + e^{2x}(c_3\cos\sqrt{2}x + c_4\sin\sqrt{2}x)$
8. $y = c_1e^x + c_2\cos x + c_3\sin x$
9. (1) $c_2(\lambda_2 - \lambda_1)e^{(\lambda_2-\lambda_1)x} + \cdots + c_n(\lambda_n - \lambda_1)e^{(\lambda_n-\lambda_1)x} = 0$
(2) $c_3(\lambda_3 - \lambda_1)(\lambda_3 - \lambda_2)e^{(\lambda_3-\lambda_2)x} + \cdots + c_n(\lambda_n - \lambda_1)(\lambda_n - \lambda_2)e^{(\lambda_n-\lambda_2)x} = 0$
(3) $c_n(\lambda_n - \lambda_1)\cdots(\lambda_n - \lambda_{n-1})e^{(\lambda_n-\lambda_{n-1})x} = 0,\ c_n = 0$
(4) $c_n = c_{n-1} = \cdots = c_1 = 0$이므로 일차독립

• 4.5절 문제 •

1. $y = c_1x^{-1} + c_2x^{-2}$
2. $y = (c_1 + c_2\ln x)x^{-1/2}$
3. $y = x\{c_1\cos(\sqrt{2}\ln x) + c_2\sin(\sqrt{2}\ln x)\}$
4. $y = c_1 + c_2x + c_3x^{-1}$

• 연습문제 4.5 •

1. $y = c_1x^2 + c_2x^3$
2. $y = c_1x^4 + c_2x^{-2}$
3. $y = (c_1 + c_2 \ln x)x^{-3}$
4. $y = (c_1 + c_2 \ln x)\sqrt{x}$
5. $y = c_1x^{2+\sqrt{2}} + c_2x^{2-\sqrt{2}}$
6. $y = x^{-1}\{c_1 \cos(\frac{1}{\sqrt{2}} \ln x) + c_2 \sin(\frac{1}{\sqrt{2}} \ln x)\}$
7. $y = c_1 + c_2x^2 + c_3x^{-1}$
8. $y = c_1x + c_2x^2 + c_3x^3 + c_4x^{-1}$
9. $y = -x^{1/2} + x^{3/2}$
10. $y = (1 + 5\ln x)x^{-2}$
11. $y = 2x^3 - x^{-4}$
12. $y = 2x^2 \sin(\sqrt{2} \ln x)$

13 (1) $\frac{dy}{dx} = \frac{dy}{dz}\frac{dz}{dx} = \frac{1}{x}\frac{dy}{dz}$, $\frac{d^2y}{dx^2} = -\frac{1}{x^2}\frac{dy}{dz} + \frac{1}{x}\frac{d}{dz}(\frac{dy}{dz})\frac{dz}{dx} = \frac{1}{x^2}(\frac{d^2y}{dz^2} - \frac{dy}{dz})$
(2) 오일러-코시 방정식에 (1)의 결과를 대입 (3) $y = c_1e^{2z} + c_2e^{-3z} = c_1x^2 + c_2x^{-3}$

• 4.6절 문제 •

1. $y = c_1e^x + c_2e^{2x} + 3e^{3x}$
2. $y = c_1 \cos x + c_2 \sin x + (5x - 4)e^{2x}$
3. $y = 2\cos x - 3\sin x + x\sin x$
4. $y = c_1 + (c_2 + c_3x)e^{2x} + (x^2 + 2x + 4)e^x$
5. $y = c_1x + c_2x^4 + x^2\{-2(\ln x)^2 + 2\ln x - 3\}$

• 연습문제 4.6 •

1. $y = c_1e^{2x} + c_2e^{-2x} + \frac{3}{5}e^{3x}$
2. $y = c_1e^{-3x} + c_2e^{-x} + x^2 - 2x + 2$
3. $y = c_1e^x + c_2e^{2x} - 4xe^x$
4. $y = c_1 + c_2e^{-x} - \frac{5}{2}\cos x - \frac{1}{2}\sin x$
5. $y = (c_1 + c_2x + c_3x^2 + x^3)e^x$
6. $y = c_1e^x + c_2e^{-x} + c_3 \cos 2x + c_4 \sin 2x - \sin x$
7. $y = (c_1 + c_2 \ln x)x + 3x(\ln x)^2$
8. $y = (c_1 + c_2 \ln x)x^{-3} + \cos(2\ln x)$
9. (1) $u'' + (2\lambda_1 + a)u' = c$ (2) $U = \frac{c}{2\lambda_1 + a} + ke^{-(2\lambda_1 + a)x}$
(3) $y_p = \frac{c}{2\lambda_1 + a}xe^{\lambda_1 x} - \frac{k}{2\lambda_1 + a}e^{\lambda_2 x}$ (4) $y = c_1e^{-x} + c_3e^{3x} - xe^{-x}$
10. (1) 미분하여 대입 (2) 미분하여 대입
(3) 미분하여 대입 (4) $y = c_1e^{x/2} + c_3e^{-2x} + 3xe^{-2x}$

• 4.7절 문제 •

1. $y = c_1 \cos x + c_2 \sin x - x\cos x + \sin x \cdot \ln|\sin x|$
2. $y = c_1x^3 + c_2x^{-5} - \frac{1}{16}x^{-1}$
3. $y = c_1x + c_2x^2 + c_3x^3 - x^2 \ln x$

• 연습문제 4.7 •

1. $y = c_1 \cos x + c_2 \sin x + \cos x \cdot \ln|\cos x| + x\sin x$
2. $y = c_1 \cos x + c_2 \sin x - \cos x \cdot \ln|\sec x + \tan x|$

3. $y=(c_1+c_2x)e^{2x}+e^{2x}(x\ln|x+1|+\ln|x+1|)$

4. $y=c_1e^x+c_2e^{-x}+(2x^2-2x+1)e^x$

5. $y=c_1x^2+c_2x^{-2}-\frac{1}{4}x^{-2}\ln|x|$

6. $y=c_1x^2+c_2x^3+\frac{1}{2}x^{-4}$

7. $y=c_1x^3+c_2x^{-4}-\frac{4}{45}x^{1/2}$

8. $y=c_1+c_2\cos x+c_3\sin x+\frac{1}{2}x-\frac{1}{4}\sin 2x-\frac{1}{3}\cos x\sin^3 x+\sin x\cos x-\frac{1}{3}\sin x\cos^3 x$

9. $y=c_1x+c_2x^2+c_3x^3-x\sin x$

10. (1) $y_p=-\cos x\int_0^x f(t)\sin t\,dt+\sin x\int_0^t f(t)\cos t\,dt=\int_0^x f(t)\sin(x-t)\,dt$

(2) $y=c_1\cos x+c_2\sin x+x+\frac{1}{2}e^{-x}$

• 4.8절 문제 •

1. $y=8e^{-2t}-2e^{-8t}-2\cos 4t,\ y=-2\cos 4t$

2. $I(t)=e^{-2t}(-4\cos\sqrt{6}t+\frac{1}{\sqrt{6}}\sin\sqrt{6}t)+4\cos t-9\sin t$

• 연습문제 4.8 •

1. $y=(\frac{1}{20}+\frac{21}{20}t)e^{-t}-\frac{1}{20}\cos t$

2. $y=-6e^{-t/2}+e^{-2t}-\cos t$

3. $y=e^{-4t}(\frac{3}{104}\cos 3t+\frac{53}{52}\sin 3t)-\frac{3}{104}\cos 3t+\frac{1}{52}\sin 3t$

4. $I=-\frac{101}{9}e^{-10t}+\frac{20}{9}e^{-100t}+9\cos 10t+11\sin 10t$

5. $I=e^{-t}(-\cos t-3\sin t)+\cos t+2\sin t$

6. $y=(4+5t)e^{-2t}-4\cos t+3\sin t$

7. (1) $\frac{d^2M}{dx^2}=EI\frac{d^2}{dx^2}(y'')=EIy^{(4)}$이므로 $EIy^{(4)}=F(x)$

(2) $y=\frac{w}{24EI}x^2(x-L)^2$

제5장 라플라스 변환

• 5.1절 문제 •

1. $\frac{1}{s}$

2. $\mathscr{L}(\cos at)=\int_0^\infty e^{-st}\cos at\,dt=\frac{s}{s^2+a^2}$

3. $\frac{a}{s^2-a^2}$

4. $\cos 3t+\frac{1}{3}\sin 3t$

• 연습문제 5.1 •

1. $\frac{3}{s}+\frac{8}{s^3}$

2. $\frac{5}{s^2}-\frac{3}{s+2}$

3. $\frac{2}{s^2+1}+\frac{3s}{s^2+9}$

4. $\frac{1}{s}-\frac{2}{s-3}+\frac{1}{s-6}$

5. $\frac{1}{s}-\frac{1}{s^2}+\frac{1}{s^2}e^{-s}$

6. $\frac{e^{-\pi s/2}+s}{1+s^2}$

7. $\frac{1}{6}t^3$

8. $4-3t+2t^2$

9. (1) $\Gamma(\alpha+1)=\alpha\int_0^\infty t^{\alpha-1}e^{-t}\,dt=\alpha\Gamma(\alpha)$ (2) $\Gamma(n+1)=n\Gamma(n)=\cdots=n!\Gamma(1)=n!$
(3) $\mathscr{L}(t^\alpha)=\frac{1}{s^{\alpha+1}}\int_0^\infty x^\alpha e^{-x}\,dx=\frac{\Gamma(\alpha+1)}{s^{\alpha+1}}$ (4) $\mathscr{L}(t^{3/2})=\frac{3\sqrt{\pi}}{4s^{5/2}}$

• 5.2절 문제 •

1. $\frac{10s}{(s^2+25)^2}$
2. $y=2e^{3t}-e^{-3t}$
3. $y=2\sin\frac{t}{2}-3\cos\frac{t}{2}$
4. $\frac{6as^2-2a^3}{(s^2+a^2)^3}$
5. $\frac{1}{a}(e^{at}-1)$

• 연습문제 5.2 •

1. $\frac{18}{s(s^2+36)}$
2. $\frac{s^2+2}{s(s^2+4)}$
3. $\frac{s^2-4}{(s^2+4)^2}$
4. $\frac{2}{(s+1)^3}$
5. $y=e^{2t}$
6. $y=\cos 2t+\sin 2t$
7. $y=2t+e^t$
8. $y=\frac{3}{2}e^{-t}-\frac{1}{2}\cos t+\frac{1}{2}\sin t$
9. $y=-\frac{3}{2}e^t+e^{2t}+\frac{1}{2}e^{-t}$
10. $y=3t$
11. (1) $\int_s^\infty F(v)\,dv=\int_0^\infty e^{-st}\frac{1}{t}f(t)\,dt=\mathscr{L}(\frac{1}{t}f(t))$
(2) $\mathscr{L}(\frac{\sin 2t}{t})=\frac{\pi}{2}-\tan^{-1}\frac{s}{2}$ (3) $\mathscr{L}^{-1}(\ln(1+\frac{a^2}{s^2}))=\frac{2}{t}(1-\cos at)$

• 5.3절 문제 •

1. $\frac{s-3}{(s-3)^2+4}$
2. $e^{-2t}\sin 5t$
3. $y=\frac{9}{2}e^{3t}\sin 2t+1$
4. $3+(\cos t-3)u(t-\pi)$
5. $\frac{2}{s}e^{-3s}$
6. $-e^{-\pi s}\frac{s}{s^2+1}$
7. $-\frac{1}{\pi}\sin\pi t\cdot u(t-1)+\frac{1}{2}(t-2)^2e^{-2(t-2)}u(t-2)$
8. $-1+t+e^{-t}+(2-t-e^{-(t-1)})u(t-1)$

• 연습문제 5.3 •

1. $\frac{5}{(s-2)^2+25}$
2. $\frac{2}{(s+1)^3}$
3. $\frac{1}{s}-\frac{1}{s}e^{-\pi s/2}-\frac{1}{s^2+1}e^{-\pi s/2}$
4. $\frac{s^3}{s^4+4a^4}$
5. $e^{2t}(\cos 3t+\frac{2}{3}\sin 3t)$
6. $\frac{1}{3}e^{2t}t^3$
7. $-\cos\pi t\cdot u(t-1)-\frac{1}{3}\sin 3t\cdot u(t-\pi)$
8. $y=e^{3t/2}\cos\frac{\sqrt{7}}{2}t+\sqrt{7}e^{3t/2}\sin\frac{\sqrt{7}}{2}t$
9. $y=-\frac{1}{2}+\frac{1}{2}t+(\frac{3}{2}\cos t+2\sin t)e^{-t}$
10. $y=5e^{-t}-\frac{3}{2}(e^{-(t-\pi)}+\cos t-\sin t)u(t-\pi)$
11. $y=e^t-3e^{-t}+2e^{-2t}-(e^t-3e^{-t+2}+2e^{-2t+3})u(t-1)$

12. (1) 라플라스 변환하고 정리 (2) $Y=\frac{c(s-1)^n}{s^{n+1}}$

(3) $y=\frac{e^t}{n!}\frac{d^n}{dt^n}(t^n e^{-t})$

• 5.4절 문제 •

1. $y=e^{-2t}+\frac{1}{5}(e^{3(t-2)}-e^{-2(t-2)})u(t-2)$
2. $\frac{\omega}{s^2+\omega^2}\frac{1}{1-e^{-\pi s/\omega}}$
3. $y=\sum_{n=0}^{\infty}(-1)^n(1-e^{-(t-n)})u(t-n)$

• 연습문제 5.4 •

1. $y=\frac{1}{2}e^{t-2}\sin 2(t-2)\cdot u(t-2)$
2. $y=-e^t+2e^{3t}+(-e^{(t-2)}+e^{3(t-2)})u(t-2)$
3. $y=\frac{1}{2}(t-1+e^{-t}\cos t)+e^{-(t-1)}\sin(t-1)\cdot u(t-1)$
4. $y=\cos 2t+\frac{1}{2}\sin 2t\cdot u(t-2\pi)$
5. $\frac{(1-e^{-s})^2}{s^2(1-e^{-2s})}$
6. $\frac{2(1-e^{-\pi s})}{s(1+e^{-2\pi s})}$
7. $y=\sum_{n=1}^{\infty}(-1)^{n+1}(1-\cos(t-n))u(t-n)$
8. $y=2\sin t+\sum_{n=0}^{\infty}(-1)^n\{1-\cos(t-n)\}u(t-n)$
9. (1) $\frac{1-e^{-s}}{s^2(1+e^{-2s})}$ (2) $\mathscr{L}(f')=\frac{1-e^{-s}}{s(1+e^{-2s})}$

(3) $\mathscr{L}(f)=\frac{1}{s}\mathscr{L}(f')=\frac{1-e^{-s}}{s^2(1+e^{-2s})}$ (4) $\mathscr{L}(g')=\frac{1}{s(1+e^{-s})}$, $\mathscr{L}(g)=\frac{1}{s^2(1+e^{-s})}$

• 5.5절 문제 •

1. $\frac{s}{(s-1)(s^2+1)}$
2. $\frac{1}{2}t\sin t$
3. $y=\cos t+\frac{1}{2}t\sin t+\frac{1}{2}(t-\pi)\sin(t-\pi)\cdot u(t-\pi)$
4. $y=2t-t^2$

• 연습문제 5.5 •

1. $\{f*(g+h)\}(t)=\int_0^t f(u)(g+h)(t-u)\,du=(f*g)(t)+(f*h)(t)$
2. $\{(f*g)*h\}(t)=\int_0^t\int_v^t f(v)g(u-v)h(t-u)\,du\,dv=\{f*(g*h)\}(t)$
3. $t-\sin t$
4. $\frac{1}{4}(t^2-t+\frac{1}{2}-\frac{1}{2}e^{-2t})$
5. $\frac{1}{4}t\sin 2t$
6. $y=\frac{1}{3}\sin 3t-\cos 3t+\frac{1}{6}t\sin 3t$
7. $y=2e^{-t}+e^{2t}+(e^{2t}-e^{-t})*f(t)$
8. $y=2+2t+t^2-2e^{t/2}\cos\frac{\sqrt{3}}{2}t-\frac{2}{\sqrt{3}}e^{t/2}\sin\frac{\sqrt{3}}{2}t$
9. $y=-1+2t-2e^{-t}$
10. $y=2-2\cos t$
11. $y=\frac{1}{5}\cos t+\frac{3}{5}\sin t-\frac{1}{5}e^{-2t}$
12. (1) $t^m*t^n=\int_0^t u^m(t-u)^n\,du=t^{m+n+1}\int_0^1 x^m(1-x)^n\,dx$

(2) $\int_0^1 x^m(1-x)^n\,dx = \frac{m!n!}{(m+n+1)!}$

(3) $t^a * t^b = t^{a+b+1}\int_0^1 x^a(1-x)^b\,dx$

(4) $\int_0^1 x^a(1-x)^b\,dx = \frac{\Gamma(a+1)\Gamma(b+1)}{\Gamma(a+b+2)}$

13. (1) $y = \cos\sqrt{2}t$

(2) $y^{(4)}(t) - 4y(t) = 0;\ y(0) = 1,\ y'(0) = 0,\ y''(0) = -2,\ y'''(0) = 0$

(3) $y = \cos\sqrt{2}t$

• 5.6절 문제 •

1. $y_1 = 3e^t + 2e^{-4t},\ y_2 = e^t - e^{-4t}$

2. $y_1 = 1 + e^t - e^{2t}, y_2 = 3e^t + e^{2t}$

3. $y_1(t) = (5-\sqrt{5})e^{(-3+\sqrt{5})t/10} + (5+\sqrt{5})e^{(-3-\sqrt{5})t/10},\ y_2(t) = 4\sqrt{5}e^{(-3+\sqrt{5})t/10} - 4\sqrt{5}e^{(-3-\sqrt{5})t/10}$

4. $y_1(t) = \frac{19}{4}\sin t - \frac{3}{4\sqrt{5}}\sin\sqrt{5}t,\ y_2(t) = \frac{19}{2}\sin t + \frac{1}{2\sqrt{5}}\sin\sqrt{5}t$

• 연습문제 5.6 •

1. $y_1 = -\frac{1}{4} + \frac{5}{4}\cos 2t - \frac{1}{2}\sin 2t,\ y_2 = -\cos 2t - \frac{5}{2}\sin 2t + t$

2. $y_1 = -\frac{1}{2}t^2,\ y_2 = 1 + \frac{1}{2}t^2$

3. $y_1 = \cos t,\ y_2 = -\cos t - \sin t$

4. $y_1 = e^t + \sin t,\ y_2 = \cos t,\ y_3 = -e^t$

5. $y_1 = 75 - 25e^{-0.04t},\ y_2 = 75 + 25e^{-0.04t}$

6. $y_1 = 5\sin t,\ y_2 = 10\sin t$

7. (1) $\frac{d^2x}{dt^2} = \sqrt{2}\omega\frac{dy}{dt},\ \frac{d^2y}{dt^2} = -\sqrt{2}\omega(\frac{dx}{dt} + \frac{dz}{dt}),\ \frac{d^2z}{dt^2} = \sqrt{2}\omega\frac{dy}{dt} - g$

(2) $X = u\{\frac{1}{s^2+4\omega^2} + \frac{2\omega^2}{s^2(s^2+4\omega^2)}\} + v\frac{\sqrt{2}\omega}{s(s^2+4\omega^2)} - w\frac{2\omega^2}{s^2(s^2+4\omega^2)} + g\frac{2\omega^2}{s^3(s^2+4\omega^2)}$, Y, Z는 생략

(3) $x(t) = \frac{u}{2}(t + \frac{\sin 2\omega t}{2\omega}) + \frac{v}{\sqrt{2}}\frac{\sin^2\omega t}{\omega} - \frac{w}{2}(t - \frac{\sin 2\omega t}{2\omega}) - \frac{g}{4}(t^2 - \frac{\sin^2\omega t}{\omega^2})$, $y(t), z(t)$는 생략

(4) $x(t) = ut,\ y(t) = vt,\ z(t) = wt - \frac{1}{2}gt^2$

제6장 연립상미분방정식

• 6.1절 문제 •

1. $y_1 = c_1e^{3t} + c_2e^{-3t},\ y_2 = c_1e^{3t} - c_2e^{-3t}$

2. $y_1 = (c_1 + c_2\ln t)t,\ y_2 = (-2c_1 + c_2 - 2c_2\ln t)t$

3. $y_1 = c_1 + c_2t + \frac{1}{4}(t+11)e^{2t},\ y_2 = (c_2 - 2c_1) - 2c_2t - \frac{11}{4}e^{2t}$

4. $y_1 = 60 - 10e^{-0.05t},\ y_2 = 90 + 10e^{-0.05t}$

• 연습문제 6.1 •

1. $y_1 = c_1e^{\sqrt{6}t} + c_2e^{-\sqrt{6}t},\ y_2 = \frac{\sqrt{6}}{3}(c_1e^{\sqrt{6}t} - c_2e^{-\sqrt{6}t})$

2. $y_1 = e^t(c_1\cos t + c_2\sin t),\ y_2 = e^t\{(2c_1 + c_2)\cos t + (2c_2 - c_1)\sin t\}$

3. $y_1 = c_1 t + c_2 t^2,\ y_2 = \frac{3}{2} c_1 t + c_2 t^2$

4. $y_1 = c_1 t^{-3} + c_2 t^{-3} \ln t,\ y_2 = (c_1 - c_2) t^{-3} + c_2 t^{-3} \ln t$

5. $y_1 = (c_1 + c_2 t) e^{2t} + \frac{1}{2} t^2 + \frac{3}{2} t + \frac{9}{4},\ y_2 = (-c_1 + \frac{1}{4} c_2 - c_2 t) e^{2t} - t^2 - 2t - 3$

6. $y_1 = c_1 e^t + c_2 e^{2t} - 2te^t,\ y_2 = (\frac{3}{2} c_1 + 2) e^t + c_2 e^{2t} - 3te^t$

7. $y_1 = 50\{e^{(-3+\sqrt{3})t/100} + e^{(-3-\sqrt{3})t/100}\},\ y_2 = 50\sqrt{3}\{e^{(-3+\sqrt{3})t/100} - e^{(-3-\sqrt{3})t/100}\}$

8. (1) $y_2' = \frac{1}{2}(y_1'' + 3y_1),\ y_2'' = \frac{1}{2}(y_1''' + 3y_1'),\ y_2''' = \frac{1}{2}(y_1^{(4)} + 3y_1'')$

(2) $y_1^{(4)} + 10y_1'' + 9y_1 = 0$ (3) $y_1 = 3\cos t + \cos 3t,\ y_2 = 3\sin t - 3\sin t$

• 6.2절 문제 •

1. $W(\mathbf{y}_1, \mathbf{y}_2) = -2e^{-6t} \neq 0$

2. $\mathbf{y} = c_1 \begin{pmatrix} 1 \\ 1 \end{pmatrix} e^{-2t} + c_2 \begin{pmatrix} 1 \\ -1 \end{pmatrix} e^{-4t}$

3. $y_1' = y_2, y_2' = y_3, y_3' = y_3 - y_2^2 + x$

• 연습문제 6.2 •

1. $\mathbf{y}_1$, $\mathbf{y}_2$는 해, $W = 8e^{4t} \neq 0$이므로 일차독립

2. $\mathbf{y}_1$, $\mathbf{y}_2$는 해, $W = -4e^{-2t} \neq 0$이므로 일차독립

3. $\mathbf{y}_1$, $\mathbf{y}_2$는 해, $W = -e^{-6t} \neq 0$이므로 일차독립

4. $\mathbf{y}_1$, $\mathbf{y}_2$는 해, $W = -5e^{2t} \sin t \neq 0$이므로 일차독립

5. $y_1' = y_2, y_2' = -3y_2 - 2y_1$

6. $y_1' = y_2, y_2' = y_3, y_3' = 2y_3 - y_2 + 3y_1 + \cos x$

7. (1) $\frac{dW}{dt} = y_{11}' y_{22} + y_{11} y_{22}' - y_{21}' y_{12} - y_{21} y_{12}'$

(2) (1)의 결과를 $\mathbf{y}' = A\mathbf{y}$에 대입 (3) $W = ce^{(a_{11}+a_{22})t}$

(4) $e^{(a_{11}+a_{22})t} \neq 0$이므로 W는 항상 0이거나 항상 0이 아님

• 6.3절 문제 •

1. $y_1 = 5c_1 e^{2t} + c_2 e^{3t},\ y_2 = 4c_1 e^{2t} + c_2 e^{3t}$ 2. $y_1 = c_1 e^{-2t},\ y_2 = c_2 e^{-2t}$

3. $y_1 = \{2c_1 + (2t + \frac{1}{2})c_2\} e^{-2t},\ y_2 = (c_1 + c_2 t) e^{-2t}$

4. $y_1 = -e^{3t}(c_1 \cos\sqrt{2}t + c_2 \sin\sqrt{2}t),\ y_2 = e^{3t}[(c_1 + \sqrt{2}c_2)\cos\sqrt{2}t + (c_2 - \sqrt{2}c_1)\sin\sqrt{2}t]$

5. $y_1 = 2(c_1 + c_2)e^{-t},\ y_2 = c_1 e^{-t} + c_3 e^{3t},\ y_3 = (c_1 + c_2)e^{-t} - 2c_3 e^{3t}$

• 연습문제 6.3 •

1. $y_1 = 2c_1 e^t + c_2 e^{6t},\ y_2 = -3c_1 e^t + c_2 e^{6t}$ 2. $y_1 = 3c_1 e^t + 2c_2 e^{-4t},\ y_2 = c_1 e^t - c_2 e^{-4t}$

3. $y_1 = c_1 e^{3t},\ y_2 = c_2 e^{3t}$ 4. $y_1 = c_2 e^{2t},\ y_2 = (c_1 + c_2 t) e^{2t}$

5. $y_1 = \{c_1 + c_2(t + 1/5)\} e^{-4t},\ y_2 = (c_1 + c_2 t) e^{-4t}$

6. $y_1 = e^{2t}(2c_1 \cos t + 2c_2 \sin t)$, $y_2 = e^{2t}\{(c_2 - c_1)\cos t - (c_1 + c_2)\sin t\}$

7. $y_1 = e^{3t}(2c_1 \cos 3t + 2c_2 \sin 3t)$, $y_2 = e^{3t}\{(c_1 - 3c_2)\cos 3t + (c_2 + 3c_1)\sin 3t\}$

8. $y_1 = 3c_1 + c_2 e^{-2t}$, $y_2 = 4c_1 + 2c_2 e^{-2t}$

9. $y_1 = c_1 e^{5t} + c_3 e^{-t}$, $y_2 = -c_1 e^{5t} + c_2 e^{-t}$, $y_3 = c_1 e^{5t} + (c_2 - c_3)e^{-t}$

10. $y_1 = -2c_1 + c_3 e^{-3t}$, $y_2 = c_1 + c_2 e^{-3t}$, $y_3 = c_1 + (2c_2 + 2c_3)e^{-3t}$

11. (1) $A\mathbf{x} = \alpha^2 \mathbf{x}$이므로 (2) 일차독립이고 해가 됨

(3) $\mathbf{y} = \begin{pmatrix} 1 \\ -1 \end{pmatrix}(c_1 e^t + c_2 e^{-t}) + \begin{pmatrix} 1 \\ 2 \end{pmatrix}(c_3 e^{2t} + c_4 e^{-2t})$

12. (1) 일차독립이고 해가 됨

(2) $\mathbf{y} = \begin{pmatrix} 1 \\ \sqrt{2} \end{pmatrix}(c_1 \cos t + c_2 \sin t) + \begin{pmatrix} \sqrt{2} \\ -1 \end{pmatrix}(c_3 \cos 2t + c_4 \sin 2t)$

(3) $\mathbf{y} = \begin{pmatrix} 2 \\ 1 \end{pmatrix}(c_1 e^{2t} + c_2 e^{-2t}) + \begin{pmatrix} 3 \\ -5 \end{pmatrix}(c_3 \cos 3t + c_4 \sin 3t)$

• 6.4절 문제 •

1. $y_1 = c_1 e^{-2t} + c_2 e^{-4t} + \frac{11}{15}e^t$, $y_2 = c_1 e^{-2t} - c_2 e^{-4t} + \frac{14}{15}e^t$

2. $y_1 = 3(c_1 + t)e^t + 2c_2 e^{-4t}$, $y_2 = (c_1 + t + 1)e^t - c_2 e^{-4t}$

3. $y_1 = c_1 e^t + 3c_2 e^{-t} + 2e^{2t} - 9$, $y_2 = c_1 e^t + 5c_2 e^{-t} + \frac{5}{3}e^{2t} - 12$

4. $y_1 = 2c_1 e^t + 3c_2 e^{2t} - \frac{5}{2}t - \frac{25}{4}$, $y_2 = c_1 e^t + 2c_2 e^{2t} - t - \frac{5}{2}$

• 연습문제 6.4 •

1. $y_1 = c_1 e^{-2t} + c_2 e^{-4t} + t - 1$, $y_2 = c_1 e^{-2t} - c_2 e^{-4t} + 2t + 1$

2. $y_1 = 2c_1 e^t + c_2 e^{4t} + \frac{1}{2}e^{2t}$, $y_2 = -c_1 e^t + c_2 e^{4t} - \frac{1}{2}e^{2t}$

3. $y_1 = (3c_1 + 3t + 1)e^{4t} + c_2 e^{-t}$, $y_2 = (2c_1 + 2t - 1)e^{4t} - c_2 e^{-t}$

4. $y_1 = (c_1 - t + \frac{1}{3})e^{-2t} + c_2 e^{-5t} + \frac{9}{4}e^{-t}$, $y_2 = (c_1 - t - \frac{2}{3})e^{-2t} - 2c_2 e^{-5t} + \frac{3}{2}e^{-t}$

5. $y_1 = (c_1 + 2t + 1)e^{-2t} - c_2 e^{-4t} - \frac{1}{4}$, $y_2 = (c_1 + 2t - 1)e^{-2t} + c_2 e^{-4t} - \frac{3}{4}$

6. $y_1 = c_1 e^{-t} + c_2 e^{5t} + t - 3$, $y_2 = -c_1 e^{-t} + 2c_2 e^{5t} + 2$

7. $y_1 = (3t + 3c_1 + 1)e^{4t} + c_2 e^{-t}$, $y_2 = (2t + 2c_1 - 1)e^{4t} - c_2 e^{-t}$

8. (1) $\mathscr{L}(\mathbf{y}') = \begin{pmatrix} sY_1 - y_1(0) \\ sY_2 - y_2(0) \end{pmatrix} = s\mathbf{Y} - \mathbf{y}(0)$ (2) $s\mathbf{Y} - \mathbf{y}(0) = A\mathbf{Y} + \mathbf{G}$

(3) $\mathbf{Y} = (sI - A)^{-1}(\mathbf{G} + \mathbf{y}(0))$ (4) $\mathbf{Y} = \begin{pmatrix} \frac{8(s+2)}{(s+1)(s+3)(s-1)} + \frac{18}{s^2(s+1)(s+3)} \\ \frac{8}{(s+1)(s+3)(s-1)} + \frac{18(s+2)}{s^2(s+1)(s+3)} \end{pmatrix}$

(5) $y_1 = 7e^{-t} - 2e^{-3t} + 3e^t - 8 + 6t$, $y_2 = 7e^{-t} + 2e^{-3t} + e^t - 10 + 12t$

• 6.5절 문제 •

1. $y_1 = c_1 e^{-t}$, $y_2 = c_2 e^{-2t}$
2. $(0,0)$
3. $(0,0)$, $y_1 = c_1 \cos 2t + c_2 \sin 2t$, $y_2 = -2c_2 \cos 2t + 2c_1 \sin 2t$, 중심
4. 안장점, 불안정

• 연습문제 6.5 •

1. $y_1 = c_1 e^{-2t} + c_2 e^{-4t}$, $y_2 = c_1 e^{-2t} - c_2 e^{-4t}$, $(0,0)$, 마디점
2. $y_1 = c_1 e^{2t}$, $y_2 = c_2 e^{2t}$, $(0,0)$, 마디점
3. $y_1 = c_1 \cos 3t + c_2 \sin 3t$, $y_2 = c_1 \sin 3t - c_2 \cos 3t$, $(0,0)$, 중심
4. $y_1 = c_1 e^{2t}$, $y_2 = c_2 e^{-2t}$, $(0,0)$, 안장점
5. $y_1 = e^t(c_1 \cos t + c_2 \sin t)$, $y_2 = e^t(c_2 \cos t - c_1 \sin t)$, $(0,0)$, 나선점
6. $(0,0)$, 안장점, 불안정
7. $(0,0)$, 나선점, 안정
8. $(0,0)$, 마디점, 불안정
9. $(0,0)$, 중심, 안정
10. (1) $(0,0)$ (2) $\frac{dr}{dt} = r(1-r^2)$, $\frac{d\theta}{dt} = 3$

(3) $y_1 = \frac{\sqrt{c_1}e^t}{\sqrt{1+c_1 e^{2t}}} \cos(3t + c_2)$, $y_2 = \frac{\sqrt{c_1}e^t}{\sqrt{1+c_1 e^{2t}}} \sin(3t + c_2)$

제7장 제곱급수

• 7.1절 문제 •

1. ∞
2. $1 - x^2 + x^4 - + \cdots$, $-1 < x < 1$
3. $-2a_0x^2 + \sum_{m=3}^{\infty} (m-3)(ma_{m-2} + a_{m-3})x^m$
4. $y = a_0 \cos x + a_1 \sin x$

• 연습문제 7.1 •

1. 1
2. 1
3. ∞
4. $\frac{1}{2}$
5. $\frac{1}{2} - \frac{1}{2^2}x + \frac{1}{2^3}x^2 - + \cdots$, $-2 < x < 2$
6. $\frac{3}{2} - \frac{3}{4}x + \frac{9}{8}x^2 - + \cdots$, $-1 < x < 1$
7. $x - \frac{1}{2}x^2 + \frac{1}{3}x^3 - \cdots$, $-1 < x < 1$
8. $x - \frac{1}{3}x^3 + \frac{1}{5}x^5 - + \cdots$, $-1 < x < 1$
9. $2a_2 + 3 \cdot 2a_3 x + \sum_{m=2}^{\infty} \{(m+2)(m+1)a_{m+2} - (m-1)a_{m-1}\}x^m$
10. $a_1 + 2a_2x + 3a_3x^2 + \sum_{m=3}^{\infty} \{\frac{(-1)^{m-1}}{5(m-2)} + (m+1)a_{m+1}\}x^m$
11. $y = a_0(1 - \frac{1}{6}x^3 + \frac{1}{180}x^6 - + \cdots) + a_1(x - \frac{1}{12}x^4 + \frac{1}{504}x^7 - + \cdots)$

12. $y = c_1 e^x + c_2 e^{-x}$

13. (1) $y = c_1(1 + \frac{2(-p)}{2!}x^2 + \frac{2^2(-p)(2-p)}{4!}x^4 + \cdots) + c_2(x + \frac{2(1-p)}{3!}x^3 + \frac{2^2(1-p)(3-p)}{5!}x^5 + \cdots)$

(2) $H_0(x) = 1,\ H_1(x) = x,\ H_2(x) = 1 - 2x^2,\ H_3(x) = x - \frac{2}{3}x^3,\ H_4(x) = 1 - 4x^2 + \frac{4}{3}x^4$

• 7.2절 문제 •

1. $|\frac{a_{n+1}}{a_n}| = |\frac{(p-2n+1)(p+2n)}{(2n+1)2n}| \to 1$이므로 $|x| < 1$일 때 수렴

2. $P_1(x) = x,\ P_3(x) = \frac{1}{2}(5x^3 - 3x)$

3. $P_3(x) = \frac{1}{2}(5x^3 - 3x)$

4. $P_n' = \frac{1}{2^n n!}\frac{d^{n+1}}{dx^{n+1}}\{x(x^2-1)^n\} = xP_n' + (n+1)P_n$

• 연습문제 7.2 •

1. $P_4(x) = \frac{1}{8}(35x^4 - 30x^2 + 3),\ P_5(x) = \frac{1}{8}(63x^5 - 70x^3 + 15x)$

2. $P_{2n+1}(x)$의 상수항

3. $P_{2n}(x)$의 상수항

4. $y = a_0(1 - 3x^2) + a_1(x - \frac{4}{3!}x^3 - \frac{24}{5!}x^5 - \cdots)$

5. (1) 두 식을 빼면 $nP_n = xP_n' - P_{n-1}'$

(2) 예제 4, 문제 4, (1)에서 얻은 식을 이용

(3) $P_2 = \frac{1}{2}(3x^2 - 1),\ P_3 = \frac{1}{2}(5x^3 - 3x)$

• 7.3절 문제 •

1. $y = c_1 x(1 - \frac{2}{5}x + \frac{2}{35}x^2 - + \cdots) + c_2 x^{-1/2}(1 + 2x - 2x^2 + \frac{4}{9}x^3 - + \cdots)$

2. $y = c_1 x + c_2 x \ln x$

3. $y = c_1 \frac{\sin x}{\sqrt{x}} + c_2 \frac{\cos x}{\sqrt{x}}$

• 연습문제 7.3 •

1. $y = c_1 x^{1/2} + c_2 x^{-1}$

2. $y = c_1 x^{1/2}(1 - \frac{7}{6}x + \frac{21}{40}x^2 - \cdots) + c_2(1 - 3x + 2x^2 - \cdots)$

3. $y = c_1 e^x + c_2 e^x \ln x$

4. $y = c_1(1 - 2x) + c_2\{(1 - 2x)\ln\frac{x}{1-x} - 2\}$

5. $y = c_1 \sin x^2 + c_2 \cos x^2$

6. $y = c_1 \cos(\ln x) + c_2 \sin(\ln x)$

7. (1) $r = 1, -1$

(2) $y_1 = x(1 - \frac{1}{4 \cdot 2}x^2 + \frac{1}{6 \cdot 4^2 \cdot 2}x^4 - + \cdots)$

(3) $a_0 = 0$

8. (1) 결정방정식은 $r(r + c - 1) = 0$

(2) $r = 0$일 때 $a_{m+1} = \frac{(m+a)(m+b)}{(m+1)(m+c)}a_m,\ m = 0, 1, 2, \ldots$

(3) $y_2 = x^{1-c}\{1 + \frac{(a-c+1)(b-c+1)}{1!(2-c)}x + \frac{(a-c+1)(a-c+2)(b-c+1)(b-c+2)}{2!(2-c)(3-c)}x^2 + \cdots\}$

(4) $\frac{d}{dx}\{xF(\frac{1}{2}, 1, \frac{3}{2}; -x^2)\} = \frac{1}{1+x^2}$

• 7.4절 문제 •

1. $J_1(x) = \frac{x}{2} - \frac{x^3}{2^3 \cdot 2!} + \frac{x^5}{2^5 \cdot 2!3!} - + \cdots$

2. $y = c_1 J_0(x^2) + c_2 Y_0(x^2)$

• 연습문제 7.4 •

1. $y = c_1 J_{\sqrt{2}}(3x) + c_2 J_{-\sqrt{2}}(3x)$

2. $y = c_1 J_2(\sqrt{x}) + c_2 Y_2(\sqrt{x})$

3. $y = x^{-2}\{c_1 J_2(x) + c_2 Y_2(x)\}$

4. $y = \sqrt{x}\{c_1 J_{1/6}(2x^3) + c_2 J_{-1/6}(2x^3)\}$

5. (1) $\frac{du}{dz} = \frac{1}{bc}x^{-a-c+1}y' - \frac{a}{bc}x^{-a-c}y$, $\frac{d^2u}{dz^2} = \frac{1}{(bc)^2}x^{-a-2c+2}y'' + \frac{-2a-c+1}{(bc)^2}x^{-a-2c+1}y' + \frac{a(a+c)}{(bc)^2}x^{-a-2c}y$

(2) $z^2\frac{d^2u}{dz^2} + z\frac{du}{dz} = -x^{-a}(b^2x^{2c} - \nu^2)y = -(z^2 - \nu^2)u$

(3) $y = x^a\{c_1 J_\nu(bx^c) + c_2 J_{-\nu}(bx^c)\}$

(4) $y = x^a\{c_1 J_\nu(bx^c) + c_2 Y_\nu(bx^c)\}$

(5) $y = x^2\{c_1 J_2(\sqrt{2}x^3) + c_2 Y_2(\sqrt{2}x^3)\}$

• 7.5절 문제 •

1. $-x^{-1}J_3(x) - 2x^{-2}J_2(x) + c$

2. $(\frac{48}{x^3} - \frac{8}{x})J_1(x) - (\frac{24}{x^2} - 1)J_0(x)$

3. $-\sqrt{\frac{2}{\pi x}}(\frac{\cos x}{x} + \sin x)$

• 연습문제 7.5 •

1. $J_\nu(x)$의 정의를 이용하여 미분하고 $m = n - 1$이라 치환

2. $x^3 J_1(x) - 2x^2 J_2(x) + c$

3. $-J_4(x) - 4x^{-1}J_3(x) - 8x^{-2}J_2(x) + c$

4. $J_{5/2}(x) = \sqrt{\frac{2}{\pi x}}\{(\frac{3}{x^2} - 1)\sin x - \frac{3}{x}\cos x\}$

5. (1) 좌변 $= 2x[\frac{d}{dx}J_\nu(k_{\nu,n}x)]^2 + 2x^2\frac{d}{dx}J_\nu(k_{\nu,n}x)\frac{d^2}{dx^2}J_\nu(k_{\nu,n}x) + 2k_{\nu,n}^2 xJ_\nu(k_{\nu,n}x) + 2(k_{\nu,n}^2x^2 - \nu^2)J_\nu(k_{\nu,n}x)\frac{d}{dx}J_\nu(k_{\nu,n}x) = 2k_{\nu,n}^2 xJ_\nu(k_{\nu,n}x)$

(2) 양 변을 적분하고 $J_\nu(k_{\nu,n}) = 0$과 $J_\nu(0) = 0$을 이용

(3) (7.14)에 의하여 $J_\nu'(k_{\nu,n}) = \frac{\nu}{k_{\nu,n}}J_\nu(k_{\nu,n}) - J_{\nu+1}(k_{\nu,n}) = -J_{\nu+1}(k_{\nu,n})$

6. (1) $\mathscr{L}(J_0) = \frac{1}{\sqrt{s^2+1}}$

(2) $\int_0^\infty J_0(x)\,dx = 1$

(3) $\int_0^\infty J_1(x)\,dx = 1$

(4) $\int_0^\infty J_n(x)\,dx = 1$

참고문헌

[1] 김태수, 김병수, 김병찬, 김건우, 박윤경, 기초미적분학, 서울, 경문사, 2021.

[2] W.E. Boyce and R.C. DiPrima, *Elementary Differential Equations*, 9th ed., John Wiley & Sons, 2009.

[3] R. Bronson and G. Costa, *Differential Equations, Schaum's Outlines*, 3rd ed., New York, Mcgraw-Hill, 2006.

[4] C.H. Edwards, D.E. Penney and D. Calvis, *Elementary Differential Equations with Boundary Value Problems*, New Jersey, Prentice Hall, 2009.

[5] S.I. Grossman and W.R. Derrick, *Advanced Engineering Mathematics*, New York, Harper Collins, 1988.

[6] A. Jeffrey, *Advanced Engineering Mathematics*, San Diego, Academic Press, 2002.

[7] L.M. Kells, *Differential Equations; A Brief Course with Applications*, New York, Mcgraw-Hill, 1968.

[8] E. Kreyszig, *Advanced Engineering Mathematics*, 10th ed., New York, John Wiley & Sons, 2011.

[9] S. Lang, *Linear Algebra*, 3rd ed., New York, Springer, 1996.

[10] R. Larson, R. Hostetler and B.H. Edwards, *Essential Calculus, Early Transcendental Functions*, Boston, Houghton Mifflin Company, 2008.

[11] D.C. Lay, *Linear Aglebra*, 3rd ed., Boston, Pearson, 2006.

[12] D.A. McQuarrie, *Mathematical Methods for Scientists and Engineers*, Sausalito, University Science Books, 2003.

[13] P.V. O'Neil, *Advanced Engineering Mathematics*, 8th ed., Cengage, 2018.

[14] J. Stewart, D. Clegg and S. Watson, *Calculus*, 9th ed., Cengage, 2021.

찾아보기

미분방정식 입문 5판

초판 발행 | 2012년 6월 10일
4판 1쇄 발행 | 2022년 8월 20일
5판 1쇄 발행 | 2025년 8월 25일

지은이 | 김 병 수
펴낸이 | 조 승 식
펴낸곳 | (주)도서출판 북스힐

등 록 | 1998년 7월 28일 제 22-457호
주 소 | 서울시 강북구 한천로 153길 17
전 화 | (02) 994-0071
팩 스 | (02) 994-0073

홈페이지 | www.bookshill.com
이메일 | bookshill@bookshill.com

정가 22,000원

ISBN 979-11-5971-705-5

Published by bookshill, Inc. Printed in Korea.